# 中华传统道德的精神底蕴与现代弘扬（二）

陈正良　郝慧玲　朱书艳　著

吉林大学出版社

·长春·

图书在版编目（CIP）数据

中华传统道德的精神底蕴与现代弘扬．二 / 陈正良，
郝慧玲，朱书艳著．— 长春 ：吉林大学出版社，2022.7
ISBN 978-7-5768-0120-0

Ⅰ．①中… Ⅱ．①陈… ②郝… ③朱… Ⅲ．①道德修
养－传统文化－研究－中国－通俗读物 Ⅳ．① B825-49

中国版本图书馆 CIP 数据核字（2022）第 138626 号

书　　名：中华传统道德的精神底蕴与现代弘扬（二）
ZHONGHUA CHUANTONG DAODE DE JINGSHEN DIYUN YU
XIANDAI HONGYANG（ER）

作　者：陈正良　郝慧玲　朱书艳　著
策划编辑：邵宇彤
责任编辑：李潇潇
责任校对：郭湘怡
装帧设计：优盛文化
出版发行：吉林大学出版社
社　　址：长春市人民大街 4059 号
邮政编码：130021
发行电话：0431-89580028/29/21
网　　址：http://www.jlup.com.cn
电子邮箱：jldxcbs@sina.com
印　　刷：定州启航印刷有限公司
成品尺寸：170mm×240mm　　16 开
印　　张：16.25
字　　数：356 千字
版　　次：2023 年 1 月第 1 版
印　　次：2023 年 1 月第 1 次
书　　号：ISBN 978-7-5768-0120-0
定　　价：98.00 元

# 前　言

　　文化是民族的血脉，是人民的精神家园。中华优秀传统文化绵延五千年，存留的文化遗产可谓卷帙浩繁，璀璨多姿，博大精深，积淀着中华民族最深沉的精神追求，代表着中华民族独特的精神标识，是中华民族生生不息、发展壮大的丰厚滋养。

　　中华优秀传统文化既内含了讲仁爱、遵礼仪、重民本、守诚信、崇正义、尚和合、知廉耻、求大同等核心思想理念，也蕴含着一系列求同存异、和而不同的处世方法，文以载道、以文化人的教化思想，形神兼备、情景交融的美学追求，俭约自守、中和泰和的生活理念等内含丰富的人文精神、有利于促进社会和谐、鼓励人们向上向善的思想文化内容，还有着极为丰富的道德理念和规范内容。

　　中华传统道德的形成和发展是在漫长的历史进程中，随着社会演变和文明的推进，逐渐得到明确、规范、升华、丰富和发展的。中国传统道德，就其内容范围来说，包括了儒、墨、道、法、兵等各家思想学说中的道德学说内容及以后中国社会各个阶段历史发展中所形成的道德成果，而其中儒家的道德思想则是中华传统道德中传承绵延长达两千多年的主流。春秋初期的著名政治家、思想家管仲最早提出了"礼、义、廉、耻"四个道德要素，称之为"国之四维"，并将之放到关系国家生死存亡的高度来强调这四大道德要素之重要，称"四维张，则君令行"，"四维不张，国乃灭亡"。春秋末期的老子提出人要"上善若水"，要"居善地，心善渊，与善仁，言善信，政善治，事善能，动善时，夫唯不争，故无尤"，倡导"仁""信"等道德操守。战国时期的孟子把"恻隐之心、羞恶之心、恭敬之心、是非之心"总结归纳为"仁、义、礼、智"，并把它们作为基本的道德规范、道德准则和道德理念。至汉代，官方将"仁、义、礼、智、信"明确为整个国家要提倡和遵循的道德纲领，后来官方、民间虽对此有过多种不尽一致的阐述，但其作为传统道德的主要架构，之后一直未发生根本的改变。中华传统道德精华成分经过几千年文化发展的积淀，逐渐成为中华民族的德性、智慧和力量的体现，维系着社会日常运行的秩序和个人心性的平衡。尤其是以儒家为主干的传统道德中被称为美德的部分，更是亘古及今地对中国的历史与现实生活持续地产生着积极而深刻的影响。如"天下兴亡，匹夫有责"的担当意识，精忠报国、振兴中华的爱国情怀，崇德向善、见贤思齐的社会风尚，孝悌忠信、礼义廉耻的荣辱观念，自强不息、敬业乐群、扶危济困、见义勇为、孝老爱亲等中华传统美德，都深刻地影响着一代代中国人的精神世界、价值取向、道德追求。如果从中华传统道德的丰富内容中，将那些自古至今曾经发挥过重要作用，而且对现实与未来仍然具有重要价值引领和规范作用的道德德目做一大略的梳理，就可以罗列出一份长长的清单，如以最简洁的单字表达，举要列之，包括仁、孝、忠、信、礼、义、廉、耻、智、勇、勤、俭、爱、群、恕、敬、慈、温、良、恭、让、和、宽、敏、刚、毅、直、平等。

以上所列德目，剔除其在特定时代赋予的一些局限性含义，从其一般性的义理解释，都可以说是中华民族千百年来处理人伦社会关系最基本的规范要求和道德准则，是构筑中华民族道德大厦的基石和梁柱，具有常讲常新、绵延永恒的价值。这些传统德目，其基本思想与精神内涵大致包括了这样一些方面。

一是注重人格修养的思想。对主体人格修养的高度重视，是中国传统道德的重要内容，特别是儒家，更是将之视为为人处世第一要则。在对理想人格的建树追求上，中国的古代哲人一向以仁义忠信等品行操守为重，而视功名富贵为浮云。孔子曾言："君子食无求饱，居无求安"（《论语·学而》），"饭疏食，饮水，曲肱而枕之，乐也在其中矣。不义而富且贵，于我如浮云"（《论语·述而》）；甚至视人格比生命更重要，因而，"无求生以害仁，有杀身以成仁"（《论语·卫灵公》）。在义利关系上，理性主张"见利思义"（《论语·宪问》），从而规定了儒家道德学说的基调。孟子提倡"富贵不能淫，贫贱不能移，威武不能屈"（《孟子·滕文公下》）的气节，甚而应"舍生而取义"（《孟子·告子上》）。董仲舒主张"正其谊不谋其利，明其道不计其功"（《汉书·董仲舒传》）。这些均是中国传统道德特别重视人格修养的写照。

二是重视人际和谐的内容。传统德目中诸多内容都涉及日常社会生活中人际关系的处理，其目标就是以爱心、温情、宽容、尊重等最终指向促成人际关系的和谐，并在和谐人际关系中实现自我价值。从一定意义上讲，中国传统儒家道德实际上就是一种以人为本位的"爱心"哲学。孔子提倡"和为贵"(《论语·学而》)，"切切偲偲，怡怡如也"(《论语·子路》)，而和谐的前提是建立在个体自觉基础上的"仁"，仁者"爱人"，"为仁由己"，并"修己以敬""修己以安人"，"修己以安百姓"。孟子也强调"天时不如地利，地利不如人和"(《孟子·公孙丑下》)，视人际和谐为社会治乱的首要因素。尽管孔孟的"和"与"爱人"有一种泛爱主义的色彩，但其重视个人感情的积极投入与有爱的人际关系的建立，将自我价值的实现与社会关系联系起来，还是具有值得充分肯定的积极合理意义的。

三是强调社会责任的承担。在诸多传统德目中，对道德修养的要求，往往不仅局限于狭隘的个人修养范围，"修身""齐家"，其最终指向是要为实现"治国""平天下"服务，这是儒家道德哲学的逻辑归宿，个人的道德修养也在这种对社会、民族、国家的责任承担中获得永恒的价值。从孔子的"克己复礼"、孟子的"如欲平治天下，当今之世，舍我其谁也"，到顾炎武"天下兴亡，匹夫有责"均一脉相承，体现出一种自觉而强烈的社会责任感。

四是推崇自强进取的精神。中国传统道德中内含的道德思想和道德实践的一个突出特点是其体现的自强进取精神，《易经》云："天行健，君子以自强不息。"就是提倡人应该效法日月星辰刚健运行，强调好学不辍学、修身不已，不苟且偷安，不墨守成规，要奋斗不息、积极进取。自强不息是中国传统文化思想的主旋律，也是中华民族虽历经磨难而不倒，中华文明虽历经浩劫而传承的重要因素，凸显着中华民族积极向上、开拓进取、百折不挠、愈挫愈奋、不懈奋斗的民族精神品格。

漫长的历史岁月，中华民族虽然历经沧桑，传统文化也曾不时经历各种社会运动的风雨冲淋，但始终能巍然屹立于世，最根本的就在于她的人民拥有优秀的文化传承，在其血脉中流淌着高尚仁义的精神，在其心灵深处内蕴着纯正的道德价值观，社会正义虽时有迟误然正气从未湮灭，人间正道虽非坦途而终能清障前行。改革开放40多年来，我国经济社会已然发生了巨大而深刻的变革，对外开放日益扩大，伴随互联网技术和新媒体快速发展，各种思想文化和价值观交流交融交锋更加频繁，迫切需要深化对中华优秀传统文化包括道德文化重要性的认识，以进一步增强民族文化自觉和文化自信；迫切需要深入挖掘中华优秀传统道德文化的价值内涵，进一步激发中华优秀传统道德文化的生机与活力；迫切需要加强各种政策支持，着力构建中华优秀传统道德文化传承发展体系。今天，国家的富强、人民的幸福、民族的复兴，都需中华道德文明接续辉映前程。因此，如何传承发展中华传统美德，并使其不断发扬光大，既是中国特色社会主义文化强国建设的重大战略任务，也是推进新时代社会主义道德建设的现实呼求，对于传承弘扬中华优秀传统道德文化，全面提升人民群众文化、道德素养，提升国家软实力，无疑具有特别重要的现实意义。

在如何对待传统道德文化的问题上，我们曾经走过弯路，至今仍存在一些思想认识上的不统一，优秀传统道德文化保护的各项基础性工作仍然存在诸多薄弱之处，在生产生活中转化运用仍然存在不足，还存在贬低、漠视，甚至轻易否定传统道德文化或简单复古的现象。如何推动中华优秀传统道德文化传承发展走上积极健康的道路，有待进行积极研究探索。

党的十八大以来，以习近平同志为核心的党中央高度重视弘扬中华优秀传统文化。习近平总书记发表了一系列重要讲话，其中包含了传承发展中华优秀传统文化的许多新思想、新观点、新论断，明确了指导思想、方针原则、目标任务。2017年1月25日，中共中央办公厅、国务院办公厅发布《关于实施中华优秀传统文化传承发展工程的意见》，对如何实施中华优秀传统文化传承发展工程做出了具体的部署要求。

中国优秀传统道德文化是中华优秀传统文化的重要组成部分，是中国特色社会主义道德文化植根的文化沃土，也是当代中国社会道德建设的突出优势。习近平总书记提出的"创造性转化、创新性发展"，是指导传承发展中华优秀传统道德文化的重要方针。在传承发展中华优秀传统道德文化上坚持"两创"方针，关键是要正确理解和把握处理好"继承"和"创新"的关系，处理好传统道德文化与当今时代的关系，主要看能不能解决今天中国的道德建设问题，能不能回应时代的需求和挑战，能不能使之转化为有助于促进民族复兴、国家富强、人民幸福的有益精神财富。因此，我们在落实坚持"两创"方针的实践中，必须要始终坚持辩证唯物主义和历史唯物主义的世界观、方法论，秉持客观、科学、礼敬的态度，对传统道德文化进行具体分析，取其精华、去其糟粕、扬弃继承、转化创新，既不复古泥古，也不简单地予以总体性的抽象肯定或否定。而要在具体分析的同时，不断赋予其新的时代内涵和现代表达形式，不断补充、拓展、完善，使之与当代道德文化相适应、与现代社会相协调，使之成为有利于解决现实道德问题的文化，有利于助推现实社会道德发展的文化，有利于弘扬民族精神和时代精神的文化。

我们需要也应该对自己民族的优秀传统文化包括道德文化抱有充分的信心。中华传统道德文化曾经造就和护佑了一个绵延数千年薪火不断的文明之邦并泽惠四方，曾经为营造文明、有序、和谐的社会生活，化解人类社会的各种矛盾提供了许多成功的人类相处之道和卓越的处世智慧，其中内含着许多具有永恒价值的普适性的真理，在当代的中国和世界，无疑不可缺少这种智慧和真理。实际上，传统道德文化在我们的现代社会依然"日用而不知"地广泛存在，中国传统道德文化虽不乏博大精深之深刻哲理与人生智慧，但更多地包含了最为世俗的"不离人伦日用"的文化元素，这些道德文化资源在当前现实社会生活中依然为人们习以为常地在实际受用，这也是中国传统道德文化经久而不衰的重要缘由。与此同时，20世纪下半叶以来，随着工业化、全球化发展所带来的一系列全球问题、"现代困境"的加剧，一些思想家在寻找解决问题答案的过程中，都不约而同地将人类所遭遇的这些问题、"现代困境"的出路指向中国传统文化，认为中国传统社会的一些价值理念、道德法则乃是应对当今诸多"世界难题"的最佳良方。给大家留有印象的一件事是，早在1988年初，75位诺贝尔奖得主曾经在巴黎聚会，会议发表的宣言中有过这样的表述："人类要在21世纪生存下去，就要从2500年前孔子那里去汲取智慧。"联系今天身处21世纪矛盾纷乱的现实世界，一方面是达到空前高度的物质技术文明成就，一方面是未能同步匹配的精神道德文明；一方面是人类对和平、发展的共同需求，一方面是国际交往中一些国家充斥着越来越赤裸裸的由于狭隘、自私的利益盘算所带来的文明外表装扮下的虚伪的甚至穷凶极恶的霸凌外交、政策行为，从而使得2500年前孔子提出的"己所不欲，勿施于人"这一被视为处理人类社会关系乃至国际关系的道德黄金律，或者称为金规则（the golden rule），尤其显示出其宝贵的意义，以及使其真正成为人类的基本行为准则落实到国际社会交往的全部实践中的重要现实价值。因此，今天，有必要对30多年前的这一宣言予以郑重重申，同时，作为中国人，更需要对自己民族的传统道德智慧心存敬畏自豪并予以坚定不移地信守坚持，并积极不断地弘扬传播，坚信真理终将战胜自私傲慢，坚信文明民主终将战胜野蛮专横，人类终将沿着向上向前的道路迈进，中华道德文明温暖之光终将融化傲慢的坚冰。虽然这可能是一个漫长而曲折的过程，但这应是人类文明发展的逻辑必然。著名历史学家汤因比曾经公开而大胆地预言："未来最有资格和最有可能为人类社会开创新文明的是中国，中国文明将一统世界，世界的未来在中国，人类的出路在中国文化。"汤因比不是中国人，他对中国文化、中国文明的这种预期，相信绝不是因为其对中国有什么特殊的情感关系，作为一个通晓世界历史的严谨学者，这应是他深入研究人类社会文明发展进程历史并做出慎重的比较后得出的一个客观结论。这也是我们之所以可以对自己民族的优秀传统文化包括道德文化抱有充分信心的有力注释。

当前中华民族正处于实现伟大复兴的关键历史时期，文化复兴无疑是一个民族实现复兴的内在应有之义，如何传承、弘扬好中华民族优秀传统文化则是实现文化复兴的关键所在。我们的先人曾经创造了让我们的民族引以为傲的灿烂辉煌的文化，传承和发展好这份宝贵的文化遗产，使之历久弥新，促进传统文化在当代的"创造性转化、创新性发展"，实现复兴繁荣，这是当代中国人的时代使命。本系列研究在对中华传统道德文化中的一些重要德目，诸如"礼""义""廉""耻""智""仁""勇""忠""孝""信""爱"等分别进行深入浅出的义理挖掘阐析的基础上，结合我国当代社会主义道德建设实践的研究分析，对在现代社会条件下如何对中华传统道德进行取精弃糟，大力传承弘扬中华传统美德，促进我国社会主义道德建设健康发展进行了系统阐析。每一德目用一篇专题加以研析，主要内容包括：传统德目的起源与内涵历史流变、历史作用、现代弘扬的价值、实践现状及原因分析、现代弘扬的原则和实现路径。以此意在推动中华优秀传统道德文化落实坚持"两创"方针上做一点尝试努力。内容选择和篇目的排列，主要基于历史和现实的综合考量，其取舍并不完全拘泥于习惯性的表述和价值标准。

# 目  录

# 第一篇　中华传统"仁"德的历史底蕴与现代弘扬

在中国古代社会中，"仁"德不仅是一种重要的思想观念，更是一种道德原则，一种为人处世重要的实践依据，是为儒家极度重视且备受推崇的重要道德品质，是中华传统德目的重要组成部分。传统"仁"德对个人品行的修养、社会的和谐运行和国家的稳定发展都有着重要的作用。对传统"仁"德进行创造性转换和创新性发展，予以现代弘扬，有利于丰富社会主义核心价值体系内容，培育社会主义核心价值观，培养现代公民道德人格，有利于解决现实道德问题。一个时期以来，市场经济的快速发展、各种社会思潮的影响、学校德育中存在的重理论轻实践的偏误以及社会道德建设中相关法治保障未尽协调等因素，导致现实生活中人们宽厚仁义的价值观有所损蚀、经济和道德生活中为富不仁现象有所抬头、人际关系真诚度有所下降。在新时代条件下，如何坚持以社会主义核心价值观为引领，对传统"仁"德予以弘扬，是道德建设实践中一项不可或缺的内容。

## 一、"仁"德的起源、内涵及历史流变

从孔孟到程朱的历代大儒，都把"仁"作为一种重要的道德准则，其在数千年的中国传统社会中，对人们的社会道德生活起着十分重要的作用。"仁"德的源起和发展可谓源远流长。

### （一）"仁"德的起源

"仁"德在中国古代思想史上有着悠久的历史、丰富的内涵和举足轻重的地位。探究"仁"德的起源是了解并理解"仁"德的内涵、历史流变以及更好地发挥其现实作用的前提条件。并从现有史料看，关于"仁"德的源起说法不一，本书仅从字源和义源两个方面加以考察训诂，先对这一问题做一些探讨。

关于"仁"字起源。作为世界上最古老文字之一的汉字，甲骨文的出现标志着其形成完整体系。而关于"仁"的字源，即"仁"字何时出现，说法不一。以阮元、郭沫若、董作宾先生等为代表的学界长期遵奉的是"仁"出

现于春秋时期。但在不断认真考究的过程中，当今学界较为认可"仁"字起源于金文。1974 年考古人员发掘出的中山国墓葬群的铭文中写道："天降休命于朕邦，有厥忠臣赒，克顺克卑，无不率仁，敬顺天德，以左右寡人。"①虽不同学者对此"仁"字各有见解，但这却是"仁"字较为成熟、有稳定文字形态的最新且最有力证据。1981 年考古人员发掘出一座含有"仁"字金文的西周墓，是西周金文存在"仁"字的新证。其中有"尸（夷）白（伯）尸（夷）于西宫"与"仁白（伯）尸（夷）于西宫"两句，这说明"尸"和"仁"互代通用，古"尸""夷""仁"为同一字。②

　　关于"仁"德的起源说法多样，学界颇有分歧。《尚书·盘庚》中记载盘庚迁殷时对下属说："汝克黜乃心，施实德于民。"③这从行从横目的"德"字，表明殷商后期已开始萌发出要施德于民的思想。但是甲骨文中的这一"德"字没有"心"，说明彼时的"德"是从外获得的"德"，而非从自身内心获得，并且为"得到"之意。晁福林以甲骨卜辞为据，认为"德"的观念在商代确实已经出现。④金文中的"德"带有"心"字旁，开始偏向从伦理道德层面来评价人或物。而关注人类社会学研究的学者则认为"德"起源于原始社会。其实，由原始社会低下的生产力所决定，原始人的生产关系较为和谐，人们平等劳动，劳动产品共同分配。因此原始人有诸如质朴、勇敢、诚实等良好美德，但并没有抽象概括出仁德的观念。随着生产工具的改进、劳动技能的提高和智力的发育，出现了脑力劳动和体力劳动的分工，进而在原始社会后期出现了私有观念和私有财产，出现了权力和贪欲，即出现了"德"的对立面。野蛮与文明的交替并存，刺激并促进了"德"观念的萌芽。"三苗不服，禹请攻之。舜曰：'以德可也。'行德三年，而三苗服"⑤ "言人之不善，当如后患何"⑥等说明当时存在善恶区分，美德的影响比较大。出身平民的舜凭借孝顺、勤劳等美好品行，公而忘私，造福百姓，进而成为天下主，为"仁"德观念的产生奠定了基础。在周人的部分德性论述中已经提到

---

① 武树臣."仁"的起源、本质特征及其对中华法系的影响 [J].山东大学学报（哲学社会科学版），2014（3）：1-13.

② 武树臣."仁"的起源、本质特征及其对中华法系的影响 [J].山东大学学报（哲学社会科学版），2014（3）：1-13.

③ 钱宗武解读.尚书 [M].北京：国家图书馆出版社，2017：177.

④ 晁福林.先秦时期"德"观念的起源及其发展 [J].中国社会科学，2005（4）：192-204+209.

⑤ 刘生良评注.吕氏春秋 [M].北京：商务印书馆，2015：583.

⑥ 方勇评注.孟子 [M].北京：商务印书馆，2017：164.

"仁"德，但没有着重强调，并且概念含糊。到了春秋时期，"仁"德意义才逐渐明确、地位逐渐上升。

### （二）"仁"德的内涵

"仁"字最早实际上起源于夏商周三代极为重视的丧祭礼，古人常常用"尸"来表达对死去亲人的无限哀悼和思念，这可看作"仁"的最初含义。许慎在《说文解字》中解释"仁"："亲也，从人二。忎，古文仁，从千心作。古文仁，或从尸。"[①] 在古代有丧（凶礼）祭（吉礼）两种最重要的礼制，"尸，神像也"。而"仁"就是从古代丧祭礼中作为祭祀对象的牌位"祖""且""重""主"发展到由"尸"来代替这牌位性质的东西，用形象生动而又具体物化的仪式、制度来代表已故亲人的灵位凭依，以供后人祭奠悼念。设尸而祭时，祭祀者把自己对被祭祀者的哀慺和敬重等深厚情感都高度集中地表达在"尸"这个象征的身上，而后人们的这种"尸"即自己的已故亲人的心理意向关系逐渐演变发展为有动词意思的"仁"字。这也是许慎"仁"字的古文"从尸"之因，是"仁"之本源。关于"德"的内涵，在斯维至《说德》一文中提道："德的本义是生，由生演变为性姓（生性姓古本一字）。"[②] 李泽厚认为"德"本义为"行为（规范）"："'德'似乎首先是一套行为，但不是一般的行为，主要是以氏族部落首领为表率的祭祀、出征等重大政治行为。"[③] 陈来认为："德的原初含义与行、行为有关，从心以后则多与人的意识、动机、心意有关。"[④] 在"敬天保民"的周王朝，"德"已成为周人的道德规范和伦理原则。[⑤]

总之，"仁"的内涵从最初表达对故去亲人的无限哀悼和思念之情，逐渐发展为人与人之间相互亲爱、和谐共处、团结互助的一种道德范畴。"德"是一种良好的道德品质、德性和德行，指人们共同生活的行为准则和规范，是一种美德。"仁"德即指仁义道德，实际上就是宽以待人而又好施恩德的崇高道德，是一种道德规范和伦理原则，是儒家一种美好品德的道德范畴，

---

① 　许慎.说文解字（二）[M].北京：国家图书馆出版社，2017：121.
② 　斯维至.说德[J].人文杂志，1982（6）：74-83.
③ 　李泽厚.中国思想史论（上册）[M].合肥：安徽文艺出版社，1999：91-92.
④ 　陈来.古代宗教与伦理——儒家思想的根源[M].北京：生活·读书·新知三联书店，2009：317.
⑤ 　张佩荣，元永浩."德"之生命意蕴——孔老"德"之分殊与内在联系[J].广西社会科学，2020（11）：84-90.

是各种善的品行的概括，是个人修养的最高境界。作为诸德之源的"仁"，是一个涵盖了血缘之"仁"和超血缘之"仁"的内涵极其丰富的道德范畴，是道德生活的重要内容，表达了人与人之间相互亲爱的一种状态。在后来儒家的思想体系中，仁德是道德修养、道德标准和行为规范的体现，既包括仁德的内在，即体现出对包括个体修身成己、推己及人、推人及物在内的一切生命情感关怀的德性之仁，又包括仁德的外显，即侧重克己复礼、力求忠恕之道、行仁之方的德行修养践履之仁。

### （三）"仁"德内涵的历史流变

在中国历史发展的长河中，不同时期都有一些思想家对"仁"德予以自己的阐释和解读，从而使"仁"德内涵不断得以丰富和发展、演变与赓续。春秋战国时期"仁"德观念得以产生并发展，秦汉至明清时期"仁"德观念逐渐成熟，近代以后"仁"德思想在曲折中发展。在"仁"德内涵不断赓续、丰富、充实和发展的过程中，"仁"德观念逐渐深入人心，"仁"德也成为中华传统道德体系中的最重要德目之一。

### 1. 春秋战国产生和发展

从古代先秦到近代中国，"仁"德的内涵随着社会的发展变迁被不断丰富和发展充实着。从西周到春秋，"仁"德概念内涵相对较为单一、狭隘，其地位和作用尚未能与后来的状况作比较。孔子将"仁"丰富为一个系统化、综合化的与"礼"并称的体系，使之成为儒学的两大支柱。

由前文可知，"仁"字最早实际上起源于夏商周三代极为重视的丧祭礼，古人常常用"尸"来表达精神上对已故亲人的无限思念，这是"仁"德的初始含义。《尚书·金腾》载周公自称为"予仁若考能，多材多艺，能事鬼神"[①]，是目前为止发现典籍中"仁"最早的出处，把"仁"视为一种品德。《诗经》中曾两次提及"仁"。一是《郑风·叔于田》提到"叔于田，巷无居人。岂无居人？不如叔也。洵美且仁"，赞颂太叔段骑马饮酒，勇武矫健，无人能及。另一个是《齐风·卢令》中提到的"卢令令，其人美且仁"，描写猎人的容貌气质和能力。这里两次提到的"仁"，主要指的是一种精神气概、男子气魄，并未上升到仁德层面。《国语·晋语》中有"为仁者，爱亲

---

① 钱宗武解读. 尚书 [M]. 北京：国家图书馆出版社，2017：284.

之谓仁。为国者，利国之谓仁"①。西周后期，"仁"明确作为一种德性，出现了仁德的观念。《逸周书·宝典解》以武王和周公对话的形式，讲述了涉及修身、择人、慎言等原则的"四位""九德""三信"，整本书为武王告周公要以仁德为宝而做，重点讲信、仁、义，而落脚点在"仁"。《逸周书·文政解》提出"一仁，二行，三让，四言，五固，六始，七义，八意，九勇"②。这"绍九行"已经上升到德行的范畴了，而"仁"又是九行之首。

　　西周时期虽已提到"仁"德，但意义较为模糊，强调不力。春秋时期人本意识逐渐兴盛，"仁"德意义逐渐明确，地位日益上升，内涵逐渐丰富，社会风气开始从重视神向重视人转变。《左传·庄公二十二年》载："酒已成礼，不继以淫，义也。以君成礼，弗纳于淫，仁也。"③用酒来完成礼节，不能没有节制，这便是义；用酒完成礼仪之后，不过度而没有节制，这便是仁。《国语·周语上》论述："礼，所以观忠、信、仁、义也。忠，所以分也；仁，所以行也；信，所以守也；义，所以节也。忠分则均，仁行则报，信守则固，义节则度。"④在这里，"仁""忠""信""义"是处于"礼"的统摄下的一个同一层次的德目。《左传》之"仁"已经作为美德之一，经常会和智、信、忠、礼、义等德目相提并论，"仁"德内涵在不断丰富。但是"仁"德此时还是众多德目中的一个，地位不够重要，内容不够系统，尚未形成完整的体系。孔子在深厚的思想土壤和深远的历史文化渊源中对"仁"进行了丰富的阐述和系统的挖掘，赋予其更多的理论和实践意义，构筑了一套以"仁""礼"为核心内容的仁学思想体系大厦。

　　《老子》中除了对"道"的阐述，还对"仁""德"等进行了集中阐述。研究《老子》有利于更深入探究"仁"德的内涵。在政治上，"圣人无常心，以百姓心为心"⑤，老子认为当政者必须要讲仁爱，将百姓的意志作为自己的意志；"道常无为而无不为"⑥，他认为道一视同仁，生养万物的仁爱乃是一种无为的自然之爱；提倡救人、利人的仁爱："圣人常善救人，故无弃人；常

---

① 余治平."仁"字之起源与初义[J].河北学刊，2010（1）：44-48.
② 黄怀信.逸周书汇校集注[M].上海：上海古籍出版社，1995：396.
③ 段颖龙.左传精编[M].北京：中国言实出版社，2017：31.
④ 张立文.弘扬儒家仁爱精神——汶川大地震一周年祭[J].探索与争鸣，2009（5）：12-16.
⑤ 王弼注，楼宇烈校释.老子道德经注[M].北京：中华书局，2011：134.
⑥ 王弼注，楼宇烈校释.老子道德经注[M].北京：中华书局，2011：95.

善救物，故无弃物。"① 在人际关系中，主张人与人之间诚信友爱。"大道废，有仁义"②，认为大道之世人们根本不懂仁德为何物，把儒家标榜的仁德看成是社会关系混乱的产物，大道沦丧才产生了仁德观念。老子眼中的"仁"不是刻意做出来的，不含任何虚假成分，而是一种本真的、不可"名"的、没有任何功利目的的"仁"；是一种不要道德规范来约束的仁德，不在嘴上标榜的仁德。强调自发、感性，反对人为、理性、规范。③ 归纳起来，老子仁德分两个方面，政治上的仁德讲求一视同仁，无为而无不为；人际关系中的仁德讲求诚信互爱、以德报怨。但不论哪个方面，这种仁德一定是本真而不是刻意的。

孔子把德治思想从天命的敬德拉回到以人为本的仁治，更新了德治的含义，把"仁"作为实现德治的前提条件。"志于道，据于德，依于仁，游于艺"④。孔子认为"仁"与"德"之间的内在关系为：前者是后者的根本，后者依从于前者。只有符合"仁"的行为才是道德的，集中体现了"仁"的核心地位。⑤ 孔子以"仁"为核心的思想体系，把"仁"作为一种最首要的、最全面的德行。"仁德"这一根本准则和目标不仅针对政治层面，而且涵盖了个人生活层面，形成了极其丰富的"仁学"体系。《论语》58章提及"仁"共109次，在不同场合针对不同对象从不同角度采取多样的方式来表达不同的"仁"之含义，但最终并没有对其下一个明确的定义，给我们留下了很大的发挥空间。归纳《论语》中关于"仁"的论述有助于我们进一步体会孔子的仁德思想。孔子认为君子的最高境界就是做到智、仁、勇三者的统一："君子道者有三，我无能焉：仁者不忧，知者不惑，勇者不惧。"⑥ "仁者安人，智者利仁"⑦，"仁者必有勇，勇者不必有仁"⑧，他认为"仁"是核心，涵摄智和勇，有仁德的人不忧愁。另外，《论语》强调"孝悌也者，其为人之本欤"⑨，强调孝顺父母、尊敬兄长是仁德的基本要求。可见孔子仁德的思想基

---

① ［魏］王弼注，楼宇烈校释.老子道德经注［M］.北京：中华书局，2011：72.
② ［魏］王弼注，楼宇烈校释.老子道德经注［M］.北京：中华书局，2011：46.
③ 李光福.论老子的仁爱观［J］.中华文化论坛.1999，（4）：89.
④ 杨伯峻译注.论语译注［M］.北京：中华书局，2015：99.
⑤ 韩星.儒家核心价值体系——"仁"的构建［J］.哲学研究，2016，（10）：8.
⑥ 杨伯峻译注.论语译注［M］.北京：中华书局，2015：223.
⑦ 杨伯峻译注.论语译注［M］.北京：中华书局，2015：50.
⑧ 杨伯峻译注.论语译注［M］.北京：中华书局，2015：211.
⑨ 杨伯峻译注.论语译注［M］.北京：中华书局，2015：3.

础是家庭内部的血缘关系。"生，事之以礼；死，葬之以礼，祭之以礼"①，用礼来侍奉在世父母，按照习俗来安葬并祭祀故去父母，这便是尽孝的方法。"弟子入则孝，出则弟"②，"出则事公卿，入则事父兄"③强调在家能够孝敬父母，兄弟和睦，在政治上也能够敬重并侍奉君主。由此可得出，孔子仁德的根本原则是一个人首先要学会爱有血缘关系的亲人，之后再爱他人。一个人也只有首先做到爱自己的亲人，才能够谈得上去爱别人。"克己复礼为仁"④是仁德的首要原则。孔子注重发挥人的主观能动性，认为只有抑制自己，恢复周礼，才能够有资格去行仁，使自己成为有仁德的主体，在克己复礼以爱人的实践过程中来实现仁。爱人是仁德的宗旨，"樊迟问仁。子曰'爱人'"⑤。但爱人是先"知人"而后"爱人"，并不是无条件、无目的地爱。不是所有的人都有资格爱人，也不是要爱所有的人。仁爱的对象是以宗法等级制度为核心的君臣、父子、夫妇。"惟仁者能爱人，能恶人。"⑥只有"天生德于予"的孔子和君子才有资格去爱人。这样一来，爱人的对象就只有家庭成员内部和君子之间了。"己欲立则立人，己欲达则达人"⑦便是"忠"。"己所不欲，勿施于人"⑧便是"恕"。这种将心比心，推己以及人的忠恕之道便是践行仁德的有效方法，仁德可以通过切实的方法得以实现。

　　孔子在对春秋时期与"仁"相关的资料不断进行提炼、充实和发展的过程中，逐渐形成一个以仁德为逻辑起点的道德范畴，开创了以仁德为核心，以克己复礼为目标的早期儒家思想体系。但是其思想较为模糊，内容体系较为宏大，且并没有详细展开论述。孟子、荀子等从不同的路向弥补了这一中间链环，使儒家思想趋向严谨。

　　"老吾老，以及人之老；幼吾幼，以及人之幼"⑨，孟子遵循了孔子仁爱由近及远的情感外推路径，以天下为己任，有着强烈的现实关怀意识。他偏重仁义构建，着重在孔子为政以德思想基础方面发展了仁德。他提出了系统的仁政学说，把仁政作为施政纲领，将仁德跟政治结合起来。"人性之

① 　杨伯峻译注．论语译注 [M]．北京：中华书局，2015：19．
② 　杨伯峻译注．论语译注 [M]．北京：中华书局，2015：6．
③ 　杨伯峻译注．论语译注 [M]．北京：中华书局，2015：136．
④ 　杨伯峻译注．论语译注 [M]．北京：中华书局，2015：178．
⑤ 　杨伯峻译注．论语译注 [M]．北京：中华书局，2015：188．
⑥ 　杨伯峻译注．论语译注 [M]．北京：中华书局，2015：50．
⑦ 　杨伯峻译注．论语译注 [M]．北京：中华书局，2015：95．
⑧ 　杨伯峻译注．论语译注 [M]．北京：中华书局，2015：178．
⑨ 　方勇评注．孟子 [M]．北京：商务印书馆，2017：11．

善也，犹水之就下也"①；"恻隐之心，仁之端也"②；"人皆有所不忍，达之于其所忍，仁也"③。孟子重个体，以性善论为核心，反对战争与苛政。他认为每个人都具有先天的恻隐之心、恭敬（辞让）之心、羞恶之心和是非之心四心，即仁、义、礼、智四端。"仁，内也，非外也"④，把孔子倡导的原本属于一种内在道德情感和应遵循的道德原则的仁德更进一步植根于人的心性之中，成为人的内在本性。"仁，人心也；义，人路也"⑤，认为恻隐之心是仁的发端和初始部分，是人之所以区别于动物所在。以人心为基点将其确定为人性的基本内容，变成先验的自律原则，心性合一，由内而外对世界产生一定影响。"富贵不能淫，贫贱不能移，威武不能屈"⑥，孟子反复强调人的道德善性，避免丢失道德进而堕为禽兽。孟子认为小到"事父母"，大到"保四海""内圣外王"，都离不开仁德的作用，"天子不仁，不保四海；诸侯不仁，不保社稷；卿大夫不仁，不保宗庙；士庶人不仁，不保四体"⑦。人道德品质的好坏决定了天下兴亡。"亲亲而仁民，仁民而爱物"⑧。如果君主能够躬行仁义，推己及人、推人及物，必然导致上行下效。这会对臣子和老百姓起到润物细无声、以德化之的效果。此外，孟子主张养心寡欲，用"求其放心""操存""养心""清心寡欲"等功夫来找回良心，修养仁德。

"仁者爱人，爱人故恶人之害之也"⑨。"仁"是荀子思想的基础，他继承了孔子"仁者爱人"思想，与孔、孟一样高扬道德价值。在此基础上，荀子又提出敬人是爱人的前提："仁者必敬人。凡人非贤，则案不肖也。人贤而不敬，则是禽兽也；人不肖而不敬，则是狎虎也。"⑩"然则从人之性，顺人之情，必出于争夺，合于犯分乱理而归于暴"⑪，荀子认为人的本性本无善恶之分，但潜藏着向恶变化的不良趋势，提出了"性恶论"。"人主仁心设焉，

---

① 方勇评注. 孟子 [M]. 北京：商务印书馆，2017：228.
② 方勇评注. 孟子 [M]. 北京：商务印书馆，2017：60.
③ 方勇评注. 孟子 [M]. 北京：商务印书馆，2017：312.
④ 方勇评注. 孟子 [M]. 北京：商务印书馆，2017：230.
⑤ 方勇评注. 孟子 [M]. 北京：商务印书馆，2017：240.
⑥ 方勇评注. 孟子 [M]. 北京：商务印书馆，2017：117.
⑦ 方勇评注. 孟子 [M]. 北京：商务印书馆，2017：141.
⑧ 方勇评注. 孟子 [M]. 北京：商务印书馆，2017：294.
⑨ 楼宇烈主撰. 荀子新注 [M]. 北京：中华书局，2018：293.
⑩ 楼宇烈主撰. 荀子新注 [M]. 北京：中华书局，2018：265.
⑪ 楼宇烈主撰. 荀子新注 [M]. 北京：中华书局，2018：474.

知其役也，礼其尽也。故王者先仁而后礼，天施然也"①；"师法之化，礼义之道"②，他主张通过礼的手段端正自身，规范言行，化性起伪，保护合理的人欲，同时不断规范人欲。荀子虽主张性恶，但是为了强调改造人性的重要性。没有对人性的扬弃便没有仁，礼则是改造人性较为重要的手段。因此，仁德作为一种美德，需要通过后天的学习以习得。在节制人欲的过程中，仁德得以生成，这就意味着仁德每形成一步，便是礼又节制的一次。因此仁与礼总是相反相成，在对立中统一，不断前进和发展。至此，仁德不再指人的内心情感，凡是有利于社会群体发展的、能够促进社会群体和谐的行为皆属于仁德。荀子还提出了"养心莫善于诚"论，即"君子养心莫善于诚，致诚则无它事矣，唯仁之为守，唯义之为行"③，认为人生修养贵在诚，而"诚"指的就是仁德，如果能够坚守内心仁德，内在修养就一定能够显于外从而感化别人。

　　"兼爱"是墨子思想的核心。墨子认为"强必执弱，富必侮贫，贵必敖贱，诈必欺愚"④，为了阻止这种不良行为，他主张"兼爱""非攻"，"远施周遍"，不分等级和亲疏远近，无差别地爱一切人；主张消除战乱，实现和平。"兼相爱，交相利"，从兼爱的对象上看，"爱人不外己，己在所爱之中"⑤，"兼爱"是包括爱自己在内的所有人；从兼爱的方法上看，兼爱不只是停留在表面的道德说教上泛泛而谈，而是着眼于实利："饥者得食，寒者得衣，劳者得息，乱者得治"⑥。爱饥饿者就是要给予他食物，爱受寒者就是要给予他衣物，爱劳动者就是要让他得以休息，爱穷苦人民就要"为万民兴利除害"，爱弱小国家就要帮它免于被大国侵略欺负。爱而必利，不利无以见爱，两者不可分离。"天下无大小国，皆天之邑也。人无幼长贵贱，皆天之臣也"⑦，他是首个提出解放奴隶的平民思想家，是对儒家孔子受制于宗族血缘和等级差别的仁爱思想的超越和突破。"有力者疾以助人，有财者勉以分人，有道者劝以教人"⑧，墨子一生都在身体力行地践行着这个道理。

① 楼宇烈主撰．荀子新注 [M]．北京：中华书局，2018：534.
② 楼宇烈主撰．荀子新注 [M]．北京：中华书局，2018：474.
③ 楼宇烈主撰．荀子新注 [M]．北京：中华书局，2018：40.
④ 方勇评注．墨子 [M]．北京：商务印书馆，2018：135.
⑤ 方勇评注．墨子 [M]．北京：商务印书馆，2018：405.
⑥ 方勇评注．墨子 [M]．北京：商务印书馆，2018：321.
⑦ 方勇评注．墨子 [M]．北京：商务印书馆，2018：27.
⑧ 方勇评注．墨子 [M]．北京：商务印书馆，2018：85.

总而言之，仁德从老子酝酿，孔子开端，孟、荀、墨进一步阐扬。孟子以"心性"奠定"仁"德，荀子以"礼法"成就"仁"德，墨子以"兼爱"扩充"仁"德。孔子的"仁"德竖起道德的旗帜；孟子发展了仁德，提出了系统的仁政学说；荀子虽主张性恶，但认为能够通过化性起伪为弃恶从善提供理论上的根据；墨子则主张"爱无等差"，这些为后世仁德发展演变尤其是宋明理学产生创造了前提，规划了大致方向。

### 2. 秦汉至明清逐渐成熟

汉政权建立后，以刘邦为首的统治阶级迫切寻求新的统治思想来巩固自己的政权，儒学得以摆脱秦代被压抑的地位，逐渐呈现出一片复兴的景象，仁德思想就被重视起来。陆贾对秦二世而亡进行了反思和批判，总结了秦代崇尚暴政、不讲德治、废弃仁义而亡国的教训，认为以仁义治国才能长久，而依赖刑法只能迅速导致败亡，便著《新语》，以仁义为本，道德为上，提出了"慎用人""本仁义"和"一政治"的政治主张。① 他把仁义作为衡量尊卑、贵贱、荣辱等的标准，认为仁义道德是为政的根本，据德者昌、不仁者亡。仁德作用已经不止于修、齐、治、平，还扩展到关系社会生活的各个方面，处于"道基"地位。"是以圣人居高处上，则以仁义为巢，乘危履倾，则以贤圣为杖"②，强调统治者若想成为建功立业的圣王，就要用儒家仁德来治国理政，推行德治仁政，就必须注意自己的道德修养。陆贾的创新点在于他看到了权势对仁德的影响。如果没有权势的支持，仁德就无法在社会上实施运用，因此提出了借助权势推行道德，做到仁德和权势相统一以实现仁德社会的理想目标。"仁义者，明君之性也"③，"政莫大于信，治莫大于仁"④，贾谊从儒家性善论出发，认为仁义是英明君主的本性，并提出在仁义基础上建立相应制度。管子曰："四维，一曰礼，二曰义，三曰廉，四曰丑。四维不张，国乃灭亡。"⑤ 贾谊也主张尊儒以礼治国，用儒家仁义道德教化百姓，行仁政，做到爱民、利民、安民、乐民，但是在处理中央与各诸侯国关系上则提出了"众建诸侯而少其力"的观点，认为制衡各诸侯国不能只靠仁德，还须用权势来制衡。

---

① 刘欣尚.汉代儒学的演变[J].孔子研究，1989（4）：72-79.
② 李振宏注说.新语[M].郑州：河南大学出版社，2016：166.
③ 方向东译注.新书[M].北京：中华书局，2012：284.
④ 方向东译注.新书[M].北京：中华书局，2012：299.
⑤ 方向东译注.新书[M].北京：中华书局，2012：77.

董仲舒在吸收借鉴、融会贯通先秦各家思想的基础上,以天人感应为基础,对传统儒家思想进行了改造。他认为要实现"善治",只能用儒家仁德思想来指导"更化"。"圣人之道,不能独以威势成政,必有教化。故曰:先之以博爱,教以仁也"①,他将儒家德刑关系理论改进为"德主刑辅",极度强调仁德的礼仪教化作用;同时认为德政判定方法取决于是否基于仁德用刑,而非是否用刑。他首次明确提出仁的博爱原则,认为"仁"是天的本质属性,是待人原则。仁德施与对象指向"爱人""安人",是他人而非自己。"以仁安人,以义正我,故仁之为言人也,义之为言我也,言名以别矣"②,他从义的相对面来创造性地系统阐释并深化了仁的内涵,主张宽厚仁爱。有仁德的人表里如一地关怀普通民众,不与人争,不嫉妒人也不伤害人;义则是对自己思想品德行为的一种修我、正己规范,即仁主外,义主内。有仁德的人会从内心出发去爱人,值得人们尊敬并推崇。董仲舒还用天人感应说对仁德思想进行论证,认为人君受命于天,如果君主不实行仁政上天就会发出灾异谴告之。董仲舒有关仁义的论述对后来西汉建立以仁义为核心的治理国家观念以及中国传统社会礼法秩序的建设具有不可磨灭的价值。随着汉武帝"罢黜百家,独尊儒术"政策的施行,仁德逐渐成为汉代意识形态的重要构成内容。

以"仁"为核心内容的儒学经过汉代政治上的辉煌,遭到了佛道重击,在魏晋南北朝时期一度沉寂,之后,终于在宋代彰显仁德生命力,再次走向辉煌。但宋儒是对先秦仁学的直接继承和发展,忽视了秦汉以来儒学的发展,实现了由"仁"到"理"的转变,使儒学推进至理学这一成熟形态。

"民吾同胞,物吾与也";"爱必兼爱,知必周知"。张载的"一体之仁"仁爱思想与墨子相近,都包含爱一切人、爱宇宙万物。他提出"太虚即气"命题,"虚者,仁之原,忠恕者与仁俱生,礼仪者仁之用",仁德具有了本体意蕴。在天为"仁道","恻隐之心,仁之端也",在人为"仁心","天体物不遗,犹仁体事而无不在"。他认为天道生生不息也是"仁"的体现,着重揭示"仁"所具有的普遍性之爱的特征,人与物的区别在于"心",强调统治者要为政以德,正己以安人。张载提出"为天地立心"命题,圣人有仁心,就可以见天地之间生生不息的德性,强调人对天地万物的主观能动性。他还提出了"心化"修养方法和"仁熟"的道德境界论,"德胜仁熟",

---

① 张世亮,钟肇鹏,周桂钿译注.春秋繁露[M].北京:中华书局,2012:401.
② 张世亮,钟肇鹏,周桂钿译注.春秋繁露[M].北京:中华书局,2012:314.

通过修养达到圣人境界，达到"仁"成熟圆满的境界，达到天地万物一体的境界。实现"仁"的方式则与儒家一样，遵循"推己及人""由近及远"原则，区别于墨家"兼爱"的爱无等差。

宋明理学奠基者二程在继承孔孟仁学基础上提出了自己的新仁学。"学者须先识仁"，程颢提出"识仁"说，认为"仁"居于指导地位。"识得此理，以诚敬存之而已，不须防检，不须穷索"①，这是他个人生活和实践的根本准则。程颐论仁："物我兼照，故仁"，实际上也有"一体之仁"的意思。伊川认为仁与万物的关系有先后次序，须先有亲亲、仁民而后爱物："孝弟于其家，而后仁爱及于物，所谓亲亲而仁民也，故为仁以孝弟为本"②，因为二程将万事万物的所有命题都放到了天理的哲学体系中去考察研究，所以其学说被称为理学。"仁理也"，大部分"仁"被"理"概念所代替，从某种程度上我们可以说，理就是仁，仁就是理，理为"仁"提供了理论论证，"仁"再不是无源之水、无本之木。"仁"由伦理范畴提升为本体范畴，是人的本体，也是宇宙的本体，实现了人与自然的有机统一。人伦是天理，而维持人伦的道德规范主要是仁义礼智信五常。"仁者，以天地万物为一体"③，二程认为仁与身为一体，要通过克服私欲，发挥"仁"德作用，实现物我融合境界。行仁之方为敬和诚："学要在敬也、诚也，中间便有个仁"④。敬畏自然，便会达到仁。诚敬存仁，是一种对人内心修养的要求。反之，没有虔诚之心与敬畏之心便不能达到仁。

朱熹继承和发展了二程的思想，在仁之本源问题上亦认为天理是宇宙之源，是自然的一切，是万物开始的主宰。"仁者，人之所以为人之理也。然仁，理也；人，物也"⑤。朱熹也认同"仁"即"理"的观念，不过进一步明确了仁是人之所以为人的理。"仁者，心之德爱之理"⑥，朱熹将"仁"建立在人心基础上，对仁体爱用的关系做了详尽的论述。关于求仁之方，朱子提出"存得此心"："且要存得此心，不为私欲所胜，遇事每每着精神照管，不中随物流去，须要紧紧守着"⑦，更加强调人作为主体的主观能动性。

---

① 程颢,程颐.二程集[M].王孝鱼点校,中华书局,1981：16-17.
② 程颢,程颐.二程集[M].王孝鱼点校,中华书局,1981：1133.
③ 程颢,程颐.二程集[M].王孝鱼点校,中华书局,1981：15.
④ 程颢,程颐.二程集[M].王孝鱼点校,中华书局,1981：141.
⑤ 朱熹.四书章句集注今译（下）[M].李申译,北京：中华书局,2020：894.
⑥ 朱熹.四书章句集注今译（下）[M].李申译,北京：中华书局,2020：52.
⑦ 黎靖德.朱子语类（六）[M].王星贤点校,北京：中华书局,1994：114.

孔子提出的仁德体现出人的道德情感，但是没有实现的外在依据这一必然性力量，尚未成为一种普遍的信仰和行为规范。宋儒新儒学通过回答世界本源问题，以及对仁德的新发展，建构了更具理论性、思辨性的仁学思想体系，最终建构出体用圆融、天人合一的新仁学，让仁德深入人心。

明清之际，封建社会内部利益格局发生了重大变化，资本主义萌芽，市民阶层不断壮大，中国社会处在由传统向近代转型的十字路口。明末清初思想界对宋明理学进行了深刻而理性的反省和批判，出现了强调"天下兴亡，匹夫有责"的经世致用、实事求是的实学热潮。黄宗羲、顾炎武、王夫之正是这一思潮的助推者。

"有亲亲而后有仁之名，则亲亲是仁之根也。"① 黄宗羲认为父母兄弟与生俱来的无法割断的情是实，除此之外，仁、义、礼、智都是虚名。因此，他主张从事亲从兄的道德实践，推动了儒家仁学由虚向实的转变。"天地以生生为心，仁也。其流行次序万变而不紊者，义也。仁是乾元，义是坤元，乾坤毁，则无以为天地矣。"② 黄宗羲认为"仁"和"义"共同构成了乾坤，是保持良好世道的前提。他还认为行仁之方关键在于一个"情"字，强调人与生俱来的发自内心的亲情才是仁爱根本，由此才能推己及人以仁民爱物；另外一个关键在于"真"字，如果是装模作样的虚假表演则不能称为"情"。黄宗羲在性情关系上认为情是性的前提，没有情就没有性，性是后起之名。他还强烈批判专制的君主，渴求出现有仁德的君子来治国平天下，重建三代圣王之治。

在顾炎武看来，"道"的问题只有"仁"与"不仁"两个层面。"纣以不仁而亡，天下人人知之"③，这是顾炎武所举的一个不仁之例。他还构建了一个"其仪刑文王也如之何，为人君止于仁，为人臣止于敬，为人子止于孝，为人父止于慈，与国人交止于信而已"④ 的"全仁社会"。顾炎武认为人是仁的核心，孝悌是仁的标准："孝弟为仁之本。尧舜之道，孝弟而已矣。"⑤ 他探求仁德的方法便是和义放在一起，"以仁存心"，"求仁而得仁，安之也"。此外，顾炎武还认为"安"是有仁德之人应有的一种素养和心态。

王夫之也批判理学背离儒家经典，脱离现实社会，视仁爱为主体，界

---

① 黄宗羲.黄宗羲全集（第一册）[M].杭州：浙江古籍出版社.1985：152.
② 黄宗羲.黄宗羲全集（第一册）[M].杭州：浙江古籍出版社.1985：49.
③ 顾炎武.黄汝成集释.日知录集释[M].石家庄：花山文艺出版社，1990：64.
④ 顾炎武.黄汝成集释.日知录集释[M].石家庄：花山文艺出版社，1990：128.
⑤ 顾炎武.黄汝成集释.日知录集释[M].石家庄：花山文艺出版社，1990：304.

定"仁"在天为天理，在人为人心："仁者，人之心，天之理也"①。仁是一种道德规范，没有智仁勇这三者，人便与禽兽无异，更无法修身齐家治国平天下。"苟志于仁，则无恶；苟志于不仁，则无善，此言性者之疑也。"②他倡导人人向善，认为如果每个人都想实现仁，那么整个社会就不会出现恶了，反之整个社会就成为万恶之源。王夫之的仁，也是对理学的一种厘清。程、朱、陆、王偏重于内在心性的王道观，而王夫之则试图重新构建儒家内圣外王的理想政治模式。

### 3. 近代以后曲折中完善

鸦片战争后中国开始沦为半殖民地半封建社会，西方列强步步紧逼，而清政府软弱无能。帝国主义和中华民族的矛盾、封建主义和人民大众的矛盾不断加深，中国人民生活在水深火热之中。但是，哪里有压迫哪里就有反抗。近代中国涌现出了一大批志士仁人，他们探索救国救民的道路，迫切地想要完成民族独立、人民解放，国家富强、人民幸福这两大历史任务。

谭嗣同认为只有不断变法革新，社会才能长治久安。他继承了康有为的唯物主义思想，借鉴了西方近代科学中的先进理念，建立了以"以太哲学"为基础的新仁学体系。"以太"是一个涵盖世间万物的哲学概念，是任何人都不能否定的能使所有物体发生联系的中介、基础，也是仁的哲学基础，为《仁学》做了哲学铺垫。谭嗣同将儒家仁学思想与近现代的人道主义思想有机结合，提出了"仁以通为第一义"的新仁学思想。"变亦变，不变亦变"；"仁乱而以太亡乎？曰：无亡也"。其仁学思想具有反封建性质，试图建立符合民主平等等近代思想的新仁学体系，为宣传变法提供了理论基础和思想武器。

我国著名的民主革命家与思想家孙中山将"中国固有之道德"发扬光大，通过批判继承儒家文化，形成了具有现代特征的三民主义思想。孙中山在《恢复我们民族的地位》中说："讲到中国固有的道德，中国人至今不能忘记的，首先是忠孝，次是仁爱，其次是信义，其次是和平。"③由于没有把孝从属于仁的关系说清楚，在孙中山看来"仁"排第二，是次要位置，但已经算一个较高的位置了。他更注重强调军人的智仁勇品德，强调军人要有大无畏的"舍身成仁"的革命精神，同仇敌忾，战胜敌人。

---

① 王夫之.船山思问录 [M].上海：上海古籍出版社，2000：786.

② 王夫之.船山思问录 [M].上海：上海古籍出版社，2000：55.

③ 孙中山.孙中山全集（第九卷）[M].北京：中华书局，1986：242-243.

　　新文化运动的代表人物之一胡适在《说儒》中认为，仁是殷商民族的部落性。他在开篇中提到，孔子的大贡献之一就是"把殷商民族的部落性的儒扩大到仁以为己任的儒"①。胡适认为的"仁"就是包括爱人在内的所有做人的人生哲学，是一种做人的最高理想境界。他还在《中国哲学史大纲》中提到"仁"字有两种说法："第一，仁是慈爱的意思。这是最明白的解说。第二，仁即是'人'的意思。……不仁便是说不是人，不和人同类。"②文化界的代表人物之一鲁迅对以"仁"为代表的纲常礼教进行了猛烈的批判，彻底否定了"仁"作为封建礼教的工具及这种吃人的本质，力主"打倒孔家店"。鲁迅虽然反对儒家思想中道德之仁，但实际上自己最重道德情操，并不是反对所有的"仁"。随着小农经济的瓦解，辛亥革命后帝制的终结和共和政体的建立等，仁德思想赖以存在的经济和政治基础都发生了重大变化，儒学在这一时期遭受到了猛烈的冲击，其正统地位被终结。

　　在以"打倒孔家店"口号为代表的背景下，以梁漱溟为代表的新儒家顺势而生。梁漱溟说："抛开自家根本固有精神，向外逐求自家前途，则实为一向的大错误。"③梁漱溟对孔子仁学进行了细致的解构与辨析，用西方宇宙观解释中国古代哲学问题，认为动物没有道德，仁德只有人才有；认为仁是一种自然而发的情感，而不是"后天的条件"；求仁之方则是不能麻木习惯，需要后天培养，需要"理智的回归"。"要使生命恰合乎自己生命之理，并不是难事"④，对于达到仁境界，梁漱溟认为其并非难事。

　　熊十力建构了一套完全属于自己的哲学体系即"新唯识论"，持本体仁心论："自孔孟以迄宋明诸师，无不直指本心之仁以为万化之源、万有之基。即此仁体，无可以知解向外求索也。"⑤他认为无形无状但又千变万化的仁为道体，是世界本原，是与生俱来的存在于人心中的。

　　冯友兰对"仁"进行解构重建，提出了"新理学"中的"仁"。关于仁德的基础，他提出"做人要做老老实实的人，而不是讨别人喜欢的虚伪的人""人必须有真性情，有真实的情感""可耻的人怎么可以成为仁人呢"⑥，

①　胡适.胡适文集5[M].北京：北京大学出版社，1998：3.
②　胡适.中国哲学史大纲[M].上海：上海古籍出版社，1997：40.
③　梁漱溟.中国民族自救运动之最后觉悟[M].北京：中华书局，1935：101.
④　梁漱溟.李渊庭，阎秉华整理.梁漱溟先生讲孔孟[M].桂林：广西师范大学出版社：2003，46.
⑤　熊十力.熊十力论著集之一·新唯识论[M].北京：中华书局，1985：568.
⑥　冯友兰.中国哲学史新编（上册）[M].北京：人民出版社，2001：147.

极度憎恶"两面派"。关于行仁之方，冯友兰认为，"同情心有真情实感，将这种真情实感推向别人，就是'爱人'"①。"博施"和"济众"是"需要一定物质基础的，关键是要有'以己推人'的方法"②。当"仁"与"孝"冲突的时候，"仁"要服从于孝，"子对父还是要绝对服从的，孝是最基本的道德"③。关于实行仁德的目的，冯友兰说道："使个人与社会相适应，不相矛盾，相互协合。"④在冯友兰所处的"以人为本"的时代，对儒学不断创造性转换，不断创造出了更加适合当代的新的哲学体系。

在以民主和科学为核心的新文化运动中，以仁德为主要内容的儒学又一次受到了价值审判。郭沫若批评了仁德的"等次性"，提出了"大仁"的概念："孔氏所以异于二氏的是出而能入，入而大仁。"⑤这相当于道出了"一体之仁"的含义。达到"大仁"之方就是人进行静坐或者静思，进行自我反思。

青年时代的毛泽东通过儒学来探索救国救民的道路，"语曰，毒蛇螫手，壮士断腕，非不爱腕，非去腕不足以全一身也。彼仁人者，以大下万世为身，而以一身一家为腕。惟其爱天下万世之诚也，是以不敢爱其身家。身家虽死，天下万世固生，仁人之心安矣。"⑥毛泽东认为敢于断自己手腕而保全国家的重国重民的思想就是最大的仁德。毛泽东到北京后也提出了批判性继承儒学的观点，并成为我党对待传统文化的重要原则之一。毛泽东在《致张闻天》的信中写道："关于孔子的道德论，应给以唯物论的观察，……智是理论，是思想，是计划，方案政策，仁勇是拿理论、政策等见之实践时候应取的一二种态度，仁像现在说的'亲爱团结'，勇像现在说的'克服困难'……'仁'这个东西在孔子以后几千年来，为观念论的昏乱思想家所利用，闹得一塌糊涂，真是害人不浅。我觉得孔子这类道德范畴，应给以历史的唯物论的批判，将其放在恰当的位置。"⑦毛泽东也认为仁德是被封建统治者利用的"害人不浅"的旧道德，因此要进行批判继承。

近代以后，在不断对传统仁德批判继承和创新发展的过程中，对传统仁德予以了现代弘扬。尤其是中国共产党成立后，秉持着初心和使命，不断摸着

---

① 冯友兰. 中国哲学史新编（上册）[M]. 北京：人民出版社，2001：152.
② 冯友兰. 中国哲学史新编（上册）[M]. 北京：人民出版社，2001：153.
③ 冯友兰. 中国哲学史新编（上册）[M]. 北京：人民出版社，2001：365.
④ 冯友兰. 中国哲学史新编（上册）[M]. 北京：人民出版社，2001：154.
⑤ 郭沫若. 郭沫若全集·历史编（第三卷）[M]. 北京：人民出版社，1982：293.
⑥ 毛泽东. 毛泽东早期思想文稿[M]. 长沙：湖南人民出版社，2008：532.
⑦ 毛泽东. 毛泽东书信选集[M]. 北京：人民出版社，1984：147-148.

石头过河，紧紧依靠人民群众，建立起最广泛的爱国统一战线，建立了新中国，完成了社会主义建设，实行了改革开放，实现了全面小康，走上了建设社会主义现代化强国、实现中华民族伟大复兴的新征程，不断带领人民从胜利走向胜利。这些都归因于历代党中央领导集体前后承继，一任接着一任干，孜孜不倦地不断对传统仁德予以创造性发展，创新性转换，逐渐提出一系列包括"以人民为中心思想""社会主义核心价值观""人类命运共同体""一带一路"等在内的新理念、新战略、新思想，使得仁德观念逐渐深入人心，并成为促进个人修身养性、维护社会稳定、促进国家长治久安的重要精神力量。

## 二、传统"仁"德的历史作用

传统"仁"德统揽其他德目，是其他道德规范的总纲，是人和动物的区别所在。"以德服人者，中心悦而诚服也"。人无德不立，国无德不兴。传统"仁"德作为一种意识形态和行为准则，在历史上对个人品德养成、对处理社会关系和人际关系以促进社会和谐稳定发展、维持国家稳定运行，都有着不可小觑的重要作用与意义。

### （一）构成个人品行修养的基本要素

良好的修养主要指人们有着深厚的知识底蕴、高尚的道德品质、正确的处世态度和行为方式。品行修养则是指人们通过对学术、政治、道德等方面的学习，自觉地内化于心，将一定外在社会道德要求转变为个人内在道德品质的过程，从而拥有端正的三观和正确的为人处事方式。虽然"以貌取人"现象还是不同程度存在的，但是品行修养就犹如一个人的第二身份证。礼貌是修养的外衣，一个人有品德、有修养，首先是要懂礼貌。心理学研究表明，对一个人的第一印象是很重要的。如果一个人彬彬有礼，言行举止温文尔雅，优雅大方，那么他在别人心目中的形象无疑是良好的。古语"其身正，不令而行；其身不正，虽令不从""修身，齐家，治国，平天下"等无不是强调个人的品行修养。只有个人拥有良好的品行修养，才能以德服人，去经营家庭、治理国家，所以个人良好的品行是做其他事情的前提和条件。

中国历史上的舜帝，尽管父亲打骂他，继母将其视为眼中钉、肉中刺，一而再再而三地想除掉他，弟弟也欺辱他，可品德高尚、富于谦让的舜仍然保持一片真心孝顺父母，爱护弟弟妹妹。他能够凭借自己的德行感化远近的人，让互相争夺土地的农民在德行的感化下互相谦让起土地来，让为抢夺渔场打得头破血流的人争让渔场，让原本粗制滥造的陶器工人们制造出美观又耐用的陶器，让自己住的地方从村庄变成小城镇到后来成为都会，这都是舜的德行感化人们所致。所以当年事已高的尧想找寻贤人，将帝位禅让给贤人时，便找到了既有才干又孝顺的舜。尧把自己的两个女儿娥皇和女英嫁给舜，让九个儿子和舜住一起以测试舜是否真的有才干。舜做了天子的女婿后仍然对自己的父母十分孝顺，即使父母兄妹策划了"让其补粮仓以将其烧死""让其淘水井以将其淹死""将其灌醉以杀死"等一系列除掉他的阴谋活动以霸占其财产和嫂嫂，但舜作为仁人孝子，在妻子的帮助下最终都幸免于难，以德报怨，仍旧对亲人十分好。尧经过长期考察，认为舜确实是一个有仁德的贤人，把自己的帝位禅让给了他。舜做国君后，心系天下黎民百姓，靠自己的良好德行把国家治理得非常好。在他去世后，人民听闻这一噩耗都像失去了自己父母一样嚎啕大哭，悲痛万分，足以证明有仁德、行仁行的舜在人们心中的分量。

传统仁德蕴含着的自强不息、积极有为的精神品质，不惧困难挫折、积极进取的人生态度和价值观、奋发有为的精神品质长期影响着中华儿女，是中华民族悠久文化的精神浓缩。孔子曰："躬自厚而薄责于人。"[①] 要求人们在处理人际关系中要严于律己，表里如一，以德待人、以宽待人，不阿贵骄贫，不傲下谄上。"人之有德于我也，不可忘也；吾有德于人也，不可不忘也"[②]，在处理人际关系时保持独立人格，坚持以德报怨原则。内在良好的德性和修养，是表现出良好德行的前提条件；良好的德行是内在良好德性的外显。良好的德性也是推己及人，由爱己到爱人再到爱万物的前提和基础。传统仁德的熏陶和润泽，能够完善个人的人格、道德品质和精神境界，使之内化为个人价值选择和价值判断的准则和依据，成为个人修养品德、锻炼心性、成长成才的重要力量。

### （二）调节社会人际关系的基本伦常

人际关系主要指在人与人相互交往的过程中，发生相互作用的一种亲疏远近的心理意向关系。我们都知道人是社会中的人，不能脱离社会而存在。人际关系是人们生活过程中不可或缺的重要组成部分，良好的人际关系是一种无形的财富。俗话说："在家靠父母，出门靠朋友。"学会处理人际关系，善于结交朋友，善于把握人际关系是一种能力。礼尚往来、投桃报李等都是

---

① 杨伯峻译注.论语译注 [M].北京：中华书局，2015：239.
② 何建章注释.战国策注释 [M].北京：中华书局，2019：1036.

人际关系的一种表现形式。对传统仁德进行现代弘扬有助于人们树立正确的三观，养成良好的品行修养，超越物质与精神的二元对立，利人利己，圆融地消解人与人、人与物的矛盾，从而形成和谐的、良好的人际关系，逐渐摆脱物质的桎梏，从而能充分体验和谐人际关系的怡然舒畅，是调节社会人际关系的基本伦常。

传统仁德建立在家庭成员这种有着血缘关系的天然感情和心理需求基础之上，对家庭伦理关系的形成和发展产生了广泛而又深远的影响。"弟子规，圣人训。首孝悌，次谨信。泛爱众，而亲仁。有余力，则学文。父母呼，应勿缓。父母命，行勿懒。父母教，须敬听。父母责，须顺承。"① 自己的身体发肤都受之父母，在处理与父母亲人关系的时候要对父母毕恭毕敬，不能有所怠慢，从心理上和行为上都要如此。只有首先懂得尊重父母才有可能学会尊重别人，同样只有首先懂得爱自己的父母亲人才会推己及人懂得爱别人。爱父母亲人是爱别人的前提和基础，对别人也怀有一颗仁爱之心是懂得爱父母亲人派生的表现。

"人有短，切莫揭，人有私，切莫说。道人善，即是善，人知之，愈思勉。扬人恶，即是恶，疾之甚，祸且作。"② 在处理人际关系时要做到"见贤思齐焉，见不贤而内自省也"③，对于别人的短不要有意无意地揭露，对于别人的隐私不要去大肆宣传张扬，而对于别人的善行要经常加以夸奖和赞美，这样他人在激励下就会更努力地行善。张扬别人缺点是一件坏事，甚至在有时候可能给自己招来祸端。在与人相处时应该与人为善，并且劝人向善，共同培育良好的道德修养。在与人相处时要一视同仁，讲信修睦、亲仁善邻，不以自己的好恶去论人、待人，"不敬他人，是不自敬也"，要想得到别人的尊敬，首先就得学会尊重别人。"君子和而不同，小人同而不和"④。处理人际关系并不意味着就要一味地对别人毕恭毕敬、阿谀奉承。在与人交往的时候，还要有自己的良心和做人的原则、自己的底线，不能一味地去迎合别人。在遇到观点不一、意见不合的时候，先要尝试换位思考，放下自己的偏执与观点，用开放的胸怀设身处地地考虑问题；然后要多和对方进行有效的交流和沟通，以期取长补短，产生最优方案。当然，就算最后意见还是没能达成一致，自己也要尊重别人以及别人的观点。"礼之用，和为贵，先王之

---

① 李逸安译注 . 三字经 百家姓 弟子规 [M]. 北京：中华书局，2009：179.

② 李逸安译注 . 三字经 百家姓 弟子规 [M]. 北京：中华书局，2009：198-199.

③ 杨伯峻译注 . 论语译注 [M]. 北京：中华书局，2015：56.

④ 杨伯峻译注 . 论语译注 [M]. 北京：中华书局，2015：203.

道，斯为美"①，怀有一颗仁人之心，以和为贵，　直是我们中国传统文化追求的价值目标。关于利己，有三种方式：损人利己；不损人利己；利人利己。而儒家所强调的仁德则是利己的第三层次，也是利己的最高境界，即利人利己，这样的行为能够很好地消解误会，调试矛盾，能够圆融地解决人与人之间的对立，调节人际关系。

仁德是调节社会人际关系基本伦常的道德准则，拥有仁爱之心和仁人道德品质是和谐人际关系的前提条件和客观基础。"和为贵""群居和一之道""天时不如地利，地利不如人和"等传统的智慧之源都是极其宝贵的。假如每个社会成员都能本着尊重、真诚、宽容、互利合作、平等、理解等原则，善于倾听别人说话、做到换位思考，达到利人利己效果，那么人们之间的相处将会是心情舒畅的、感情愉悦的。当人们普遍能够追求自己与他人的和谐共处，将会建立起和谐的人际关系，从而促进整个社会的和谐与稳定发展。

### （三）促进社会和谐运行的条件保证

整个世界是一个相互联系、相互作用的有机整体。社会是指在特定条件下共同生活的、能够长久维持的、不易改变的人群结构。在人的自然属性和社会属性中，社会属性是人最主要、最根本的属性。人是社会中的人，人的社会生活是由各行各业活动有机构成的统一整体，人类不能脱离社会而存在，同时，任何个人活动都会对社会发展产生这样或那样的影响。每个人在社会生活中都扮演着各种各样的角色，都是独一无二的独立个体，都应发挥自己的主观能动性，有目的有意识地为社会做出贡献，奉献自己的一份力量。生产力的发展和社会的进步也离不开每一个社会成员的努力。个人和社会已经结成相互依存、密不可分的关系，而仁德则是促进社会和谐运行的条件和保证。

传统仁德潜移默化地形塑着人类，编辑着人的社会价值，建构着人对社会的道德责任。如"修身，齐家，治国，平天下"的人生价值观，"以天下为己任""公而忘私""天下兴亡，匹夫有责""先天下之忧而忧，后天下之乐而乐""大禹治水，三过家门而不入"等有仁德之人的社会远大理想抱负等，在不断增强着社会成员之间的向心力和凝聚力。利益冲突常常是社会矛盾产生、社会纠纷出现的主要原因，只有不断提升人民对仁德的了解、理解、认同和把握，内化于心，外化于行，才能够逐渐协调不同利益群体的利

---

① 杨伯峻译注.论语译注[M].北京：中华书局，2015：10.

益关系，促进社会公平正义。孟子认为，"恻隐之心，仁之端也"。人们对仁德的正确认识和准确把握是促进社会和谐运行的条件和保证。内心存养一颗恻隐之心、仁爱之心，像舜帝一样以德感人、以德化人、推己及人，有利于协调社会利益，促进社会公平正义，化解社会矛盾。

传统仁德重视人际关系和谐的价值，强调与人为善、以德待人、以德报怨、和谐相处等优秀思想，这不仅对处理人与人之间的人际关系有着较好的调节作用，对人与社会的关系也有着重要影响和积极意义，是处理人与社会关系的道德律令，是促进社会和谐稳定运行的条件和保证。

### （四）构成国家稳定发展的道德基础

在中国古代社会中，统治者的德行与国家的兴衰败亡有着直接且密切的关系。如果统治者滥用民力，横征暴敛，用严刑苛政来治国，那么民众必定是不满意的，中国历史上一次次的农民起义战争就是最好的例证。当官吏政治腐败，统治者实行严厉的经济垄断，法外敲诈，农民生存受到严重威胁，最低生活保障得不到保证的时候，就会出现官逼民反的现象，农民就会组织武装起义以反对统治阶级的暴政。"王侯将相，宁有种乎？"包括陈胜、吴广农民起义在内的诸多起义战争，都是由于农民深受迫害，不满现状，才纷纷揭竿而起。这些起义战争反映了专制朝廷和民间社会矛盾冲突的加大，也是农民对统治者野蛮残暴、惨绝人寰、横征暴敛的暴政表达的不满。

孔子说过："道之以政，齐之以刑，民免而无耻；道之以德，齐之以礼，有耻且格。"[①] 治理国家，如果只过分注重强硬措施和外在的一些处罚，那么人民只会努力避免自己受到惩处和处罚，但是缺乏基于羞耻心的反思自省能力。反之，实行德治，专注道德教化和引导、礼仪与规范，用仁德不断去感召和教育引导民众，民众会有较强的羞耻心并会拥有主动改过自新能力，从思想上崇仁尚义，行仁义之事，这样才可能实现国家的长治久安。如果统治者是一位有仁德的君主，实行仁政，上行下效，那么民众也会是有仁德的民众，社会将会是和谐的社会，国家也会是稳定的国家。得到了民众支持的国家，就不会轻易被别的国家征服或吞并。反之，水可覆舟，当一个国家施行暴政，失去民心，就会导致内忧外患，这对一个国家的政局稳定是极为不利的，别的国家也会借机发动战争来征服吞并这个国家，最终导致国土四分五裂，分崩离析。所以仁德更多地应该讲给权力听，统治者要学会"修己以安

---

① 杨伯峻译注．论语译注 [M]．北京：中华书局，2015：17．

百姓"①，以身作则，做一位有仁德的君主，做出表率，起到一个模范带头作用，以获得并长久保持政治权威与政治合法性。民众诚心归顺，对统治阶级心悦诚服，方能促进国家的长治久安，是国家稳定发展的长久之计。

"自强不息，厚德载物"这一精神在以孔子为代表的以仁为核心的儒家思想的熏陶和教育影响下，成为中华民族的优良传统和中华民族精神的生动写照。"苟利国家生死以，岂因祸福避趋之""为天地立心，为生民立命，为往圣继绝学，为万世开太平""精忠报国""大道之行也，天下为公""先天下之忧而忧，后天下之乐而乐"等这些描写高度的社会责任感和爱国主义热情的名句，把个人价值与国家、民族的利益和兴衰荣辱紧密联系在一起，使得一批又一批志士仁人具有较强的历史使命感和社会责任感，甚至不惜为了国家和民族利益而舍弃个人利益，舍小家为大家，发奋进取。这种舍身取义、杀身成仁、自强不息的中华民族精神，激励着一代代有志之士建功立业，面对任何艰难险阻，知难而进，勇往直前，使得中华民族屹立于世界民族之林而不倒，并日益走向世界舞台的中心。

### 三、传统"仁"德现代弘扬的价值分析

国无德不兴，人无德不立。虽然当今社会与传统社会的生产方式、价值观念都发生了很大的变化，但是先秦儒家所提倡的仁德也仍然有其存在的价值和意义。中国共产党是在马克思列宁主义指导下，在工人阶级的斗争实践中逐渐成长起来的，党一经成立就为人民计，为民族计，将为人民谋幸福、为民族谋复兴坚定地作为自己的初心和使命。党执政以来始终把人民作为自己的衣食父母、唯一服务对象，时刻谨记"水可载舟亦可覆舟"的道理，坚持为人民执政、靠人民执政，始终牢记自己权力从哪里来、为了谁，始终把人民高不高兴、答不答应作为想问题、办事情的重要依据等，这些思想无不是对仁德的继承和弘扬，是最大的"仁政"。江山就是人民，人民就是江山。中国共产党执政的根基在人民，血脉在人民，对传统仁德进行现代弘扬，能够更好地巩固党的执政根基，维护党的政治合法性，推动国家的长治久安；同时也有利于提升个人品德修养，调整社会人际关系，促进社会的和谐稳定运行。因此，必须在充分认识理解传统仁德现代价值的基础上，继承和弘扬好传统仁德这份珍贵的民族文化遗产，实现传统仁德创造性转换、创新性发展，古为今用，更好地服务于当今社会道德建设。

---

① 杨伯峻译注.论语译注[M].北京：中华书局，2015：229.

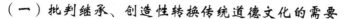

### （一）批判继承、创造性转换传统道德文化的需要

文以载道，文以化人，文化是国家和民族的灵魂。"中华优秀传统文化是中华民族的根和魂，是中国特色社会主义植根的文化沃土。"① 博大精深的中华优秀传统文化是我们中华民族数千年积累下来的伟大智慧。正是因为传统仁德能够因时而变、与时俱进，汲取众家之所长、补己之所短，其才能不断增强自身生命力、影响力和竞争力。传统仁德可以推动我们的道德建设，在今天仍有借鉴的价值。但是，传统仁德不仅蕴含着精华，也有着一些糟粕。只有善于继承才能善于创新。我们要在批判和扬弃的基础上，运用发展的眼光继承传统仁德，取精弃糟，不能不加思考地照抄照搬。只有这样才能将传统仁德发扬光大，使传统仁德虽古老而常新。

正如习近平总书记所说："不忘本来才能开辟未来，善于继承才能更好创新。优秀传统文化是一个国家、一个民族传承和发展的根本，如果丢掉了，就割断了精神血脉。"② 党的十八大以来，以习近平总书记为核心的党中央高度重视对以儒家为代表的中华优秀传统文化的传承与弘扬，将其贯穿在新时代治国理政的新理念、新思想、新战略中。中国特色社会主义进入新时代，我们要讲好中国故事，提升中华文化的软实力，提升中华文化的国际影响力，提高中国国际话语权，要使中国特色社会主义植根于中华文化的沃土。只有这样才能不断增强中华传统文化的生命力和影响力，使我们不断坚定文化自信，巩固全国人民奋斗的思想基础，实现民族复兴，建设现代化强国。同时，加快各国文明交流互鉴的步伐，取长补短，推动构建人类命运共同体。在当代中国，坚持和发展中国特色社会主义，就要物质文明和精神文明两手抓、两手都要硬，全面发展，最终实现人民物质生活水平和精神境界的全面提升；要牢牢掌握意识形态工作主动权和领导权，巩固马克思主义在意识形态领域的指导地位，不断提高全民族思想道德水平。人无精神不立，国无精神不强，要实现上述内容都离不开对传统道德文化的批判继承和创造转换。

### （二）丰富、培育社会主义核心价值观的需要

文化的核心是价值观，其内容丰富、体系庞大。"核心价值观是文化软

---

① 中共中央宣传部.习近平新时代中国特色社会主义思想学习纲要[M].北京：学习出版社，2019：146.

② 中共中央宣传部.习近平新时代中国特色社会主义思想学习纲要[M].北京：学习出版社，2019：146.

实力的灵魂、文化软实力建设的重点。"① "核心价值观是一个民族赖以维系的精神纽带，是一个国家共同的思想道德基础。"② 中共十八大提出的社会主义核心价值观对国家、社会和公民三个层面的价值目标做了规定。国家层面的国富民强，是人民幸福的重要物质基础，也是实现中华民族伟大复兴的重要支撑。人民民主是社会主义的生命，文明是社会进步的重要标志，和谐是社会稳定的保证。社会层面的内容均属于人民日益增长的美好生活的需要。公民层面的内容对中国公民应该具有的爱国情和报国志、诚实守信地做好自己本职工作以及与人和谐共处、相互尊重等个人品德提出了道德要求。

面对瞬息万变的现代社会，人们内心世界情感秩序紊乱，日新月异的科学技术使人与天地万物的情感逐渐淡化，日趋激烈的社会竞争和加速流动的社会现象也逐步淡化了亲情，人与人、人与社会之间的关系也在不断弱化。当今社会越来越多的人渴望独立，向往自立自强。对传统仁德的现代弘扬或许能够为我们提供某些启示。传统仁德为现代人的生活状态和精神信仰提供了精神家园，使国家和民族魂有定所、行有依归。其对于丰富、培育和践行社会主义核心价值观，促进人际关系协调，构建和谐社会，提高国家文化软实力，提升国家形象都具有十分重要的作用。世界上任何一种思想文化和价值观念的出现都不是心血来潮，都有着一定的历史文化背景。当代中国社会主义核心价值观的内容无不是在充分发掘利用、继承和弘扬中华民族优秀传统文化、充分吸收其精髓前提下，与当代国情结合、凝练而成的，有着深厚的传统文化渊源，形成了今天的浩荡洪流。如和谐理念继承了传统文化的"礼之用，和为贵""天人合一"等思想，友善理念继承了"仁者爱人"的理论，诚信理念继承了"言必信，行必果"的思想，爱国理念继承了"舍生取义"等思想。只有通过借鉴学习古代圣贤义利之辩、天人之辩、礼欲之辩等过程逐渐形成的中国传统文化，方能逐渐凝练出如今的社会主义核心价值观。正如习近平总书记指出的："中华优秀传统文化是中华民族的突出优势，是我们最深厚的文化软实力。"对传统仁德的现代弘扬，是丰富和培育社会主义核心价值观的需要。

### （三）落实以德治国基本方略的需要

依法治国和以德治国是我国治国理政的基本方略。以德治国就是一整套

---

① 习近平.习近平谈治国理政 [M].北京：外文出版社，2014：163.

② 中共中央宣传.习近平新时代中国特色社会主义思想学习纲要 [M].北京：学习出版社，2019：143.

以马列主义、毛泽东思想和中国特色社会主义理论体系为指导思想和行动指南的与社会主义市场经济相适应、与社会主义法律体系相配套的全体人民普遍认同并自觉遵守的社会主义思想体系和行为规范。江泽民同志在深刻总结国内外治国经验、教训基础上强调:"加强社会主义法制建设、依法治国与加强社会主义道德建设、以德治国有机统一起来。"①

儒家的仁爱精神不失为一种有益的精神力量,传统仁德生生不息的仁道精神和自强不息的刚健品格有利于增强个人的社会责任感和历史使命感,锻造自己的理想人格和道德情操。以德治国实质就是构建忠诚的职业道德、诚信的社会公德、仁爱的个人品德、孝悌的家庭美德、忠义的爱国情怀,在吸收借鉴传统仁德的思想精髓基础上,人人以德修己,户户以德治家,达到以德治国。家庭是社会的细胞,是国家的最小单元。只有人人做到以德"修己",成为存有仁、义、礼、智、信等良好道德品质的高尚之人,家家才能构建夫义妻顺、夫妻和谐、父慈子孝、兄弟亲爱、团结互助、尊老爱幼的良好家庭氛围,才能做到"安人",整个国家才能实现德治。道德是内心的法律,法律是成文的道德。道德是法律立、改、废、行、评的前提基础和重要依据,德治需要法治来保障,两者紧密联系,相辅相成,不可偏废。治理国家不仅要有法可依,有法必依,执法必严,违法必究,运用法律的手段来治国理政,还要发挥道德教化的作用,发挥公序良俗的作用,运用道德的力量来治理国家。落实以德治国方略,还需对传统仁德创新发展,对公民坚持教育引导、实践养成、制度约束方针,培育公民的内心道德自觉,使仁德内化于心、外化于行,达到日用而不知境界。每一位社会成员对道德准则的践行,有利于融洽当今社会关系,实现和谐社会。

### (四)解决现实社会道德问题的需要

改革开放以来,科学技术日新月异,人们的生活水平得到极大提高。但是许多人的道德素质并没有伴随物质基础的提高而与时俱进地进步,导致出现了许多现实社会问题。不断提升人民道德水准、思想觉悟、文明素养,提高全社会文明程度,离不开对传统仁德的现代弘扬。对传统仁德予以现代弘扬,有利于调节社会不同利益群体和利益关系,促进现实社会问题的有效解决。

---

① 肖祥.改革开放40年中国马克思主义伦理学建设的基本经验[J].齐鲁学刊,2019（1）:76-84.

仁德崇礼义、重自律、尊克己、奉德性，以人的自我完善为目的。在人与人的交往过程中，强调严己宽人，"躬自厚而薄责于人"①"与人不求备，检身若不及"②；家庭关系中的仁德讲究父慈子孝、夫妇和睦；朋友关系中的仁德讲究崇仁尚义、诚实守信；君臣关系中的仁德讲究忠心耿耿、忠恕之道；普通人际关系中的仁德讲究换位思考、尊老爱幼。因此，仁德有利于建设社会主义道德体系，有利于和谐人际关系，从而增强民族凝聚力。家和万事兴，家齐国安宁，家庭是社会的细胞，家庭和睦是社会和谐的前提和基础。《大学》中"身修而后家齐，家齐而后国治，国治而后天下平"③的思想就说明了这个道理。只有每个人都能用"老吾老，以及人之老；幼吾幼，以及人之幼"④的心态来换位思考，为人处世，才能实现社会和谐，实现"四海之内，皆兄弟也"⑤的目标。"天时不如地利，地利不如人和"⑥，要解决现实社会道德问题，就要以家庭美德为突破口，来规范人们的行为，然后把基于血缘亲情的仁德推至社会生活各个领域，用"贵和"思想处理社会人际关系，维护家庭稳定，这样做有利于解决现实社会问题，是实现社会和谐的重要法宝。如果极端个人主义思想继续膨胀发展，就会导致各种社会不道德问题，造成人际关系紧张。传统仁德不仅能为外在的社会提供内在的人性根据，增强社会认同感，还对消解由市场经济迅猛发展导致的一些负面思潮有着积极的作用，有利于消除人与人之间出现的冷漠感，在融通人际情感、化解社会矛盾、维护社会稳定方面具有不可替代的重要作用。

### （五）培养现代公民道德人格的需要

道德是个体行为的内在规约，是社会价值认同的情感流露，是个人内在德性化为外在德行的过程。⑦道德人格是个体道德认知、情感、意志、信念和习惯的有机结合。道德不是自然而然先天存在的，其形成和塑造离不开后天的道德实践。人们道德水平的高低始终是衡量一个国家和社会文明程度

---

① 杨伯峻译注．论语译注 [M]．北京：中华书局，2015：239．
② 钱宗武解读．尚书 [M]．北京：国家图书馆出版社，2017：147-148．
③ 孔子等．四书全解 [M]．北京：中国华侨出版社，2013：2．
④ 方勇评注．孟子 [M]．北京：商务印书馆，2017：11．
⑤ 杨伯峻译注．论语译注 [M]．北京：中华书局，2015：180．
⑥ 方勇评注．孟子 [M]．北京：商务印书馆，2017：69．
⑦ 童春红，王鹤岩．以优秀传统文化提升公民道德素质：作用机理与路径选择 [J]．大连干部学刊，2021，37（1）：47-53．

的重要标准。中华优秀传统仁德作为新时代公民道德建设的深厚历史文化底蕴，在孕育公民道德素质方面发挥着独特的作用。法安天下，德润人心。存有仁德的人，会做出正确的价值判断和价值选择，会从道德层面的角度出发思考问题。仁德能够不断滋养人的道德修养，形塑理想人格，正确处理人际关系，促进社会和谐。

其一，培养现代公民道德认知的需要。道德认知是培养公民道德人格的基本前提，为孕育道德情感、实施道德行为选择提供必要的知识储备。仁德能够润物细无声地熏陶和感染人们的价值追求、审美情趣等精神层面的道德认知，为公民道德建设提供丰富的思想内涵。从小听到的英雄人物事迹、寓言故事等，学校相关德育课程内容，社会各种影视作品，文物古迹都潜移默化地在人们心中种下了对传统道德认知的种子，都能使得公民感受到优秀传统文化的魅力所在，是感召现代公民道德情感的需要。在道德认知的基础上产生的情感认同是公民提升道德素质的内在动力，将仁德认知内化为仁德情感会对人的行为选择潜移默化起着导引和感召作用。其二，导引现代公民道德行为的需要。传统仁德在内化于心后，通过道德情感的感召作用，还会把道德情感外化于行，达到日用而不觉的境界。中国在新冠肺炎疫情防控中表现出来的伟大抗疫精神无不是对传统仁德最鲜活、最生动的实践。其三，形塑现代公民道德人格的需要。在公民道德修养提升过程中，要从传统文化中探寻价值底蕴。传统仁德会潜移默化地滋养、引领、塑造并支撑公民的理想人格，这也是道德修养的奋斗目标。

相比于建立在对上帝之爱基础上的基督教，儒家的仁德则是建立在人与人之间的"仁爱"基础上的心灵秩序，即人与人之间的相互亲爱关系。这种相互亲爱的底线就是不损害他人利益，目标是促进他人发展。传统儒家强调个人要践行"忠恕之道"，注重自身道德修养的提升，以成为一个有仁德的人。"忠"就是"己欲立而立人，己欲达而达人"成己成人的宽广胸襟，"恕"就是"己所不欲，勿施于人"将心比心的宽容之心。[1] 保持着一颗仁爱之心，做一个有仁德的君子，不强求别人变成你满意的样子，也不要把自己不喜欢的东西给别人、不要把自己不想做的事情推给别人。儒家这种"推己及人"的主张鼓励公民在与他人交往的过程中与人为善，做一个有仁德的人，不仅有良好的道德品质，还能够外显为对别人的一种友善，能够尊重别

---

[1]　孟志芬."和"——孔子"礼""仁"思想的最终旨归[J].华北电力大学学报（社会科学版），2013（6）：103-107.

人、关心别人、帮助别人，懂得换位思考，能够提高人际交往能力，与人建立和谐的人际关系，这也是我们建立一切秩序的心灵起点。人如果不将上天赋予的这种道德理性展示出来，那和动物就没有什么区别了。"弟子，入则孝，出则悌，谨而信，泛爱众，而亲仁。"[①] 孝悌仍然是仁之本，是拥有"德性之仁"的起点。培养孝悌之情对仁爱之心的养成仍有着正面的意义，从而对政治和社会生活发挥着积极的作用。对以孝悌为起点的传统仁德予以现代弘扬，有利于唤醒人们爱人的良心，培养公民的道德人格，有利于实现人们的人生理想，发挥自身独特价值。中国特色社会主义进入新时代，促进传统仁德的现代弘扬，是在我国全面建成小康社会之后，促进人的全面发展，不断满足人民日益增长的美好生活需要，乘势而上全面建设社会主义现代化强国的必然要求。

### 四、"仁"德现代弘扬的原则和实现路径

现代社会发展包含了经济、政治、文化、社会、生态等各方面的全面发展，也必然内含着道德文明更高水平的发展。因此，在中国特色社会主义事业不断推进的过程中，必须始终坚持物质文明、政治文明与精神文明建设齐头并进。因此，对于道德建设领域包括仁德实践中仍存的各种现实问题，必须予以高度重视。如何有效推进社会道德建设，构建良好的道德运行机制和社会道德环境，使包括"仁"德在内的传统道德在现实道德实践中得以继承弘扬，使之成为当前构建社会主义核心体系的重要组成内容，推进社会主义精神文明建设，提升全社会的道德文明水平，造就有道德的社会主义事业建设者、接班人，是一项十分重要而迫切的任务。

#### （一）"仁"德现代弘扬的基本原则

新时代不断推动人民的思想道德素质提高，弘扬传统仁德，是一项系统工程，艰巨而长期。要坚持以社会主义核心价值观为引领，坚持统一性和多样性相结合的形式，以造就"有道德"的社会主义新人为目标，坚持仁德认知与仁德实践相结合等原则，不断促进传统仁德的现代弘扬，以提升公民的综合素质和道德品质，为推进社会主义建设培养合格的、优秀的时代新人。

---

① 杨伯峻译注 . 论语译注 [M]. 北京：中华书局，2015：6.

### 1. 坚持以社会主义核心价值观为引领

中国传统文化历经五千多年而不衰，渊源流长，历久弥新，博大精深，是一代代中华优秀儿女的重要精神养料，造就了中国人民的优秀品质。尤其是中国共产党成立后，在其领导下以及马克思主义指导下，中国人民不断从成功走向成功。在漫长的建设和发展壮大中国的过程中，中国人民逐渐形成了宝贵的民族精神和时代精神，凝聚成了优秀的中国传统道德。党的十八大又提出了24字的社会主义核心价值观，这是继承优秀传统文化的结晶。在全社会倡导这一价值观，有利于统一价值共识，促进社会成员的理解和认同，不断推进社会主义建设。在新时代，弘扬传统仁德要坚持以社会主义核心价值观为引领。方法上要进行春风化雨般的引导，使其内化于心外化于行，不断落实落细落小，融入社会成员的日常生活之中，对这一道德规范和行事准则的践行达到日用而不知的良好效果。只有这样，重建好人们的内心规范，才能为整个社会的发展筑牢人性根基。重建人与人相爱的心灵秩序，通过重建此心灵秩序来重建社会秩序。[①] 实现传统仁德的现代弘扬，就需要人们清楚地知道社会旗帜鲜明地倡导什么，从而不断将自己的一言一行对标对准，做到主动检讨自己言行是否与社会主义核心价值观相符合，在各个层面是否做到了仁德仁行，是否做到了无人监督也能够表里如一。要注意用社会主流道德规范引导道德实践，引导人们崇德尚德，强化道德认同，在全社会牢固树立仁德观念，践行仁德，实行仁行。

### 2. 采取统一性和多样性相结合的形式

坚持统一性与多样性相结合，既是教育发展的一个重要原则，也是对传统仁德现代弘扬的一个重要原则。后者是前者的前提和基础，前者是对后者的整合和融合，同时也是后者的必然要求和最终归宿。要采取统一性和多样性相结合的形式，做到中国传统文化和外来多元文化之间的统一且多样。没有规矩无以成方圆，"步调一致才能得胜利"，统一性就是有序性。共性寓于个性之中。统一不是泯灭多样、减少多样，而是尊重多样、包容多样、保护多样并促进多样。统一性是社会和谐安定、团结向上、创新发展的必然要求。要处理好多种文化之间纵横交织的关系，一切从实际出发，理论联系实

---

① 吴根友.试论当代儒学复兴的三个面向及其可能性[J].江南大学学报（人文社会科学版），2012，11（3）：18-23.

际。坚持不同文明之间对话协商和互鉴共存，而非自持优越，与其他文明存有隔阂甚至发生冲突。在与不同文明交流过程中首先要立足本国国情，对外来文明取精弃糟，有取舍地批判吸收，借鉴外来优秀文明成果，积极推动构建人类文化共同体。要时刻提高警惕，保持头脑清醒。发挥传统节日的育人作用，通过多种手段和方式，保护我们的国民性，防止西方不良思想文化的渗透，杜绝西化倾向，树立本国文化自信。多样性就是多元性、差异性。只有存在不同，才会有比较，才能在不同中找出各个文明之间的最大公约数，选择最优，达到互补效果。要坚持一致而非一律，在以宽广的胸怀包容多样的同时，也不丧失自我和主导地位。邓小平曾经说过："要利用外国智力，邀请一些外国人来参加我们的重点建设以及各方面的建设。"① 他还说："中国要谋求发展，摆脱贫穷和落后，就必须开放。开放不仅是发展国际间的交往，而且要吸收国际的经验。"② 要做到与其他传统道德相互借鉴，共同发展。因地制宜，因时制宜，立足本国国情，实事求是，利用外国多样文化来发展、建设中国。朋友遍天下，我们就能无往而不胜。

### 3. 以造就"有道德"的社会主义新人为目标

习近平总书记在建党百年庆祝大会上再次强调："人民是历史的创造者，是真正的英雄。"③ 要想推动仁德的现代弘扬，就必须重视人民群众的主体力量。"人无德不立，国无德不兴"。要通过多种手段，多措并举，弘扬传统仁德以培育和造就有道德、有理想的社会主义新人。在建设社会主义的过程中，人的作用尤为重要，但这里的"人"主要指的是有战斗力的人，也就是拥有理想信念的、认识到自身利益并为之奋斗的人。邓小平曾经说过："我们过去几十年艰苦奋斗，就是靠用坚定的信念把人民团结起来，为人民自己的利益而奋斗。没有这样的信念，就没有凝聚力。没有这样的信念，就没有一切。"④ 促进传统仁德的现代弘扬，要使广大社会成员崇德尚德，自律与他律相结合，不断用标准严格要求自己，用仁德去感召人心，为社会主义建设提供道德滋养。要深入实施公民道德建设工程，深化群众性精神文明创建活动，引导广大人民群众自觉践行社会主义核心价值观，树立良好社会风尚，

① 邓小平. 邓小平文选（第3卷）[M]. 北京：人民出版社，1993：32.
② 邓小平. 邓小平文选（第3卷）[M]. 北京：人民出版社，1993：266.
③ 习近平. 在庆祝中国共产党成立100周年大会上的讲话[N]. 人民日报，2021-07-02（02）.
④ 邓小平. 邓小平文选（第3卷）[M]. 北京：人民出版社，1993：190.

争做社会主义道德的示范者、良好风尚的维护者。对传统仁德的现代弘扬要遵循道德建设规律，积极倡导仁德这一中华传统美德，把先进性要求与广泛性要求结合起来，落实落细到广大人民群众中去。要发挥一些闪着光辉的典型事迹、代表人物的榜样示范作用，如全国道德模范评选活动、被誉为"中国人的年度精神史诗"的感动中国人物评选活动等都是很好的例子。《感动中国》是中央电视台打造的每年元宵节前后推出的一个精品栏目，评选出来的都是令人感动、催人泪下、震撼人心又实至名归的人物或者团队。这些人物所做出的感人肺腑的事迹，无不在感动着我们、鼓舞着我们，可以对耳濡目染者起到潜移默化而又深远持久的影响和熏陶作用，最终内化为广大人民内心深处的精神力量，为培养"有道德"的社会主义新人奠定精神上的基础，筑牢理想信念之基。人民有信仰，国家有力量，民族才有希望。所谓不破不立，在积极倡导、建设的同时也要做到立破并举，加大力度整治社会上一些不仁不义的突出问题，祛除拜金、享乐、利己等歪风邪气，造就"有道德"的社会主义新人，树立文明礼貌、尊老爱幼、助人为乐、崇仁尚德、讲仁存爱的良好社会风气。

## 4. 坚持"仁"德认知与"仁"德实践相结合

仁德按照表现方式可分为德性之仁和德行之仁，即内在存有之仁和外在显现之仁。德性之仁是德行之仁的前提和基础，德行之仁是德性之仁的外在表现、必然结果。具备良好的德性，能够更好地引导外在德行；坚持外在德行，能够完善和彰显人的美德，要坚持仁德认知和仁德实践相结合，注重仁德内在修养德性和外在表现德行相统一，做到"外德于人"和"内德于己"相结合，做到"己所不欲"和"勿施于人"相统一。进行传统仁德的现代弘扬，不能单纯地将仁德视作知识，不管不顾、囫囵吞枣地将仁义道德机械式硬塞进人民群众的脑子里，这种不加选择的教育方法不是一种好方法，不会让人形成内心的理解、接受和认同，更不会转化为外在的行为方式。要深入开展学习活动，注重实效，把加强道德修养作为人生重要的必修课，充分发挥先进群体和个人的榜样示范作用，广泛开展理想信念教育，在全社会形成崇德向善的氛围和风气，为社会主义建设提供精神养分。身正才能正人。再好的规则都需要执行，没有执行就没有生命力，就不会有很好的社会效果。《大学》提出"修身，齐家，治国，平天下"的行仁之方；孟子提出"推恩可以保四海"的推仁之方，朱熹提出"格物致知"的践仁之道，戴震重新提出"以情絜情"由近及远的推仁之道。要吸收借鉴古代思想家这种由近及远、推己及人的行仁、践仁方法，坚持仁德认知与仁德实践相结合，激发社会成员形成正确的仁德认知、善良的仁德情感，培养自身的责任感与使命感，对客观事物形成正确的判断。内化于心外化于行，提高仁德的践行能力，尤其是无人监督时也能自觉践行的素养，尊重人民群众的主体地位，引导人们崇尚和追求知仁德、尊仁德、讲仁德、怀仁德、守仁德的良好社会风尚。

### （二）"仁"德现代弘扬的实现路径

如今社会物质财富不断丰盈，一些人在专注于物质利益的追逐过程中，精神却越来越空虚，对传统仁德也提出了愈加迫切的追问，道德领域中存在的一系列问题必须引起全党全国全社会的高度重视。面对越来越多的社会道德冲突和重新建构问题，探求仁德现代弘扬的现实路径颇有必要。在新时代要大力弘扬社会主义核心价值观，将传统仁德与当代多元文化相融合，注重在实践中有针对性地开展仁德教育，注意协调道德建设的法治保障，促进传统仁德的现代弘扬，采取有力措施切实解决现实社会道德问题，在全社会形成知仁存仁、行仁践仁的良好社会风尚。

### 1.大力培育弘扬社会主义核心价值观

人民有信仰，国家有力量，民族才有希望。国家十分强调和鼓励对传统文化的继承和弘扬，要动员起全国 14 亿人作为传播中国传统仁德的一份子，自主自觉地承担起创新传统文化的重担。"过去一段时间，我们忽视了发展生产力，所以我们现在要特别注意建设物质文明。与此同时，还要建设社会主义的精神文明，最根本的是要使广大人民有共产主义的理想，有道德，有文化，有纪律。国际主义，爱国主义都属于精神文明的范畴。"[①] 立足当代中国经济、政治、文化现状和国情的社会主义核心价值观，字字珠玑，掷地有声，是规范公民言行举止的标尺，是全体社会成员应该遵循的思想价值准则和根本价值追求，是我国各项建设的共同目标，也是照亮中华民族伟大复兴的灯塔。弘扬社会主义核心价值观不应只停留在空洞的口号上，不能只是说说而已，也不能是走过场，而是要用实际行动来落实，去证明，使知性德育和体验式德育融为一体，进一步提升教育效果。要不断提升核心价值观的吸引力，拓宽传统仁德的教育范围，通过开展一系列的理想信念主题教育活

---

① 　邓小平.邓小平文选（第3卷）[M].北京：人民出版社，1993：27.

动，如"悦读沙龙""读书会""摄影节"和"文化周"节日活动以及各式各样的社团活动来丰富核心价值观的教育形式。要利用各种教育基地，通过课内课外等多种途径，借传统节日之机举办有纪念意义的活动等多种手段，加强公民思想道德建设，使其丰富知识、开阔眼界、提升素养，激发人们对传统文化的兴趣，提高人民的思想素质和道德觉悟，大力弘扬中华传统仁德，提高全社会文明程度，补齐精神上的"钙"。作为祖国建设者的个人，要自觉学习并不断弘扬仁德仁行，对传统文化要知其然更要知其所以然，树立正确三观，不断增长智慧，为构建理性、有序、道德的社会贡献自己的一份力量。仁德贵在坚持，无论任何情况都要持之以恒、百折不挠地去践行仁德，养成习惯，以成为一个有仁德的人为目标，并内化为品德来进一步指导实践生活。在面对生活中的风雨挫折和考验时，要保持积极乐观的态度，不被困难所击倒，要做出正确且坚毅的选择。用利己利人、换位思考、以德报怨、宽宏大量等思维方式和宽广胸怀来为人处世、待人接物，来处理人际关系。若人人如此想问题、办事情，那整个社会关系便会达到高度和谐，便也是真正践行了仁德。

### 2. 对传统仁德予以现代弘扬

毛泽东说过："孔子毕竟是二千多年前的人物，他思想中有消极的东西，也有积极的东西，只能当作历史遗产，批判地加以继承和发扬。"[①] 传统仁德具有一定局限性。首先，目的是维护封建社会等级秩序。传统仁德受封建等级制度约束，规定百姓对贵族特权要绝对服从，它服务于世袭贵族以及尊卑有序的宗法观念，维护封建等级制度。其次，内容上"亲亲""爱亲"等原则折射了传统仁德的局限性。仁爱对象是有血缘关系的亲人，仁爱仅及亲友熟人。父子有别，长幼有序，爱有等差。传统仁德通过一系列的纲常礼教来规范人们言行，避免以下犯上，维持社会稳定，为纲常伦理正常运转提供理论基础。最后，行仁之方过分强调从自己的角度出发考虑事情。"己欲立而立人，己欲达而达人。"[②] "己所不欲，勿施于人。"[③] 即使是拥有这么高尚的胸襟，也难免有疏漏之处。如此行事的高尚者，也只是从自己处着眼，从自己的角度出发，自己不愿意做的事情就不强加给别人去做，自己做不到就不要求别人去做到；自己希望别人怎样对待自己，就应该以同样的方式对待

---

① 匡亚明. 孔子评传 [M]. 济南：齐鲁书社，1985：474.

② 杨伯峻译注. 论语译注 [M]. 北京：中华书局，2015：95.

③ 杨伯峻译注. 论语译注 [M]. 北京：中华书局，2015：242.

别人，这样就过分强调了个人的主体性，却忽略了人与人之间是互为主体性的。除了要会推己及人，还要学会换位思考。因为你想给别人的东西却未必是别人所想要的，而你不想要的所以不给别人的东西可能却是别人想得到的。这种单向的爱人模式忽视了他人需求，可能会导致矛盾、纠纷和隔阂的产生。要承认对方的独立性和差异性，改善人际关系，除了要推己及人还要学会与别人双向互动交流，通过有效的沟通和平等的交流来寻找共性，解决问题，达到道德共识。

随着社会经济的迅猛发展，传统宽厚待人的仁德有所损蚀。要宣介优秀传统仁德，有鉴别地对待传统仁德，有扬弃地继承传统仁德，以更好地促进经济社会发展。对传统仁德的现代弘扬并不意味着简单地回归以孝悌之情为起点的传统儒家，而是在吸收传统仁德合理内容的基础上，以"自爱""自尊"为起点，再推己及人，将心比心，换位思考。有些传统文化是会对经济和社会产生巨大反作用的，所以我们要准确把握政治、经济和文化三者之间的辩证关系，与当代中国国情实际相结合，在自觉传承中华传统仁德优秀成分基础上创新发展。"以古人之规矩，开自己之生面"，有效利用传统文化中的积极因素，推陈出新。结合党领导人民在长期革命、建设、改革的实践中产生的宝贵经验、形成的优良传统和革命道德，创造转换，对传统仁德予以现代弘扬。要不断增强中华传统仁德建设的时效性与时代性，打造"跨越时空、跨越国界、富有永恒魅力、具有当代价值的文化精神。要扎实推进对传统仁德的解释阐发、创造转化、立足实践、普及传播等工作，推动中华优秀文化基因深入人心。加强对中华优秀传统文化的挖掘和阐发，使中华民族最基本的文化基因与当代文化相适应、与现代社会相协调"[1]。把仁德作为适应现代工商业社会的个人心性修养理论、整饰人心的精神与道德信仰系统、促进世界和平的国际政治思想。"要探索将人工智能运用在新闻采集、生产、分发、接收、反馈中，全面提高舆论引导能力。"[2] 运用媒体等多种现代传播文化手段，渗透到精神文化产品创作、生产和传播各个环节，运用影视剧、戏曲等文艺表现形式，通过电视、报纸、抖音等多种呈现方式，将仁德作为一种社会的基本共识，大张旗鼓、轰轰烈烈地加以宣传，将其贯穿到国民教育全过程。从娃娃抓起、从学校抓起，促进民族精神和时代精神高度融合，为当代中国的发展和人类文明的进步提供强大精神滋养，更好地凝聚和构筑

---

① 习近平.习近平在哲学社会科学工作座谈会上的讲话[N].人民日报，2016-05-19（2）.

② 习近平.习近平谈治国理政（第3卷）[M].北京：外文出版社，2020：279.

富有魅力和价值的中国精神。

### 3. 着重融合"仁"德与当代多元文化的关系

不同的地理环境对人的肤色和性格以及民族的文化特性都有着一定的影响，各个民族的长期积淀形成了丰富多彩的多元文化。在经济全球化、世界多极化的今天，整个世界日益成为一个有机联系的统一整体，文化突破了民族、种族和国家的限制，文化的多元化是个必然趋势。"互联网是当前宣传思想工作的主阵地。这个阵地我们不去占领，人家就会去占领；这部分人我们不去团结，人家就会去拉拢。"[①] 如今，各个文明之间线上线下的交流碰撞更加频繁，我们国家的传统文化面临冲击和挑战也是必然的。"没有高度的文化自信，没有文化的繁荣兴盛，就没有中华民族伟大复兴。"[②] 要正确认识并着重融合"仁"德与当代多元文化的关系，掌握适当的方法，推动仁德"引进来"，同时也要"走出去"。

推动仁德"引进来"。中华文明产生于中国大地，同时也是不断借鉴吸收其他文明的结果。中国传统文化具有强大的包容性和顽强的生命力，有着广阔的胸襟和气魄去吸收古今中外一切积极因素、有益元素为己所用。首先要客观认识"仁"德与当代多元文化的关系。在多元文化相互交流的同时，西方一些不良思想文化、意识形态和价值观等也渗透了进来，如当今大学生热衷于洋节，而忽视了我们的传统节日。既然融合是个必然趋势，就不能排斥它。任何事情都是两面的，多元文化也是一把双刃剑。多元文化一方面冲击到我们的传统仁德，另一方面也会给仁德带来一些积极的影响因素，为其注入新鲜的血液。要辩证地看待并正确认识它们之间的关系，把握好"度"，保持清醒和冷静的态度去分析和解决问题，用积极谨慎的态度去对待，采取有效的手段来促进"仁"德与多元文化的融合。要兼取东西文化之长，防止传统文化西方化，有效利用西方文化中的积极因素，创造一种新的中国仁德，使之更具中国特色。要在深入挖掘中国传统文化的基础上，与时俱进地做好创新发展工作，做到立足中国，借鉴外国；立足本来，面向未来。要兼收并蓄，兼容并包，推动中华传统文化"走出去"，使仁德和多元文化相融合，取其精华，去其糟粕；保持头脑清晰，防止被多元文化同化、西化。"精神污染的危害很大，足以祸国误民，他在人民中混淆是非界限，造

① 习近平.习近平谈治国理政（第2卷）[M].北京：外文出版社，2017：313.
② 中共中央宣传部.习近平新时代中国特色社会主义思想学习纲要[M].北京：学习出版社，2019：138.

成消极涣散、离心离德的情绪，腐蚀人们的灵魂和意志，助长形形色色的个人主义思想泛滥，助长一部分人当中怀疑以致否定社会主义和党的领导的思潮。"① 要坚持中国特色社会主义文化，拒绝西方文化中不良思潮的影响和渗透，在意识形态领域打响文化安全保卫战，让青年主动承担起文化传承和传播的责任，应对冲击，弘扬传统仁德，建设中国特色社会主义文化强国。

推动仁德"走出去"。"引进来"的同时还要通过"一带一路"、国际会议、国际论坛、开设孔子学院等渠道"走出去"，和其他国家做好沟通交流工作，讲好中国故事。习近平总书记曾说："夫物之不齐，物之情也。""要促进不同文明不同发展模式交流对话，在竞争比较中取长补短，在交流互鉴中共同发展，让文明交流互鉴成为增进各国人民友谊的桥梁、推动人类社会进步的动力、维护世界和平的纽带。"② 我国通过奥运会、冬奥会等一些大型赛事不断渗透中国传统文化，不断提高传统文化的张力和国际认同度，为人们提供了丰富多彩的文化产品，提高了社会主义文化的包容性。"失语就要挨骂""一个故事胜过一打道理"。要区分对象，精准施策，用讲故事的方法来推动仁德的创新发展和对外传播，提高中华文化影响力，对外讲好中国故事，提升国际认同感。"我们要以开放包容的姿态兼收并蓄，但是在西方'文化霸权主义'的宣传鼓动下，当代中国价值观念存在太多被扭曲的解释、被屏蔽的真相、被颠倒的事实。"③ 我们应该讲公道话，办公道事。要坚持"和而不同"的君子思想，取其精华，弃其糟粕，趋利避害，立足实际。要充分发挥大众传媒的重要作用，运用无时不在、无处不在的现代化传播手段如报纸、杂志、电视、电影、手机推送文章、短视频等，利用它们传播面广、速度便捷等特点，潜移默化地塑造人们的思想观念、思维方式和价值观，推动仁德"走出去"。要使包括仁德在内的代表了中国先进文化前进方向的中国特色社会主义文化潜移默化地影响国际社会，推动中国价值观念走向世界，让中国梦成为传播当代中国价值观念的生动写照。

总而言之，"一花独放不是春，百花齐放春满园"，中华传统仁德"形于中"而又"发于外"，要搭好中外的桥梁，保持文化的活力，秉承人类文明是多样的、平等的原则，坚持包容的态度，积极推动中外文明交流互鉴。

① 邓小平.邓小平文选（第3卷）[M].北京：人民出版社，1993：44.

② 习近平.迈向命运共同体 开创亚洲新未来——在博鳌亚洲论坛2015年年会上的主旨演讲[N].人民日报，2015-3-29（02）.

③ 中共中央文献研究室.习近平关于社会主义文化建设论述摘编[M].北京：中央文献出版社，2017：199.

社会主义文化和多元文化的融合必然是一个异常复杂而又漫长的过程，要始终坚持共同理想，和而不同，求同存异，善于汲取众家之长、补己之短，坚守社会主义核心价值观不动摇，铭记民族精神，把握时代精神，从根本上抵制多元文化对我国文化的负面冲击，增强传统"仁"德的生命力和竞争力。

4. 注重在实践中有针对性地开展"仁"德教育

仁德教育在当代社会实践中变成了一种灌输的过程，个体内心的认同感和信服感较为淡薄。仁德目标在思想教育层面和实际生活层面产生背离现象，使人们逐渐陷入道德人格的迷茫和萎缩之中，仁德教育陷入知行不一的困境。推动仁德的现代弘扬，还需要将之付诸实践，落实落细，在家庭、学校和社会实践中有针对性地开展仁德教育。

家庭是社会的细胞，在人对同类关爱之情的培养过程中，家庭仍然是很重要的一个起点。就像米德所提到的那样："诚然，绝大部分因素都集中于家庭环境，这一环境在儿童的意识中打下了最早、也最为深刻的烙印。萨摩亚的家庭组织几乎在所有情境中彻底消除了可能导致不良情感倾向的特殊因素……而在我们社会，一般家庭的幼子往往就这样被娇惯坏了。"① 随着经济发展，思想解放，父母受教育程度普遍提高，大多数家庭都是独生子女，这导致一些孩子以自我为中心、养尊处优、自我意识过强，父母对其过于宠溺，对孩子的仁德教育重理论轻实践，甚至自己都不能发挥榜样作用，不能做到言传身教，只是对孩子进行说教，"其身正，不令而行，其身不正，虽令不从"，导致孩子的内在德性之仁没有养成，更别提仁德外在的表现德行之仁了。所以父母要平等对待孩子，重视对孩子的榜样示范和引导作用，可通过父母对话表演、行为表演等方式，用孩子更乐于接受、善于接受的方式潜移默化地影响他们。如果一个人不爱父母，便很难做到爱同学、爱朋友、爱同事，更别说爱陌生人了，以家庭为核心而形成的各种人伦关系融洽与否直接关系到一个社会的稳定与否。人格是人区别于禽兽的根本标志。我们的经验方法、生活习性都是从家庭获得。因此，培养仁爱之情的方法还是要从孝悌做起。在家庭中，要弘扬"孝悌"精神，孝顺父母，尊敬兄长，亲爱弟弟，推及邻里和朋友，互帮互助，以诚待人。只有这样，才可能推己及人，这就为爱他人创造了前提基础。虽然有了孝悌，不一定保证能够做到爱他

---

① 玛格丽特·米德.萨摩亚人的成年[M].周晓虹，李姚军译.北京：商务印书馆，2010：165.

人，但是如果连最基本、最起码的孝悌都做不到，是不可能怀有仁爱之心来爱他人的。要把培养人格作为仁德培养过程中的基本问题，要使一个人具有同情心、正义感，要具备知羞耻、讲诚信等最基本的道德品质，以人的标准来要求自己。同时，在信息化的当今时代，出现了"文化反哺"现象，年轻一代接受知识能力更强，长者要虚心向年轻一代学习。要调动孩子的积极主观能动性，改变传统文化传承的内容、形式和方向，通过"反向社会化"营造良好社会风气。

学生是祖国的未来，要弘扬仁德，主要的受众对象还是学生。要在学校教育中不断调动学生的主观能动性，激发他们学习仁德的积极性，提升其道德素养。学校要以润物细无声的教育代替突击性的大型活动，要改变传统的"分数至上""优等生""差等生"等理念，改变传统应试教育模式，做到因材施教。每个学生都是一个鲜活的世界，都有着自己的优点，学校要擅于组织多样的、多元的活动，在活动中不断发现、发掘学生的兴趣爱好和擅长之事。同时教师也要以身作则，起到表率示范和引领作用，做到为人师表，用自己的实际行动不断感染、教育学生，营造相亲相爱、互帮互助的良好校园风气和氛围。

人是社会的人，不能脱离社会而存在，也离不开多样的社会活动。"文化活动作为实践载体，使人们的内在道德价值观念外化为行为方式，并逐渐固化为人们的行为模式和道德自觉。"[1]"仁"是道德生活的重要内容，是个人修养的最高境界，达此境界的人的行为就是仁德的外显，即德行之仁。一方面要通过多种多样、丰富多彩的文化活动来感染人、熏陶人。要把弘扬传统仁德融入建设文明社会全过程，充分发挥先进典型的榜样示范引领作用，有针对性地开展仁德教育，体现到各个文明单位创建全过程中。可在节假日定期、有规律地举办一些集体活动，如在端午节举办集体赛龙舟、包粽子、缝香包活动，在中秋节做月饼、写诗词，让人民群众在动态的参与过程中，深切体会到传统节日和传统文化的意义与价值，在文化体验中激发学习兴趣。另一方面，传统"仁"德注重"为仁由己"，非常强调公民个人的道德修养，强调自省、慎独在仁德培育中的作用。"吾日三省吾身"[2]，不断对自己言谈举止、为人处世方式进行反省和自检，即使没有人监督、没有纪律约束也能按照仁德标准严格要求自己，来实现内化和外化的统一、内在和外

---

① 童春红，王鹤岩. 以优秀传统文化提升公民道德素质：作用机理与路径选择 [J]. 大连干部学刊，2021，37（1）：47-53.

② 杨伯峻译注. 论语译注 [M]. 北京：中华书局，2015：4.

在的和谐。在现实社会实践中，一个人若想成为一个有德性的人，光靠外在的强制和约束是不够的，还需自己有行仁的主观自觉和坚定决心，通过"反求诸己""克己复礼"等方法来修养仁德，要把仁德价值观念变为个体内心信念，做到知仁、求仁、成仁，做到认知、情感、行为的统一，做到内在德性之仁和外在德行之仁的统一。现实世界的人要在关系的回应中完善自我，对待陌生人也能讲文明礼貌，敢于并乐于伸出援手，营造良好的社会关系，不光拘泥于学校教育的仁德教育，还要落在社会实践中，不断提高自身道德修养。

### 5. 注意协调道德建设的法治保障

法安天下，德润人心。"欲知平直，则必准绳；欲知方圆，则必规矩。"[①] 邓小平指出："纠正不正之风，打击犯罪活动中属于法律范围的问题，要用法制来解决。"[②] 也就是，解决现实社会中一些违法犯罪问题应该适用于全体社会公民的法律而非党纪。坚持德法兼治，在建设法治的过程中，在建设社会主义强国的过程中，在对传统仁德的现代弘扬过程中，要充分发挥道德对法治的滋养作用，促进道德理念法制化；同时，让法治体现道德理念，坚持发挥社会主义法治对仁义道德的推动和保障作用。要注意协调道德建设的法治保障，推动仁德融入法治建设。在整个立法、执法、司法、守法过程中努力贯穿并体现仁德的道德要求，发挥立法的引领和推动作用，使法律法规更多地体现出深厚的道德底蕴。用法治的力量引导人们讲仁互爱，向上向善；用法治来承载仁德理念、鲜明仁德导向、弘扬仁德仁行，将仁德要求准确全面地体现到社会主义法律体系中，为弘扬主流价值提供良好的社会环境和制度保障。

习近平总书记反复强调："法治兴则国家兴，法治衰则国家衰。"[③] 如果制定了良法，但是没有得到有效实行，法律就是一纸空文，就不会有生命力。法规制度的生命力在于执行，在不断完善相关法律法规的过程中，要不断提高法律的权威性和执行力。要深化体制改革，加强执法队伍建设，用刀刃向内的勇气和决心刮骨疗毒，不护短、不遮丑，纯洁执法、司法队伍，清除队伍中的害群之马，锻造忠诚干净担当的过硬队伍。在立法、执法、司法过程

① 刘生良评注. 吕氏春秋 [M]. 北京：商务印书馆，2015：758.

② 邓小平. 邓小平文选（第3卷）[M]. 北京：人民出版社，1993：163.

③ 中共中央宣传部. 习近平新时代中国特色社会主义思想学习纲要 [M]. 北京：学习出版社，2019：96.

中要做到科学立法、严格执法、公正司法、严明守法。要在法制建设的过程中，不断畅通民意沟通渠道，为群众办实事、解疑惑，严格公正司法，坚决查处诸如"纸面服刑""提'钱'出狱"等不良现象，切实维护人民群众的合法权益，让人民在每一个司法案件中都能感受到公平正义。要以事实为依据，以法律为准绳，秉公处理，定纷止争，不单纯追求结案速度和数量，而是追求结案的质量，以及人民群众对案件的满意度，提高服务质量，化解群众心结。要促进矛盾纠纷公正、高效、实质性化解，促进矛盾纠纷源头治理、多元化解，提高法律的效率和公正度以增强法律的权威性，增强司法公信力，切实保障人权。

法律的执行需要社会各界的共同努力，除了要让权力在阳光下运行，不断纯洁执法和司法队伍，还要通过广泛的宣传教育，让法治观念深入人心。健全道德建设的法治保障后，还需要人们发自内心地去遵守，要加大宣传力度，在全社会大力培育和弘扬法治精神，人人都做遵法守法的合格公民。"法制观念与人们文化素质有关。现在这么多青年人犯罪，无法无天，没有顾忌，一个原因是文化素质太低。"[①] 要从小抓起，不断加强对人的教育，家庭、学校、社会齐抓共管，共同发力。加强对法治观念的教育，让法治理念飞入寻常百姓家，达到入脑、入耳、入心的效果。人们道德修养的提升，不仅需要个体在发展过程中逐步完善理想人格，不仅需要内心的道德自律，更需要通过法治保障来净化社会环境，营造一个良好的社会氛围。用外在的法律强制力、约束力来为个体道德行为的实施提供高尚的法治环境，为仁德的普遍践行保驾护航，利用法治的稳定性、权威性、普遍性和强制性保证道德建设目标的顺利实现。

---

① 邓小平. 邓小平文选（第3卷）[M]. 北京：人民出版社，1993：163.

# 第二篇　中华传统"孝"德的历史底蕴与现代弘扬

"孝"在中国古代历史上被称为"仁"的本原和百行之先。统观孝道思想文化对中国的道德伦理、政治、社会和文化等所产生的影响，它亦如同组成整个中华文化的基础细胞，是中华文化形成和发展的根脉。孝道思想作为儒家正统文化的核心内容，其自春秋战国时期形成系统完整的伦理思想体系后便声名鹊起，自汉代经历"政治化"过程后更是对中国古代的政治统治和社会秩序的建构发挥了显著作用。在中国漫长的历史长河中，孝德品质被深深地刻进中国人的骨子里，连带推进了"忠""仁""义""礼""信"等优秀传统德目的形成和发展。但它又一度沦为封建专制统治的工具和愚昧礼教的代名词，故而成为近代以来众多革命者、思想家带头批判的"文化糟粕"。然而，传统孝文化的魅力并没有因为历史上的种种抨击而黯淡，随着社会的发展，改革开放后中国人打开新视界的同时，也深感中国本土孝文化的珍贵。时代的发展仍需要传统文化为现代文明做基座和提供宝贵养料，当然这种传承与利用无疑需建立在批判性汲取的基础之上。因此，当今时代需要建构发展的孝文化并非对传统孝文化的简单沿袭，其中残害人性、荼毒社会的愚昧落后成分已经由 20 世纪几度文化运动荡涤而清除，其逐渐与时代发展相适应。中国特色社会主义的开创，为中国社会加速迈向现代化开拓了一条光明的大道，也对中国社会文化、文明发展提出了新的要求。作为一个文明古国，如何传承弘扬传统文化并推动其为现实服务，是当代中国文化、文明建设面临的一个重要问题。要解决这个问题所要做的事很多，是一项宏大系统工程，包括对传统道德的传承发展。有关对传统孝德的精神底蕴的挖掘及如何赋予其新的内涵予以时代弘扬，无疑是其题中之义。

## 一、"孝"德的起源与历史流变

孝论是中国古代的多个朝代和现当代社会熟知并加以运用的理论，但其溯源却不为大众所熟知。对"孝"概念的追溯有助于人们深入了解"孝"所内蕴的含义，并审视"孝"在中国古代社会历朝历代内容的扩展和历史演变，以继承和发扬孝道中与当今时代相符的精华文化，推动现代社会的发展。

### （一）"孝"概念的起源

"孝"概念的起源，学界大多学者认为可以追溯到氏族社会时期。

在母系氏族公社时期，人类已经过上了定居生活，母性在生育和养育后代、采集食物等方面占有巨大优势，而男子虽能狩猎，但狩猎带有的不确定因素确保了母性在氏族内的尊崇地位，氏族内的绝对权力都掌握在妇女手中，在当时知母不知父的情况下，母系血缘关系的主线是十分清晰的。因此，在这种情况下，早期人类对人的生命的产生、发展和最终死亡缺乏科学认识，生命中充满了神秘色彩，人类自然会产生对生命的崇拜，转而产生对生殖的崇拜。象形字"妣"则论证了这一现象，郭沫若在《释祖妣》中从古文字学角度考释，"妣"即为女阴的象形字，甲骨文中"妣"乃是"牝牡之初字"。①

母系氏族的社会基础是一种按母系或女子血缘关系计算继嗣关系和继承财产关系的氏族制，氏族女酋长管理氏族内外的一切事务，领导氏族成员从事各项生产活动，氏族内部各个家庭由女人统治，财产和各项权力归女人占有，女人可以支配男人的命运，男人完全听从女人的指挥，氏族妇女具有崇高的社会地位和权威，子女对母亲既有敬爱之情，又有敬畏之情，这种"敬畏"是对权力的畏惧和崇拜，也是孝意识形成的一个助推之力。

我国是一个农业大国，农业文明历史悠久，源远流长。由于原始农业受环境、语言、文字等多种因素的影响，在当时要把长期生产过程中积累的经验保存并流传下来，是一件十分困难的事情，实现这个目标的唯一途径是与成年人或老年人一同劳动并在此劳动过程中通过学习经验来掌握生产技能。而女性作为原始时期农业劳作的主力必然奠定了她们的权威社会地位。原始社会基于经验崇拜的现实需要所形成的对女性老者的崇拜，正是孝产生的心理动因。

原始社会生产力水平低下、文明发展程度相对落后，原始人类对世界的认识相当有限，难以理解自然现象的变幻莫测，他们为大自然蒙上了神秘色彩，认为有神秘力量控制着世界。因此他们会寻找一些事物充当崇拜的对象以作为能够让他们与神秘自然界共存的精神寄托。原始人最初的崇拜对象是各种各样的图腾，如古人曾把菊花当作"日精"以表示对太阳的崇拜，而共同崇拜一个图腾的群体能够组成一个集体，形成集体共识和血缘认同。随着

---

① 王宇信.中国甲骨学[M].上海：上海人民出版社，2009：284.

生产力水平的进一步提高，原始人类也提高了对大自然的认识能力，同时也认识到自身力量的存在，在此过程中以人文特性为主的祖先崇拜逐渐代替了以自然特性为主的图腾崇拜。

祖先崇拜是一种把祖先亡灵当作崇拜对象的宗教形式。祖先崇拜源于原始人类对同族中逝去的人的追思。随着父系氏族社会的到来，以家庭为单位的制度趋于明确、稳定和完善，原始先民们逐渐相信其父亲家长或氏族中前辈长者的灵魂可以庇佑本族成员、赐福儿孙后代，由此崇拜、祭祀祖先亡灵的宗教活动开始了。从图腾崇拜到祖先崇拜，是人类由对象意识到自我意识的重大转变，是人类自我认识的深化。在从对象意识到自我意识的转变过程中，人类"报本返始"的孝观念落实到了具体行动中，对祖先的祭祀、崇拜和追念等宗教活动就是孝行的具体体现。

紧跟孝观念的产生是"孝"字，学术界对于"孝"字产生于何时的问题，有两种不同的意见。一种看法认为甲骨文中有"孝"字，"段渝在《孝道起源新探》一文中认为，甲骨文中有一个'孝'字，见于《金璋所藏甲骨文卜辞》，收入《甲骨文编》卷八·一○，作𡥉，其形体与西周金文和小篆大致相同"[1]。另一种看法则认为甲骨文中不存在"孝"字，根据最早的文字记载，"孝"字最先出现于金文中。《说文解字》《尔雅》所解释的"孝"字的字形结构，是"从老省，从子，子承老也"[2]。周初金文"孝"字作𡥉，为子承老之形。对比甲骨文中的"孝"字和金文中的"孝"字，两者在形体上大致相同，但也有差异，前者字体结构中间没有"人"字形，后者字体结构中间多了"人"字形。因此，从字形的差异结构来看，甲骨文中是否存在"孝"字，还需进一步考证。但可以确定"孝"字的产生最晚可以推至殷周时期。

### （二）"孝"德内涵

在阐述现代孝的内涵之前，有必要说明现代人对孝文化概念的定义。肖群忠教授在其著作《孝与中国文化》中认为："孝文化是指中国文化与中国人的孝意识、孝行为的内容与方式，及其历史性过程，政治性归结和广泛的社会性衍伸的总和。"[3]从狭义上看，孝文化专指家族或者家庭内部成员之间交流互动的礼仪规范和情感交融所形成的意识和行为的总和；广义来看，孝文化由家庭中的孝道延伸到对国家和社会的热爱，涵盖了现代人社会生活的

---

① 李仁君.中华孝文化初论 [M].北京：中国社会科学出版社，2018.

② 许慎.说文解字（第 1 册图文珍藏版）[M].北京：线装书局，2016：334.

③ 肖群忠.孝与中国文化 [M].北京：人民出版社，2001：3.

方方面面，是独具中国特色的一种文明形态。

儒家孝道文化经历从古代到近代两千多年的兴衰发展过程后，在物质、精神文明高度发达的现代社会，孝的文化内涵又流转到最初的含义。当代人眼中的孝道更多地回归到孔孟孝论所强调的亲亲之心的情感体验，弱化了出于古代封建专制统治的需要所创造的"孝的政治化"，对父母的"孝"趋向于从"孝顺"到"孝敬"的转变，"孝"建立在自由、平等、民主思想的基础上。

有学者把儒家的孝道思想内核归结为八个方面，即"敬爱、奉养、侍疾、承志、立身、诤谏、送葬和追念"①，其中"敬爱"是第一位的，是对父母抱以崇敬和感恩的心；"奉养"和"侍疾"是最基本的要求；"承志""立身""诤谏"是子女自身孝的素质的体现；"送葬"和"追念"是父母逝世后孝子表现孝心的最后环节。

在当代人的孝行实践过程中，孝行主要表现在四个方面。第一，对父母衣食住行等方面的物质供养。我国现在经济发展总量虽然名列世界前茅，但人均 GDP 还相对较低，许多农村的老年人在基本生活需求的实现上不能自给自足，需要依靠子女的赡养，因此子女对父母的物质供养成为孝亲的首要条件。第二，对父母尊崇和敬爱。这就回溯到了孔子所说的"至于犬马，皆能有养；不敬，何以别乎"②，仅仅给予父母物质上的供养是不够的，还需要对父母饱含发自内心的敬爱，让父母感受到精神上的愉悦。第三，立身立业以扬名显亲。对父母来说，立业不仅能让子女养活自己不至于沦为"啃老族"，也能够让父母放心子女之后独立的处境，在此基础上能够成就一番事业使父母感到宽慰、光宗耀祖则是最佳。第四，在父母去世后感怀追念。今日的追念虽做不到如古时的"三年之丧"，但追念父母生前对自己的生养之恩也是必不可少的。

### （三）"孝"德内涵的历史流变

"孝"概念自创始到形成一个系统完整的孝文化伦理体系经历了悠久的历史，但此后并没有因为系统体系的形成处于停滞状态，而是跟随中国古代历史中各个朝代的更迭相应地发生内容和内涵的变化。此变化附带了历朝历代的时代特色和地域特色，丰富了孝文化的原初内涵，同时发生变化的孝文

---

① 李仁君.中华孝文化初论 [M].北京：中国社会科学出版社，2018：66.
② 王聘珍撰，王文锦点校.大戴礼记解诂（卷四）[M].北京：中华书局，1983：83.

化也为各个朝代的政治、社会等领域服务。

### 1.远古时期的孝

孝是中国传统文化的重要组成部分，因其在中国五千多年的厚重历史里发挥着不可小觑的作用而备受推崇。《说文解字》中认为"孝"的基本含义是"善事父母者。从老省，从子。子承老也"①。《礼记》中认为"孝者，畜也。顺于道，不逆于伦，是之谓畜"②。《汉语大词典》中则说："旧社会以尽心奉养父母和绝对服从父母为孝。"③ 可见，"孝"字主要包含了子女对父母的奉养和关照的意思。但"孝"的原初含义就是善事父母吗？我们还得从初民的宗教文化生活说起。

上文已述，生殖崇拜和祖先崇拜的现象普遍存在于氏族社会时期。据考古学考证，远古的彩陶鱼纹、蛙纹象征女性生殖器，鸟纹、蜥蜴纹象征男性生殖器，这些都是初民生殖崇拜的体现，但随着社会生产力的提高和人类文明的进步，祖先崇拜逐渐取代了生殖崇拜，到了父系氏族社会时期，祖先崇拜的概念得以完全确定下来。关于生殖崇拜和祖先崇拜之间的关系，郭沫若认为："中国的远古先民先后实行过女阴崇拜和男根崇拜，由此才发展出对女性祖先和男性祖先的崇拜。"④ 他从古文字学的角度提出，"妣"为女阴的象形字，"祖"为男根的象形字。因此，无论从考古学的角度还是古文字学的角度，人类崇拜妣祖的事实源于生殖崇拜是有根有据的。

"孝"的原初含义与这一历史进程的发展脉络有着密切关系。宋人戴侗在《六书故》中指出，"爻"是"孝"的异体字，这说明了"孝"字从"爻"（"交"），与生殖有关，传达男女交合、生育子女的信息。⑤ 据此，先民的生殖崇拜标志着"孝"的思想萌芽，但此处的"爻"与后世的"孝"表达的意思相去甚远。随着社会的发展和历史的演进，"孝"的原初意义逐渐隐匿了，尊祖观念逐渐成为"孝"的本义，而这与祖先崇拜的盛行密不可分。但初民的孝观念主要还是一种原始宗教下的朦胧意识，和后世的尊祖敬宗的观念不同。

① 宫晓卫注译.孝经注译[M].济南：齐鲁书社，2009：1.

② 阮元校刻.十三经注 疏清嘉庆刊本·六[M].北京：中华书局，2009：3478.

③ 潘剑锋.传统孝道与中国农村养老的价值研究[M].长沙：湖南大学出版社，2007：1.

④ 郭沫若.郭沫若全集（第一卷）[M].北京：科学出版社，1982：38.

⑤ 宋金兰."孝"的文化内涵及其嬗变——"孝"字的文化阐释[J].青海社会科学，1994（3）：70-76.

2. 东周至汉朝的儒家孝文化

春秋末期，中国进入了一个礼崩乐坏的历史阶段，社会的旧秩序开始解体，原先被世家贵族垄断的学术开始分散为诸子百家。社会经济制度的变革也引起了传统意识形态地位的动摇，西周时期建立在宗教生活上的孝道也受到了严重影响，社会上甚至出现儿子杀老子的现象。为了规范社会伦理秩序，以儒家为代表的各家学派对孝道展开了新的不同论说。

（1）孔子及孔子后学的孝论

儒家的孝论代表人物主要包括创始人孔子及其后学弟子曾子、孟子和荀子。

孔子是中国古代伟大的教育家和思想家，是诸子百家中儒家学派的创始人。其思想内容十分丰富，归结起来核心就是仁学思想。仁学思想是一个博大精深的哲学体系，他将"孝"收纳进仁学思想体系中，提出"孝为仁之本"，第一次把孝提升到"仁"的理论高度。从儒家经典著作《论语》的记载来看，孔子对孝的论述相对过去有三个创新点。

第一，实现了从宗教道德到伦理道德的转换。在西周，孝道主要体现在宗教色彩浓厚的祖先祭祀活动中，家庭道德中的孝道内涵并不十分突出；孔子对孝的论述，基本上实现了从宗教道德到家庭道德的转换，视孝道为个人及家庭的道德。孝的作用主要体现在对以父子为主轴的伦理关系的规范上，尊祖敬宗的分量相较之前已经被冲淡了。

第二，孔子对孝的重视贯穿着仁的精神，并将孝与敬、礼联系在一起，极大地丰富了孝的内涵。《论语·学而》中说："其为人也孝弟，而好犯上者，鲜矣。不好犯上，而好作乱者，未之有也。君子务本，本立而道生。孝弟也者，其为人之本与。"[1] 这很好地说明了孝为仁的根本。《论语·为政》中说："子游问孝，子曰：'今之孝者，是谓能养。至于犬马，皆能有养，不敬。何以别乎？'"[2] 这标识着孝与敬的密切关系。《论语·为政》中孟懿子问孝，子曰："生事之以礼，死葬之以礼，祭之以礼。"[3] 这则体现了孝与礼的结合。

曾子是孔子的弟子，因其孝行而闻名。多数学者认为曾子对中国传统孝道的发展发挥了关键性的作用，"正是曾子实现了孝内涵的扩充及孝论的进

---

① 阮元校刻.十三经注疏 清嘉庆刊本·十[M].北京：中华书局，2009，10：5335.

② 阮元校刻.十三经注疏 清嘉庆刊本·十[M].北京：中华书局，2009，10：5347.

③ 何晏撰，高华平校释.论语集解校释[M].沈阳：辽海出版社，2007：18.

一步体系化，推动了孝论的普及，促进了儒家道德伦理学的完善"①。目前研究曾子及其学派思想的主要文献是《大戴礼记》中所包含的《曾子十篇》，此外在其他一些文献中也有关于曾子言行的记载，包括《礼记》《论语》《孟子》等。曾子学派对儒家孝论的发展主要体现在五个方面。

第一，将孝道本体化。孔子思想的核心内容是"仁"，孝的理论是从属于仁学体系的组成部分，但曾子将孝看作超越"仁"的宇宙本体，使其成为具有普遍意义的道德标准和总领一切的道德范畴。曾子曰："居处不庄，非孝也；事君不忠，非孝也；莅官不敬，非孝也；朋友不信，非孝也；战阵不勇，非孝也。"② 曾子所主张的孝几乎囊括了人类社会生活的各个方面，成为人言行举止的终极法则。

第二，提出贵生全体和扬名显亲的理论。贵生全体是曾子评价一个人是否履行孝道的重要标准。曾子曰："身者，亲之遗体也。行亲之遗体，敢不敬乎？"③ 子女的躯体是父母生命的一部分，损伤自己的身体是一种不孝行为，因此曾子主张人们要珍视自己的身体以免于受到自然灾害和社会灾害的伤害。且此种伤害不仅包括肉体，还包括自身的尊严和人格。曾子要求孝子珍体惜命的目的是便于孝养父母，不让父母为自己操心，保证传宗接代。曾子在贵生全体的基础上提出孝子扬名显亲的要求，他认为孝子的孝行要贯穿于子女的一生中，并非父母去世后即终止，孝子在父母去世后仍要"慎行其身，不遗父母恶名"，此后要"立身行道，扬名于后世，以显父母"④，只有这样才能完成孝德践行的整个过程。

第三，强调孝道与修身的结合。曾子注重个人道德修养的提高并将其融入日常生活中，把个人道德修养看作人生追求的最高目标。在道德修养和孝道实践上，曾子要求将其贯穿于人的一生中，持之以恒，"孝子之于亲也，生则有义以辅之，死则哀以莅焉，祭祀则莅之，以敬如此，而成于孝子也"⑤。

---

① 季庆阳.孝文化的传承与创新——基于大唐盛世的考察 [M].西安：西安电子科技大学出版社，2015：18.但也有学者认为，"孝道派以曾子为始祖，但孝道派的真正代表人物不是作为孔子弟子的曾子，而是被曾子的弟子乐正子春等人所改扮过的曾子。乐正子春才是儒家孝道派的代表人物"。详见黄开国.论儒家的孝道学派——兼论儒家孝道派与孝治派的区别 [J].哲学研究，2003（3）：46-52.

② 王聘珍撰，王文锦点校.大戴礼记解诂（卷四）[M].北京：中华书局，1983：83.

③ 王聘珍撰，王文锦点校.大戴礼记解诂（卷四）[M].北京：中华书局，1983：82-83.

④ 王聘珍撰，王文锦点校.大戴礼记解诂（卷四）[M].北京：中华书局，1983：83.

⑤ 王聘珍撰，王文锦点校.大戴礼记解诂（卷四）[M].北京：中华书局，1983：80.

第四，划分孝的层次，深化孝道内涵。曾子对孝的层次性划分大致包含两类标准。第一类是以社会等级为标准。曾子曰："君子之孝也，以正致谏；士之孝也，以德从命；庶人之孝也，以力恶食，任善不敢臣三德。"① 第二类是以孝的实行难易度为标准。曾子曰："养可能也，敬为难；敬可能也，安为难；安可能也，久为难；久可能也，卒为难。"② 曾子以行孝的难易程度作为孝的划分标准，既考虑了子女对父母的孝行，也考虑了子女对父母的孝心，还提出了持久行孝的要求以及行孝的实际效果。此外，曾子还将孝划分为了大、中、小三个层次："大孝尊亲，其次不辱，其下能养"，"孝有三：大孝不匮，中孝用劳，小孝用力"。③ 曾子对孝道的层次性划分，将孝的要求具体化，对后世的孝道理论产生了深远影响。

第五，曾子把孝道和忠君结合为一体。曾子把孝看作人类社会的根本，政治关系作为社会关系的一种，自然也包含其中。曾子曰："事君不忠，非孝也；莅官不敬，非孝也。"④ 此处曾子把处理家族血缘关系的"孝"和处理君臣关系的"忠"相结合，把二者统一起来。但在忠、孝关系上，曾子坚持以孝为重的原则。在孝亲方面他主张尽心竭力，即使受到委屈也无怨无悔。但在君臣关系上，却表现出了对孝的强烈尊重，认为孝重于忠。

孟子是曾子的弟子子思的学生，而曾子是孔子的弟子，这种渊源的师徒关系使得孟子的思想深受曾子和子思的影响。孟子十分推崇曾子的孝论，并对其进行了进一步的弘扬、丰富和发展。孟子对儒家孝论的发展主要包括四个方面。

第一，以性善论作为孝德思想的哲学基础。"孟子道性善，言必称尧舜"⑤，孟子认为人的本性是善的，每个人先天都有善的种子，人人都可以通过在后天保持善的德行成为尧舜这样的圣人。而人天生就有的善的德性包含仁、义、礼，仁的核心是孝，因此孝也是人天生所具备的道德品质。孝即为人天生所拥有的善德，所以孝应为人人皆具之德，这也是人与动物的根本区别。孟子的性善论与孝道的结合是对孔子和曾子孝论的继承和发展，是对儒家孝论思想的进一步深化。

第二，以孝悌作为最高道德准则。孟子继承了曾子"孝"本体化的思

---

① 王聘珍撰，王文锦点校.大戴礼记解诂（卷四）[M].北京：中华书局，1983：80.
② 王聘珍撰，王文锦点校.大戴礼记解诂（卷四）[M].北京：中华书局，1983：83.
③ 王聘珍撰，王文锦点校.大戴礼记解诂（卷四）[M].北京：中华书局，1983：82，84.
④ 王聘珍撰，王文锦点校.大戴礼记解诂（卷四）[M].北京：中华书局，1983：83.
⑤ 康有为著，楼宇烈整理.孟子微（卷一）[M].北京：中华书局，1987：7.

想，把孝悌的作用和价值进一步扩大，使其成为最高道德准则。孟子曰："仁之实，事亲是也；义之实，从兄是也；智之实，知斯二者弗去是也；礼之实，节文斯二者是也；乐之实，乐斯二者。"① 此处孟子把孝悌贯穿于仁、义、礼、智的内容之中，成为仁、义、礼、智的核心内容。

第三，认为最大之不孝乃"无后"。孟子是目前所见的先秦典籍中首位提出"无后"为大不孝的人，他认为舜娶亲不告知父母是为了延续香火，其曰："不孝有三，无后为大。舜不告而娶，为无后也，君子以为犹告也。"② 孟子对孝的这一观点与孝的初始含义之一——生命的繁衍和延续相呼应。

第四，以孝推行仁政。孟子的仁政学说是在继承发展孔子思想的基础上提出的，是孟子的核心思想之一，其人性善的假设主要也是为给仁政学说做理论支撑。孟子曰："人皆有不忍之心。先王有不忍人之心，斯有不忍人之政矣。以不忍人之心，行不忍人之政，治天下可运之掌上。所以谓人皆有不忍人之心者，今人乍见孺子将入于井，皆有怵惕恻隐之心。"③ "不忍人之心"指代什么？孟子认为是惊惧同情之心，而同情之心即为仁爱之心，将此仁爱之心运用到政治上，此即仁政，而仁爱的实质即为侍奉、孝敬亲人，因此孟子所提倡的仁政即为以孝治天下。在仁政中，孟子推行孝道的教化作用，以孝悌对民众进行道德教化，将孝道作为一种治国的方法、教化的根本。孝道与仁政的结合，推进了孝的政治化，强化了孝的政治功能。

荀子是战国末期儒家最重要的代表人物，是先秦儒家思想的集大成者。荀子的思想结合了战国时期墨家、法家、道家、明家诸家的思想成果，实现了对儒家学说的创新性发展。与孟子的"性善论"相反，荀子主张"性恶论"，认为孝是一种他律道德，需要受到外在"礼"的约束和规范。和孔孟的孝道思想相比，荀子的孝道思想显然与现实更相符，是对儒家孝论的独特发展，其具有三个特点。

第一，性恶论与孝德思想的结合。荀子认为人的本性是恶的，"人之性恶，其善者伪也"④，"伪"指荀子认为人类的文明、道德和教育都是人为的结果，孝作为一种人伦道德也是通过感化、教育来获得。因此荀子主张孝德是社会的产物，而不是天生固有的品质。

第二，孝道的产生源自礼义。荀子以性恶论为出发点，认为孝道是一种

---

① 康有为著，楼宇烈整理.孟子微（卷三）[M].北京：中华书局，1987：60.
② 康有为著，楼宇烈整理.孟子微（卷三）[M].北京：中华书局，1987：66.
③ 康有为著，楼宇烈整理.孟子微（卷一）[M].北京：中华书局，1987：8.
④ 郝懿行著，管谨切点校.荀子补注（卷下）[M].济南：齐鲁书社，2010：4628.

外在的行为规范，人并非天生就具备孝心。荀子强调父子兄弟之间的谦让和子弟代替父兄劳动是一样违背人的性情的，孝悌的实行需要礼仪的规范才能完成，即为"孝子之道，礼义之文理也。故顺性情则不辞让矣，辞让则悖于性情矣"①。由此可见，荀子将孝道的产生和实行建立在礼仪规范的基础上。

第三，从义不从父。孔子、孟子、曾子均以维护血缘亲情为中心，强调在孝道上子女对父母的无违和顺从。荀子论孝道是以礼、义作为标准，他主张"从道不从君，从义不从父，人之大行也"②。他认为传统的对君、父的完全顺从并不是孝，以道义为标准，坚守原则，不让君亲陷于不义，才是真正的孝。荀子的这一孝论与荀子之前的儒家孝论大有不同，是对儒家孝论的继承和创新性发展，丰富了儒家孝论的内涵。

荀子的孝道理论顺应了当时封建大一统的需要，对秦之后的封建王朝的政治体制产生了重要影响，也对后世孝论的发展发挥了重要的作用。

（2）汉代"孝"的政治化

汉代以孝治为基本国策，使"孝"融入社会生活的各个方面，实现了"孝"的政治化，由此儒学孝道理论的地位发生了根本性的变化，"孝"从此与整个古代中国的政治、社会紧密联系在一起。

《孝经》作为儒家经典，在汉代占据了极高的地位，其核心思想是由孝亲而忠君，由修身齐家而治国平天下，与汉代所推崇的"移孝作忠"的孝道理论相呼应。"孝"政治化的体现具体表现为孝道被纳入社会的纲常伦理体系中，董仲舒提出"三纲"，确立了君臣、父子、夫妻之间的等级尊卑关系，孝悌正是为"三纲"的伦理秩序而服务的。董仲舒不再像先秦儒家那样从人的情感和人性的角度去论证孝道，而是提出"天人感应"，从神学的角度去论证孝道，为"孝"披上了神秘的外衣。董仲舒还用阴阳五行理论解释孝道，解释"三纲"为"君为阳，臣为阴。父为阳，子为阴。夫为阳，妻为阴。阴阳无所独行。其始也不得专起；其终也不得分功，有所兼之义"③。阳在其中居主导地位，阴对阳起辅助作用，由此论述可推导出君臣、父子、夫妻的尊卑地位。"三纲"之上附加了"天"，即神的权威，用以说明孝道的神秘性和封建尊卑等级秩序的合理性，同时还突出天子的地位，由此确证了孝的政治功能。"君权神授"思想观点的确立，神化了统治者，其目的是巩固封建统治阶级的地位和维护封建专制统治。

① 梁启雄.荀子简释[M].北京：中华书局，1983：329.
② 梁启雄.荀子简释[M].北京：中华书局，1983：393.
③ 苏舆撰，钟哲点校.春秋繁露义证[M].北京：中华书局，1992：350.

汉代孝文化的发展是将先秦以来的孝道理论付诸实践，并在实践中形成相对比较完备的政策，主要包括在以下几个方面。

一是广泛推行孝道以教化百姓。汉代统治者推行孝道以实现社会教化，具体推行措施体现在学校教育、家庭教育和官吏设置三个方面。学校教育中，孝道的学习被设置为学生的必修课，并辅之以《孝经》作为课程的通用教材。孝道在汉代家庭教育中也同样受到了高度的重视，如《孝经》依然是汉代皇室子弟的必读书目，且汉室太子的基本教材是《孝经》；汉代家庭内部的家法和家训主要宣扬忠、孝、仁、义等德目。在官吏设置中，有专门负责孝道教化的官吏，如"三老""孝悌"等对百姓进行孝道教育的专职乡官。

二是察举孝廉，以孝道作为选官标准。汉代推行孝治的重要方式之一是以官禄提倡孝道，采用察举制察举孝廉，这是汉代选官制度的一大特色。汉代孝廉的候选人遍布全国各地，被选之人可到中央做官。根据《汉书》中的记载，出身孝廉的人达 180 余人，总体来看，这些人大多是有作为有能力的人物。这一制度在强化孝道理论的同时也巩固了专制统治。

三是褒奖孝行，惩罚不孝。汉代统治者为普及孝道，还采取了一系列社会福利政策褒奖孝行，如赏赐、宣传孝子、免除赋役等。褒奖的具体情况西汉和东汉有所不同，西汉注重物质方面的赏赐奖励，而东汉则注重赐爵，突出政治礼遇。而不孝之人，如不赡养双亲者，则会受到社会舆论的谴责和处罚。

四是以法律维护孝道。汉代在推行孝道的方式上，还以法律作为工具对不孝之人进行严厉的惩罚，严重者要被判处"枭首""弃市"。子女若做出伤害父母的行为则为不孝，据《二年律令·贼律》记载："子贼杀伤父母，奴婢贼杀伤主、主父母妻子，皆枭其首市。"[①] 普通人之间的伤害罪量刑则要轻得多，杀人致命才判处死刑。由此可见，汉代在法律上高度维护孝道。

汉代虽大力推崇孝道，但对孝道的要求和实践却走向了片面化和绝对化。相较而言，先秦的孝道一定程度上体现了父母、子女之间的相互性和平等性，到汉代则走向了一种单向化的趋势。此时期的孝道要求子女对父母单向的和绝对的义务，主张"父为子天，父尊子卑，子女对父母尽孝是天经地义的绝对伦理道德义务"[②]。汉代强调孝道要求的片面化和绝对化，目的在于维护父权家长制，巩固统治者的统治地位和大一统的专制制度。

---

① 朱红林.张家山汉简《二年律令》集释[M].北京：社会科学文献出版社，2005：38.
② 季庆阳.孝文化的传承与创新——基于大唐盛世的考察[M].西安：西安电子科技大学出版社，2015：38.

3. 魏晋南北朝孝文化的变异

从东汉灭亡到隋朝重新统一，经历了近 400 年（185—581 年）时间，这段时期便是历史上著名的魏晋南北朝时期。这一时期战乱不断、政权更迭频繁，儒学的地位受到冲击，但魏晋南北朝的统治者既洞察到了儒学的社会影响力，也洞悉了新朝代的现实处境，继承了汉代"以孝治天下"的传统，因此，孝文化作为民族文化的基本传统，因有着深厚的民众社会基础而受到了重视。

总体而言，魏晋南北朝仍实行许多政策推行孝道，如重视孝道的教化作用、以孝道作为选官用人的重要标准、褒奖孝悌之人、以法律惩罚"不孝"者等。至于为何魏晋南北朝要承袭汉代"以孝治天下"的传统，鲁迅先生曾说："因为天位从禅让，即巧取豪夺而得来，若主张以忠治天下，他们的立脚点便不稳，办事便棘手，立论也难了，所以一定要以孝治天下。"[1] 根本上看，魏晋南北朝时期主导社会政治的是家族势力强大的门阀士族，皇权要靠门阀士族的支撑，倡导"以孝治天下"实质是皇权对门阀士族势力的妥协，因此孝治得以推行的重要原因即为其本身适应了私家势力的利益。

魏晋南北朝作为一个特殊的历史时期，其孝道理论的发展也呈现出了一些新特点。总结起来主要有以下几个方面。

第一，孝先于忠。魏晋南北朝时期实行门阀制度，门阀士族在政治和经济上发挥着主导作用，也在伦理上实现了优先选择权，坚守了孝亲先于忠君的原则：在家族利益和国家利益相冲突时，出于维护家族秩序和利益的目的，门阀士族们更多地选择家族利益。于是便有了"为了成就'孝'的名声，一些人公然违犯国家法律和君王诏令，该奔丧的奔丧，该报仇的报仇"[2] 的社会场面。

第二，生孝重于死孝。在汉代，厚葬之风盛行，死孝重于生孝。但在魏晋南北朝时期，社会整体更加认同生孝大于死孝，从王公贵族到贫民百姓，皆主张薄葬。究其原因，主要包括以下三个方面：一是魏晋时期战乱频繁，国库虚空，经济发展滞缓，无法支撑厚葬；二是此时期时局战乱分裂，盗墓行为猖獗，引发人们对厚葬的反思；三是佛教、道教和玄学的盛行对孝道观念的影响。

① 鲁迅. 而已集 [M]. 北京：人民文学出版社，1980：108.
② 谭洁. 魏晋时期的孝道观 [J]. 武汉大学学报（人文科学版），2003（04）：408-413.

第三，自然本心之爱为孝。魏晋时期经济发展滞缓，一蹶不振，礼教败坏，孝道也呈现出虚假的状态，"举秀才，不知书；察孝廉，父别居；寒素清白浊如泥，高第良将怯如鸡"①。针对这种社会状况，思想家们力图从名教与自然的关系探讨之中探寻名教的本质，以维护封建名教，提出了"越名教而任自然""名教出于自然"等观点，强调孝的自然本性，宣扬出自自然本心的亲亲之情。

第四，孝感说盛行。西汉董仲舒提出"天人感应"说，认为天人相通，能够相互感应，天能干预人事，人也能感应上天。魏晋南北朝的孝感说则是以董仲舒的天人感应论为基础发展起来的。人们认为孝子的孝道精神往往能感动上天并得到上天的眷顾，或能治愈父母的疾病，或能出现祥瑞的征兆。历朝历代的史书中有很多关于孝道感应的记载，最著名的孝感故事之一便是《晋书·王祥传》中王祥为母亲尽孝，在寒冷的冬季到河上捕鱼，其行为感动上天，鲤鱼便自己跃出河面的故事，这个故事后来演化为"卧冰求鲤"，也是后世"二十四孝"的故事之一。

### 4. 隋唐五代的孝文化

隋朝时期虽也推行了一些以孝治国的政策，但孝道本身并没有受到统治阶级的重视。隋炀帝杨广为夺权篡位谋杀自己的亲生父亲，这在儒家传统孝道思想中乃大逆不道之行，与孝道显然是背道而驰的。

唐朝是中国古代历史中政治、经济、文化等多领域高度发展的一个鼎盛时期。但学界对唐代孝治具体推行上的认识存在分歧。一种观点认为，唐代不大重视孝道，因为唐朝的皇帝诸如李世民、李亨均属于不孝之人，且唐代的宫廷政变频繁，又受到佛教和胡人文化的冲击，所以孝道在社会中的推行和影响较之以往收效甚微。另一种观点认为，孝道文化在唐朝得到了空前的发展。可以说孝道在唐朝所受的重视度不如秦汉魏晋，但由于统治需要，孝道仍然受到了推崇，只不过蒙上了更深的政治色彩。

总体来看，唐朝把孝道融入了社会的各个领域，包括官吏选拔、教育、礼法制度、经济、文化、社会风气、节日习俗等多个方面，切实推行"以孝治天下"。

唐代对孝道的基本认识是"善事父母"。而"善事父母"又包含多层含义。第一，对父母物质上的供养，尽可能满足父母在衣食住行上的需要。第

---

① 董诰等.全唐文（11）[M].北京：中华书局，1983：3803.

二，敬养父母，使父母感受到子女的孝心并精神愉悦。第三，注重安葬和祭祀父母的礼仪礼节。第四，传宗接代，延续父母的生命。这也是对孔孟"不孝有三，无后为大"①的孝论继承。在生产力落后的古代社会，绵延家族的子嗣是行孝的一个重要表现；且身体发肤来源于父母，不能有所毁伤，有了完好的身体，才能够更好地孝养父母。第五，继承父母的遗志，扬名显亲，努力建功立业，光宗耀祖。第六，父子相隐。唐律中规定同居的亲属、非同居但有大功以上的亲属，以及非同居且小功以下但情重的亲属，若有谋反、叛逆以外的常罪，法律可以容忍其相互隐瞒包庇而不予追究责任。这一原则实质可以适用于所有亲属。第七，倡导劝谏原则。唐太宗认为不分是非地绝对服从父亲，使父亲陷于不义才是最大的不孝，要学会讲求方法和尺度，对父亲进行劝谏。第八，主张同居且共同拥有财产。《唐律·户婚律》中规定，"诸祖父母、父母在，而子孙别籍、异财者，徒三年"②。

唐朝的孝道也有其创新的地方，如在对《孝经》的学习和重视上，唐代超过了之前的所有朝代。唐玄宗呕心沥血两度为《孝经》亲自做注，《孝经》被列为学校教育的必修科目和科举考试的必考科目，并且要求百姓每家存有一本《孝经》以做学习之用。较之以往，唐朝《孝经》教育的普及取得良好效果。唐代实行科举制，采用考试的方式选出兼有忠孝品格和个人能力的人才。针对养老政策，唐代制定并施行了一些优抚老年妇女的政策以体现对女性的尊重。在以礼行"孝"方面，唐代为进一步完善孝的礼仪规范修撰了《开元礼》，这是一部有史以来最为系统和完备的礼典，且还打破了"刑不上大夫，礼不下庶人"③的士庶阶层界限。在法律对孝道的维护上，唐律明确界定了不孝的罪行，并在《唐律疏议》中将不孝罪列入"十恶"中。在史学方面，唐代建立了孝子事迹报送制度，创立孝友类传，以史书来彰显孝道。此外，唐代还设立了诸如寒食清明节的民俗节日来弘扬孝道。

唐代孝文化还有一个重要特点，即孝文化与道教、佛教思想的融合碰撞，以及面向国外、国内少数民族的开放。在唐代，道教把忠、孝作为修道的根基，主张自身修道以实现父母长生不老或羽化登仙也是孝行的表现；而佛教中，佛教徒通过编撰与孝行相关的佛教经典来宣扬父母对子女恩典的厚重，如《如父母恩重经》提倡僧俗两界要尽心尽力地报答父母的恩泽。此外，佛教和道教还通过宗教活动为父母祈福以表达孝心。唐朝是一个分外开

---

① 王聘珍撰，王文锦点校．大戴礼记解诂（卷五）[M]．北京：中华书局，1983：83.
② 刘俊文．唐律疏议笺解[M]．北京：中华书局，1996：936.
③ 王夫之著，王孝鱼点校．读四书大全说（卷九）[M]．北京：中华书局，1975：644.

放包容的朝代，以儒家思想为核心的国家教育、科举选拔考试、国家礼仪活动、国家经典及国家典章制度等均面向外国和少数民族开放，孝文化自然也对外开放，并对少数民族和其他国家的文化造成深刻影响。

学界对唐灭之后五代时期的孝文化研究甚少，笔者在此不做赘述。

### 5. 宋朝孝文化的理学化

唐朝时期儒、释、道三教合一，发展到宋代，则演绎成了一场气势磅礴、影响深远的儒学运动，即宋明理学。宋明理学以儒家经学为基础，并融合了佛道两教的思想，使得汉学向义理之学转变，这是儒学在宋明时期的理论创新。而在这一时期，封建专制统治达到一个高峰，孝文化的发展凸显出两个创新点：忠孝一体与孝的理学化。

宋朝封建专制统治的需要推进了这一时期"家国同构，忠孝一体"思想的发展。针对忠孝孰先孰后的问题，唐朝以前着重强调"孝"，"孝"的核心仍是"善事父母"，但认为"忠"是对"孝"的延伸。唐朝的科举制等制度强调"孝"与"忠"并举；宋朝明确了"忠"大于"孝"，鼓吹"君权""父权""夫权"并提倡"移孝作忠"的观点。典型案例如岳母为岳飞刺上"精忠报国"四字的故事。岳飞是南宋的著名军事家，19岁时参军抗辽。不久因父亲去世，便为守孝而退伍还乡。1126年金兵入侵中原，在守孝期间，岳飞再次加入军队，开启他忠勇报国的戎马生涯。传说岳飞的母亲姚氏在其临走时，于其背上刺了"精忠报国"四字，此后这四字便成为岳飞终生信奉的信条。无论这段忠勇佳话是否为真，但在一定程度上反映出宋时对忠孝一体的推崇。

宋明时期是理学高度发展的一个时期，宋明理学的奠基人程颐和程颢主张"存天理"，认为"天理"即为自然的法则。此时期的孝道被提升为一种与天理并存的常理，不会因为世事的变化而发生变化，孝道无疑被扩大为一种普世性的美德。张载也认为"天所以长久不已之道，乃所谓诚。仁人孝子所以事天诚身，不过不已于仁孝而已"[1]，以天地比喻父母，主张天人统一，由此推导出人道伦理与天道的统一。宋明理学的集大成者朱熹认为理是万物的本原，"君臣有君臣之理，父子有父子之理"[2]，父子之间"理"的存在先于父子关系的存在，而父子间的"理"即为慈孝，因此孝道是子女与生俱

---

[1] 陆学艺，王处辉.中国社会思想史资料选辑（宋元明清卷）[M].南宁：广西人民出版社，2007：80.

[2] 李宗桂.中国文化导论[M].广州：广东人民出版社，2003：114.

来、天理所依的。

宋明理学家提倡"存天理"的同时，也主张"灭人欲"，这在孝悌实行的过程中造成了对人自我意识的压制和人性的摧残。诸如"君要臣死，臣不得不死；父要子亡，子不得不亡"①的言论，已经背离了儒家孝论的初衷，演变为一种盲目服从、愚昧献身的愚孝之风。历史上一系列割股、挖乳、掏肝、埋儿救父母的悲惨故事在当时不仅没有受到谴责，反而被当作正面教材加以宣扬，实乃人性的丧失。孝道的理学化，在一定程度上助推了愚孝的理论体系走向成熟，成为封建专制统治的思想利器、国民的思想桎梏。

### 6. 元明清时期的孝文化

根据现行说法，元朝被认为是《二十四孝》正式形成的时期。关于《二十四孝》的作者，有三种说法，分别为：郭居敬、郭守正、郭居业。学界大多认可郭居敬为其作者。《二十四孝》在宋元时期成书后，在社会上得到广泛宣传，并成为孝道宣传的通俗读物和儿童孝道启蒙的教材。然而用今天的眼光来看，《二十四孝》无疑是愚孝之风得以宣扬的经典之作，书中所讲述的历朝的孝子故事，诸如"鹿乳奉亲""哭竹生笋""卖身葬父""卧冰求鲤""尝粪忧心""埋儿奉母""刻木事亲"等虽在一定程度上表达了子女对父母的孝心，但也错树榜样、宣扬迷信思想以及扭曲人性等。表面上是为了宣传和弘扬孝道，实质是行为者为表明自己对封建专制统治者的忠心做出的行为，对这一系列行为的实施、美化乃至宣传的最终目的均是巩固封建统治秩序。这也反映了在元朝，愚孝之风对这个时期人的影响颇为深刻，孝道的发展也发生了变异。

明清时期孝文化的发展是对宋元时期的接续继承，此时期出现了许多《二十四孝》的其他版本，收录的人物较之以前的版本也有所差异。这些书籍不是在这一时期突然出现的，而是中国两千多年积累下来的产物。《二十四孝》的定型，也映射了中国传统孝文化在元明清时期被推向极至。

### 7. "五四"时期的"非孝"思想

辛亥革命胜利后，胜利的果实被袁世凯窃取，这场让千千万万中国民众燃起希望的革命一夜之间又把人带入继续承受内外压迫的深渊。1919年1月18日巴黎和会外交失败，中国政府被迫签下丧权辱国的"二十一条"，

---

① 李友益.《论语》思想系统性概论[M].武汉：华中师范大学出版社，2017：237.

激起了国内外中华儿女的斗志。以陈独秀、李大钊、鲁迅等为代表的中国青年骨干开始意识到学习西方的器物、制度都不能真正改变中国半殖民地半封建社会的现状，也不能摆脱被压迫的命运，于是转向改变国人思想以求自立自强。陈独秀创办了《新青年》杂志，通过宣传民主和科学、反对帝制以求改造国人思想，之后李大钊、胡适、鲁迅等栋梁人才也积极投稿加入其中。

儒学作为中国古代封建专制统治社会的指导思想，要想反对帝制就必须反对尊孔，而救国的第一任务就是打破专制思想对国人的束缚，解放国人的思想，"打倒孔家店"便成为"五四运动"的口号。之后反孔批儒的一系列措施如提倡白话文、主张使用标点符号和阿拉伯数字、采用公元纪年、汉文右行直下改为左行横写、小学教材中加入拼音等也随之提上日程，这对中国后来的文学、汉字等领域的发展产生了深远影响。

在"五四"反孔批儒的浪潮中，以鲁迅为代表的"五四"先驱发表了许多杂文批判尊孔复古、崇儒的思想，儒学思想中的孝道、节烈观以及家长制度也不可避免地受到猛烈抨击。陈独秀、鲁迅等人主张以平等、自由、独立的个人主义价值观取代讲求尊卑秩序的、宗法式的、等级制的专制主义价值观。施存统曾发表了《非孝》一文批判封建家庭制度和传统孝道："我的非'孝'，是要借此问题，煽成大波，把家庭制度根本推翻，然后从而建设一个新社会。"[①] 鲁迅更是写下脍炙人口的名篇《阿 Q 正传》全面反省古代中国的"吃人"历史，在此背景下他还写了《狂人日记》《朝花夕拾·二十四孝图》讨伐封建主义。鲁迅在《新青年》发表了《我们现在怎样做父亲》一文对孝道进行批判，他说："饮食并非罪恶，并非不净；性交也就并非罪恶，并非不净。饮食的结果，养活了自己，对于自己没有恩；性交的结果，生出子女，对于子女当然也算不了恩。——前前后后，都向生命的长途走去，仅有先后的不同，分不出谁受谁的恩典。"[②] 鲁迅主张一种平等的父子关系，认为父子间不存在恩德，尤其是元明清时期宣扬的愚孝之风是对人性的摧残和抹杀，子对父的片面义务是对自然规律的违背。

经过"五四"这批先驱人士对孝道的抨击，这一时期的孝道被剥去元明清时期所宣扬的愚孝外衣，逐渐还原了儒家孝论的本来面目。正如"常乃德写信给陈独秀，申明'孔子之教，一坏于李斯，再坏于叔孙通，三坏于刘

① 左玉河.五四那批人 [M].沈阳：万卷出版公司，2019：198.
② 张宝明.新青年：百年典藏4（社会教育卷）[M].郑州：河南文艺出版社，2019：288.

歆，四坏于韩愈。至于唐、宋之交，孔子之真训，遂无几微存于世矣'"①，孔教在历经两千多年的流传与发展后，和最初孔孟所主张的"亲亲爱人"思想早已大相径庭。在新文化派人士看来，儒家孝道已然沦为封建专制统治的工具，因此他们试图揭露其虚伪性和欺骗性、抨击愚孝思想的残酷性和愚昧性，从而建立一种父子间的新型伦理关系。鲁迅对这种新型伦理关系做了解释："扩充这种爱，一要理解，以孩子为本位；二要指导，而非命令、呵责；三是解放，使子女成一个独立的人。"②

总括而言，"五四运动"时期对孝道的反思和批判是当时民主革命和社会变革的需要，对于走出封建思想的阴翳、树立民主、平等、自由的思想意识具有重大的启蒙意义，对现当代的孝论思想也具有深刻的启迪作用。

## 二、传统"孝"德的历史作用

"孝"作为儒学思想的核心内容之一，在中国长达两千多年的历史长河里，自汉唐以来便对中国的政治、社会、文化等的发展发挥了巨大的作用。中国古人强调修身、齐家、治国、平天下，孝在中国古人的这一系列目标追求中也产生了深刻的影响。

### （一）个体德行修养的首善要求

中国古代社会中，个人的品德历来受到民众社会乃至统治者的重视，如汉代实行的察举制，以孝廉作为选拔官吏的标准；唐代盛行且一直延续到清朝末年的科举制，则强调了以德才兼备作为选官的重要标准，其中的"德"主要指"忠"和"孝"两种德目。由此可见，在中国传统社会中，个体的德行一直占有重要地位。在儒家思想体系中，"孝"占据了核心地位，孔子认为"孝"是人的立身之本，《论语·学而》篇中提到："其为人也孝弟，而好犯上者，鲜矣；不好犯上而好作乱者，未之有也。君子务本，本立而道生。孝弟也者，其为仁之本与。"③此处把"孝"与"敬上"、遵守社会秩序的"礼"相结合，说明了"孝"为本的属性。曾子认为"孝"为宇宙万物本体，并对此论述道："居处不庄，非孝也；事君不忠，非孝也；莅官不敬，非孝也；朋

---

① 左玉河.五四那批人[M].沈阳：万卷出版公司，2019：18.

② 罗丽榕.中国传统孝道的嬗变与当代价值[M].福州：福建省地图出版社，2011：222.

③ 阮元校刻.十三经注疏（清嘉庆刊本·十）[M].北京：中华书局，2009：5335.

友不信，非孝也；战阵不勇，非孝也。"① 他把"孝"和"忠""敬""信""勇"相联系，并把众多德目扩充为孝的内容，"孝"无疑被扩展为总领一切的道德范畴。中国古人讲求修身养性，最终达到个体人格和道德的完善。人从出生开始最先接受的是父母的恩惠，最先互动交流的人也是父母，成长过程中无形地养成的首德应然且必然是孝德，要求人修身养性的基础即为知孝行孝、养成孝悌的道德品格，孝德毫无疑问成为中国古人形塑完善人格的首要德行。在中国传统社会中，"孝"作为儒学的核心内容，对古人的德行规范发挥着前驱作用，孝德也成为中国多个朝代社会所要求的首善德行。

每一种思想文化都有其产生和运用的具体时代背景和境遇，孝文化作为一种存在了几千年的文化，其本身带有深深的时代烙印。此种时代烙印即决定了随着时间的流逝和历史的演变，当下时代人类对文化的评判标准与古代的孝文化思想是局部相冲突的。从古代孝文化对个体影响的角度来看，孝文化中所内含的"三纲"、对父母无违的思想严重束缚了人身心的自由发展，甚至在孝思想指导下所形成且风靡的愚孝和争当贞洁烈女等行为侵犯了人的生存权。

### （二）家庭伦常和谐有序的前提

《论语》中有一段规范等级伦常不同的社会个体本位的话："君君，臣臣，父父，子子。"② "父父"，即为做父亲就要像做父亲的样子；"子子"即为做儿子就要像做儿子的样子。这是关于父对待子的一种伦常规定，也是关于子孝养父的一种伦常要求，其中更包含了存在于儒家家庭伦理中父子、婆媳的纵向等级轴线的礼制规范。此种礼制规范在一定程度上确保了古代中国家庭秩序的和谐。"三纲"中的"父为子纲""夫为妻纲"即父亲是子女的表率，丈夫是妻子的表率，这实质也是通过孝悌伦理思想对家庭关系进行秩序的规范，以达到和谐状态。以上所述是儒家对孝道伦理的规范，可以概括为如父慈、子孝、兄友、弟恭、父义、妇听等。正如古代政治社会中的一套等级森严的尊卑秩序，在中国古代的家庭生活中，也存在这样一套尊卑秩序，父权在一个家庭中占有绝对权威的位置，父尊子卑，夫尊妻卑，目的在于突出父母的尊长地位，强调子女对父母的孝养义务和敬爱之心，把"孝"作为家庭伦理规范的核心。一个家庭的氛围在孝文化烘托之下，不仅能够促进子

---

① 王聘珍撰，王文锦点校. 大戴礼记解诂（卷四）[M]. 北京：中华书局，1983：83.
② 阮元校刻. 十三经注疏（清嘉庆刊本·十）[M]. 北京：中华书局，2009：5438.

女与父母之间的情感交流以培养家庭成员之间相亲相爱的情感，而且能够使老年人这样一个相较年轻人群体而言贡献十分有限的弱势群体得到更多地关照和尊重，避免或减少在生产力低下的古代社会为实现家族或社会利益最大化而选择牺牲老年人的行为（古代社会物质条件极端恶劣的情况下存在牺牲老年人以使非老年群体更好地生存下去的行为。据佛典记载："过去久远，有国名弃老，彼国土中，有老人者，皆远驱弃。"①《史记·匈奴列传》中记载："壮者食肥美，老者食其馀，贵壮建，贱老弱。"②此外，日本的一些古书中亦有对丢弃老年人的相关记载）。

### （三）社会生活有序稳定的保障

从中国古代孝道传统发展的历史沿革来看，孝德的内容在孔子时期仅面向家庭内部和社会规范领域实施，到汉代"孝"被应用到政治统治领域，之后的各个朝代便承继了"以孝治天下"的历史传统，孝德的内容除"孝亲"外也随着历史的变迁增添了带有时代印记的如爱民、报国等适用于更大范围的新内容。总之，"孝"对中国古代政治社会的发展具有至关重要的作用。

春秋战国时期的儒家孝道思想充分彰显了对社会秩序和谐稳定的维护。曾子曰："不孝有五，故居处不庄，非孝也；事君不忠；非孝也；莅官不敬，非孝也；朋友不信，非孝也；战阵无勇，非孝也。"③把日常起居端庄与否、为君主做事忠诚与否、面对工作认真与否、对待朋友诚信与否以及临阵作战勇敢与否均作为孝与不孝的表现，孝成为规范社会的各项美德的基础，践行孝行也在一定程度上促进了对社会所提倡的其他主流美德的宣扬和践行，从而推动了社会秩序的和谐运转。孔子曰："教以孝，所以敬天下之为人父者也；教以悌，所以敬天下之为人兄者也；教以忠，所以敬天下之为人君者也。"④教以孝悌让天下的父兄皆得到应有的孝敬和尊敬，在赡养孝敬自己的长辈和抚养教育自己的小孩时不忘记其他没有血缘关系的长辈和孩子，均体现了儒家孝道思想的博爱精神，此种博爱精神广泛应用至国家和社会的治理中，便能够增进社会的稳定。

孝道思想在汉代时期被广泛运用于政治统治领域后，孝道思想在原来

---

① 荆三隆，邵之茜.杂宝藏经注译与辨析 [M].北京：中国社会科学出版社，2014：20.

② 司马迁.史记（卷9）[M].北京：中华书局，2014：3483.

③ 王聘珍撰，王文锦点校.大戴礼记解诂（卷四）[M].北京：中华书局，1983：83.

④ 阮元校刻.十三经注疏（清嘉庆刊本·十一）[M].北京：中华书局，2009：5562.

实践领域的孝亲逐渐扩展至忠与孝的结合——忠孝两全，掀起一阵阵忠孝学习的社会风气，其中家喻户晓的典型例子即为《木兰辞》中花木兰代父从军英勇奋战、报效祖国的故事和南宋抗金名将岳飞精忠报国的故事。现代的大多学者认为《木兰辞》是一篇创作于北魏民间的长篇叙事民歌，记述了木兰因无长兄、父亲年老多病不适合上战场，在孝心和忠心的驱使下女扮男装替父从军，在战场上奋勇杀敌立下赫赫战功，战争结束后却拒受功名只望回乡孝顺父母的故事。此前儒家的传统孝道思想更多地偏向"曲忠维孝"，"孝"的政治化促使"孝"衍生出"忠"的内涵，《木兰辞》类民歌的编撰及流传则实现了孝与忠的结合，孝道从对家庭秩序的维护走向对社会和国家治理的推进，并掀起忠孝学习的社会风气。若说《木兰辞》仅仅停留在文学作品的层面上来展现其所处时代的百姓和统治者所求的道德模范形象，岳飞精忠报国的同时又尽心侍奉母亲的例子则走向现实成为千秋万代传颂学习的真实典范。此外，忠孝两全较为典型的历史人物代表还包括南宋政治家文天祥、汉代的毛义等，他们均是历代社会学习的模范，净化了历代社会不正的风气，一定程度上维护了社会秩序的稳定。

除了忠孝典型模范的树立，为使孝德思想得以推广普及，多个朝代还设立了相关法律对孝与不孝的行为分别进行嘉奖和惩处，以法律的铭文形式推动社会秩序的有序运行。秦朝严刑峻法定不孝为重罪；汉代始国家实行察举孝廉的选官用官制度，并以律令的形式对孝子进行奖励，对不孝子进行惩处；西汉更是推出了中国历史上最早的养老法律——《王杖诏书令》，规定了对持杖者在生活、政治、法律等领域的诸多优待，还在全国范围内推行学习《孝经》，宽大处理为父母复仇者，父母逝去实行厚葬久丧。种种政策规定的推行实施使得全社会行孝蔚然成风，这对于稳定社会秩序、加固社会团结的向心力具有重要作用，也为以《唐律》为代表的后世的"孝"的法律化提供了诸多借鉴。

然而，从现代文明的角度出发，马克思说要实现人的自由而全面的发展，其中的条件之一是社会应尊重和保护人的思想和行为的自由（在不触犯法律法规、不侵害他人权力的情况下），传统孝文化在中国古代的推行无疑阻碍了人的此类自由。以中国古代孝道思想的经典著作之一的《二十四孝》为代表，《二十四孝》由元人郭居敬集自上古至唐宋的二十四个孝亲故事而成，后根据时代变化被后人做过补充和删改。此书虽打着宣扬民间孝子的事迹以鼓励和感化百姓学孝、行孝的旗号，但其中的一些孝子故事是说明古代历史是一部"吃人历史"的铁证之一，其中"卧冰求鲤""哭竹生笋""刻木事亲"等故事固然是对孝德的赞扬与宣扬，但其所包含的封建迷信、不劳而获思想亦深深荼毒了古代普遍受教育程度不高的百姓思想。这些孝德故事以官方指定的一套说辞去规范百姓的思想和行为，久而久之百姓相对于自由的人而言更像一个个被统治阶级操纵的提线木偶，整个社会被愚孝的风气所笼罩。更甚者如"埋儿奉母"的孝子故事提倡为了奉养父母而选择牺牲子女，不止是对人们大脑和行为的侵害，已经上升到对个体生命权的侵犯。如此官方的孝道宣传必然带来社会风气的恶化，从而形成毒瘤反噬到千千万万百姓的自由发展中。

### （四）政治统治巩固的重要基础

"孝"自产生以来一直在中国古代社会的各个领域发挥着重要作用。春秋战国时期，"孝"在儒家学派的创生和归纳中开始形成一个较为完备的伦理思想体系，记述儒学孝道思想的经典著作《孝经》也在孝道体系完善后接续问世。《孝经》的内容不仅包括孝亲思想，还包括以"忠"为中心的孝治思想——"孝"的延伸和扩大，全书共分为18章对孝道和孝治进行阐述，对不同主体如天子、诸侯、士大夫、庶人等提出不同的尽孝要求，按照此以"孝"为中心的思想体系治理国家和社会，无形中推动了整个社会和谐稳定状态的实现与维系，统治者的政治统治得以巩固。在汉代推行"以孝治天下"后，《孝经》更是在全国范围内得到推广使用，"孝"被贯穿到百姓的一切行为中，孝之始要注意保护来源于父母的身体发肤，不能毁伤，孝之终要"立身行道，扬名于后世，以显父母"①；同时还与维护宗法等级制度和维护君主统治联系起来，"孝"需要上升到"始于事亲，中于事君，终于立身"②的高度，事亲与事君、立身三者成为一条不可分割的纽带，牢牢绑在君主统治下邦国中的每一个臣民身上。

孝道发展成为一种政治统治思想巩固了统治基础、稳定社会的同时，其所带来的消极影响也是不可忽视的。从时代发展进步的角度来看，中国古代的专制统治相对于现代民主政治而言是封建落后的，孝道思想在两千多年的历史中扮演着封建专制统治左膀右臂的角色，独立的学术思想沦为了维护封建专制统治的工具，无疑在一定程度上也被染上了封建落后的色彩。自汉代董仲舒提出"罢黜百家，独尊儒术"后，孝道思想被广泛用于国家治理之

---

① 阮元校刻．十三经注疏（清嘉庆刊本·十一）[M].北京：中华书局，2009：5562.
② 阮元校刻．十三经注疏（清嘉庆刊本·十一）[M].北京：中华书局，2009：5562.

中，曾经的"百家争鸣，百花齐放"，儒、道、法、墨、明、兵等多家学派思想的身影一同活跃于古代学术界舞台的历史盛况一去不复返，儒家思想独霸天下，儒学孝道思想经历内容的扩充和内涵的演变后，更是占据核心地位贯穿于历朝历代自天子至庶民生活的方方面面。

然而，这并不意味着孝道思想本身得到了更好地发扬壮大，"孝"一经政治化而被历代专制统治者利用后，其思想内容已然发生"异化"，甚至与原初"孝"的内容相背离。在"孝"的法律化过程中，一些朝代针对孝与不孝的行为制定了法律条文，这对于鼓励孝行践履具有一定的积极作用，但一些对不孝的规定和实际的操作却把不孝的罪行严重化了，甚至随意定下不存在的罪行。如《唐律》中规定"诸詈祖父母、父母者，绞"①，这样的骂人行为若发生在常人之间无需治罪，发生在子女与父母之间却成了丧命的大罪；更严重的是，在中国古代社会，孝与不孝的认定权在父母，如南明刘宋王朝的法律规定"母告子不孝，欲杀者许之"②，《清律例》中也有类似规定，"父母控子，即照所控办理，不必审讯"③，这些法律规定揭露了古代社会子女在父母面前命如草芥的惨况，不管子女不孝的罪行有没有坐实，只要父要子亡，子不得不亡。在各朝统治者的宣传下，孝德发展成了记述二十四位孝子行孝故事的《二十四孝》内容，一方面不得不感叹统治阶级"以孝治天下"的良苦用心；但另一方面，书中诸如割股医母的黄家端、卧冰求鲤的王祥，此类以伤害自己的身体为代价来践行孝道的行为与儒家"身体发肤，受之父母，不敢毁伤"④的孝德思想已经完全背离。

### （五）中华文化绵延的重要内因

孝文化作为儒家文化的核心，其自身有着博大精深的文化内涵，在传统伦理思想和政治统治思想中占据举足轻重的地位，是中华文化不可或缺的一个重要组成部分；同时，孝文化的光芒还辐射到其他的文化领域，在宗教、文学、艺术的创作中亦发挥了推波助澜的作用。

"孝"的内容经由孔子的创作发展在原始的宗教意义基础上增加了伦理意义，作为儒学思想的核心内容，其本身所包含的思想犹如中国众多思想与文化中的一颗璀璨明珠，置于一座座文化灯塔的中心，由内而外散发着闪耀

① 刘俊文.唐律疏议笺解 [M].北京：中华书局，1996：305.
② 沈约.宋书 [M].北京：中华书局，1974：1702.
③ 张晋藩.中国古代法律制度 [M].北京：中国广播电视出版社，1992：844.
④ 阮元校刻.十三经注疏（清嘉庆刊本·十一）[M].北京：中华书局，2009：5526.

的光芒。

中国传统孝文化发展到封建社会的最后一个朝代——清朝，主要包含了孝亲与忠君报国的思想。从古代文化的多样性来看，孝文化的产生无疑丰富了中国传统文化的思想内涵和文化种类；从孝文化的内容来看，孝亲与忠君报国的思想在一定程度上推动了整个中国古代的发展进度。前文已述孝道思想本身包含着修身养性、家庭与社会的规范、亲情的维系、赤诚的爱国之心培养等优秀的精神文化内核，此外还有必要说明在孝文化的影响下，一个中西方共同存在的问题——乱伦问题如何被缓解，以及此过程中中国人催生了何种文化人格。从原始社会进阶到文明社会，乱伦在全世界是一个普遍存在的问题，但在不同的地域文化中所遭受的待遇相异。总体上看，乱伦者在西方的文化背景里所遭受的惩罚是非毁灭性的，但在中国的文化尤其是孝文化"父父，子子"等思想引领的背景下，从汉朝到清朝的法律规定中，乱伦者一直没有得到好的待见，皆沦为遭受极刑之徒。[1] 孝悌思想是孝亲文化的重要内核，不仅规定了隔辈之间的父慈子孝、尊卑有序的内容，也纳入了同辈之间恭敬友好的观点，且中国古代历史中包含诸多对乱伦的明令禁止规定，如瞿同祖先生在其著作《中国法律与中国社会》中曾说："至于期亲之伯叔母、姑、姊妹、侄女，以及子孙之妇，则亲等更近，灭绝伦纪的事更为社会、法律所不容许，有死无赦。汉律淫季父之妻日报。晋律奸伯叔母弃市。唐、宋律处绞。元律与侄女奸与媳奸皆处死，……明清律和奸期亲及子孙之妇皆处斩。"[2] 对强暴行为持不容许态度的同时也坚决杜绝乱伦行为的存在。孝道思想以及"孝"的法律化毫无疑问地缓解了中国古代社会的乱伦问题，并在此过程中潜移默化地为中国人灌输了乱伦禁忌思想，使乱伦禁忌扎根于人的意识深处，自然地由内而外排斥乱伦行为。随着时间的流逝和几千年历史的变迁，大多数中国人无形中形成一种本能——镇压拒斥乱伦行为的文化人格，丰富了中国传统文化的人伦精神内核。

释迦牟尼创始的佛教在东汉时传入中国，其主张的众生平等、出世超脱、现实痛苦等内容显然与彼时中国以儒学的忠孝伦理为中心的思想格格不入。为了能够在东土宗教文化领域占有自己的一席之地，扎根于中国，佛教通过调整自身的文化以求融入古代中国的"潮流文化"——儒家文化，而其中的突破点便是儒学的核心内容——孝文化。佛教文化融入"孝"的内容后，

① 叶舒宪.孝与中国文化的精神分析[J].文艺研究，1996（1）：103-114.
② 瞿同祖.中国法律与中国社会[M].北京：中华书局，1981：50-51.

对孝与不孝的行为做了规定。佛教通过其本教的"语言"劝人行孝，并以佛教活动和善恶因果报应助世行孝。唐朝初年的《佛说父母恩重难报经》中记载："欲得报恩，为于父母书写此经，为于父母读诵此经，为于父母忏悔罪愆，为于父母布施修福，若能如是，则得名为孝顺之子；不做此行，是地狱人。"[①] 孝文化所发挥的纽带作用，使唐朝时期的儒、道、佛实现了三教合一，而这一融合促进了唐时的虔诚信佛者——不辞辛苦到印度求取佛经，对佛教的传承与发展做出巨大贡献而扬名于东西方世界的玄奘法师的出场。其在不辞千难万险、跋山涉水路经多国的历程中写成的《大唐西域记》，不仅是人们开拓眼界、研究史料的重要宝典，也是对中华文化内容的丰富补充。佛教文化的融入可谓是得到中国本土文化哺育的同时又反哺于中国文化，其作为一种外来宗教文化在二三百年时间里就实现了与中国本土文化的合二为一，并在历史的沉淀里成为中国文化的一部分，孝文化在此过程中的助推功不可没。

孝对中国文化的贡献还体现在文学、艺术等领域的创作方面。从古至今，中国的文学创作中涌现出了一批批脍炙人口的名篇，包括曹植的劝孝诗《灵芝篇》、西晋文学家陆机的劝孝文《思亲赋》、东晋王羲之的《称病去会稽郡自誓父母文》、梁武帝的《孝思赋》、孟郊的著名唐诗《游子吟》和《远游》、唐代李公佐德传奇小说《谢小娥传》、蒲松龄的《聊斋志异·青梅》，众多史书如《孝义传》《贞观政要》等中也都有关于孝道的描写和记载；艺术创作方面与孝文化有关的，有曾被用于祭祀和朝会的唐人自编三大乐舞——《破阵乐》《庆善乐》《上元乐》，晚唐的表现追亡哀思的悲舞作品《叹百年》，敦煌壁画中的《报恩经变》题材系列，以孝文化为中心内容推动了书法艺术发展的作品如欧阳询的《房彦谦碑》《黄埔诞碑》和颜真卿的《郭虚己墓志》、柳公权的《李晟碑》等。此外，孝文化还对医学、建筑、经济、民俗等多个领域的发展产生了重要影响。孝文化的存在无疑为古代文化艺术等多个领域的创作提供了优质的素材，推动了这些领域的发展，为中国人民乃至世界人民留下了众多的文化瑰宝。

## 三、"孝"德的现代价值阐释

"孝"作为中华民族所独有的拥有两千多年历史的思想文化瑰宝，在近代以来虽然受到众多的批判和打击，但不可否认，遭受了这一段历史时期打

---

① 佛说父母恩重经·大正藏卷85[M].台北：新文丰出版公司，1973：1401.

击的孝文化被剔除了许多文化糟粕，留下了更符合近现代文明发展的文化精华。而这些文化精华被继承并弘扬，注入了一些时代内涵，对现代中国人的生活仍然发挥着积极的作用。

### （一）孝德是评价个人品德的重要标准

现代的中国人常说对待中国传统文化的科学态度应是"取其精华，去其糟粕""推陈出新，革故鼎新"；对待中国传统的孝道思想，也同样需要采取此种态度。清朝灭亡后传统孝道思想的地位一落千丈，封建落后、迷信腐朽在很长一段时期内成为"孝"的代名词。但中国人向来是一个极具中庸思维、秉持辩证批判态度的民族，抛却传统孝道思想中与当下时代相冲突的内容，转而以全面而发展的眼光辩证看待，便能发现其中的孝亲、报国等内容不是独属于封建社会的伦理思想，而是跨越时代的界限能够与现代社会甚至未来社会相融的思想。新时代的孝道思想，是摆脱政治束缚、回归家庭伦理道德建设本位的孝道思想，是包含孝亲与敬亲内容的孝道思想，是追求平等伦理精神的孝道思想。此即对传统孝道思想的批判继承与创新。孝道思想的创新无疑为当今中国面临的社会问题提供了指导方案。孝德的推广促进了养老、家庭内部的和谐有序、民族团结等问题的解决，孝德也依然是当今社会评价个人品德的重要标准。而此道德标准在现代社会的表现形式可以分为两种，即官方制定的孝德评判标准和形式——孝道法律，民间道德评判形式——社会风俗、社会舆论。

我们常说法律是道德的最低限度，传统的道德理论模式提出了"内在的道德和外在的法律"[①]的观点。在一定程度上，社会认同的底线道德即表现为对法律义务的履行，触犯道德底线也即为对法律义务的"作为"与"不作为"；孝德作为道德的内容之一，也可以通过判断社会成员的行为是对有关孝道的法律义务的履行还是对法律义务的"作为""不作为"，来判断一个人是否具备良好的道德品质。换句话说，孝德是评判个人道德品质的重要标准，而个体关于孝德法律义务的履行是个人内在道德的重要外在表现形式。也因此，我国多项法律对有关的孝德义务做了规定，如专门保护老年人各项权益的《中华人民共和国老年人权益保护法》；《中华人民共和国宪法》第四十九条规定，"婚姻、家庭、母亲和儿童受国家的保护。夫妻双方有实行计划生育的义务。父母有抚养教育未成年子女的义务，成年子女有赡养扶助

---

① 赵利.道德与法律关系的理性审视[J].齐鲁学刊，2004（4）：67-70.

父母的义务。禁止破坏婚姻自由，禁止虐待老人、妇女和儿童"①;《中华人民共和国刑法》第二百六十一条规定，"对于年老、年幼、患病或者其他没有独立生活能力的人，负有扶养义务而拒绝扶养，情节恶劣的，处五年以下有期徒刑、拘役或者管制"②。这样做通过法律的形式审视社会公民是否履行了基础的孝道责任，以判断其是否达到了最低道德标准。

当今社会仍然风行一些与孝德相关的古代社会风俗习惯，也流传着彰显了中国古代人民优良道德品质的孝德孝行故事。重阳节在中国古代社会是古人于九月丰收之季进行祭天祭祖、感念天恩和祖恩活动的节日，到了现代社会，在传承中国古老传统的基础上，将传统与现代相结合，重阳节被赋予了敬老的内涵，故而在 1989 年政府将此节日定为一年一度的老人节，让现代社会的人既能以庆祝节日的形式传承和发扬传统优秀文化，同时还能弘扬孝德品质，切实地让老年人感受到后辈对他们的关注和重视。与重阳节并称为中国传统四大祭祖节日的除夕、清明节、中元节，也依然是当代社会的重大节日，以除夕为代表的节日本身不仅强化了人们的敬老孝老意识，更连接了家庭成员之间的情感，各个家庭成员为了共度佳节而欢聚一堂、其乐融融，这是对孝德传承的极佳诠释；远在他乡的子女能否择出时间陪伴父母家人共度节日，给予父母长辈关心和扶助，也是评价当代人的一个重要道德标准。历史上著名孝子的孝行故事在当今社会也广为流传，如汉武帝刘恒为母亲尝汤药、仲由百里负米、董永卖身葬父等故事佳话仍然对当代社会民众产生着激励和鞭策作用，无形中助推了当代人道德行为规约机制的形成，一定程度上成为丈量人们道德行为的标尺。

在信息技术高速发展的时代，人们往往能够"不出户，知天下"③，通过网上冲浪便能够知晓世界各地发生的各类事情，与此同时网络也成为网民对社会事件发表自己看法的舆论平台。各地父母与子女间的互动也是网民们关注的内容之一，关注后一部分人则会在网络平台发表关于热闻中孝或不孝言行的评论。如微博平台上一则关于孝子的消息：山东小伙带做完脑出血手术后患上阿兹海默症而又晕车晕机的母亲徒步旅行 5500 公里，圆了母亲"想去大理"的梦。这则消息的评论区下被各类夸赞山东小伙孝行的言语所覆

① 全国人大常委会办公厅.中华人民共和国宪法（公报版）[M].北京：中国民主法制出版社，2018：17.

② 全国人大常委会法制工作委员会刑法室.中华人民共和国刑法（2016 审编版）[M].北京：中国民主法治出版社，2016：99.

③ 释德清著，尚之煜校释.老子道德经解（下篇）[M].北京：中华书局，2019：102.

盖，这对母子收获了来自全国各地网友满满的祝福。同时，也有一些诸如拒养父母、辱骂父母等不孝消息的发布，此种情形往往会遭受大多数网友的语言攻击，更有热心网友愿意为生活困难的老年人捐赠物资。虽说网友的素质和发布的评论质量良莠不齐，有时候容易形成盲目的错误舆论风向对当事人进行人身攻击，但其通过网络平台对孝德孝行的宣扬无疑可以促进孝老敬老社会风向的形成，从而规范社会个体的道德行为，形成良好的道德品质。在现实生活中，我们也会对身边出现的孝行大加赞赏，对不孝行为默默鞭挞，这对我们周围的人和我们自身也起到了道德规范作用，在我们的大脑中形成了无形的道德提示器。

### （二）孝伦理仍是家庭和谐的精神基础

2018 年 9 月习近平总书记在全国教育大会上强调："家庭是人生的第一所学校，家长是孩子的第一任老师，要给孩子讲好'人生'第一课，帮助扣好人生第一粒扣子。"[①] 家庭作为国家的基本组成单位，对国家和社会的发展起着联结性的基础作用。正所谓"家是最小国，国是千万家"[②]，家的稳固长存离不开国的繁荣富强，国的发展也离不开千家万户的和谐美满，因此家的和谐建构至关重要。

怎样构建和谐家庭？"家庭"在词典中的解释是"以婚姻和血缘为纽带的基本社会单位"[③]，亦即家庭是由彼此有婚姻或者血缘关系的成员组建而成，主要包含祖父母辈、父母辈和子女辈等，而代际之间关系的维系和和谐家庭的建构离不开承载了中国几千年历史的孝道文化。孝道文化的重要表现形式之一是家风的树立和传承。在古代社会，家风的表现形式体现为家训、家规、家书等，如三国时期诸葛亮的《诫子书》、南北朝时期由颜之推撰写的《颜氏家训》、宋代朱熹的《家训》、晚清曾国藩的《曾国藩家书》等，这些以或规矩或书信的形式为一个家族定下立身处世的行事准则，使其后辈谨记持家治业的教诲。到了现当代，家风的传承和发扬并没有因为朝代的更迭而没落，而是在原有的基础上增添了新的时代内涵形成了新的家风。最早

① 教育部课题组.深入学习习近平关于教育的重要论述 [M].北京：人民出版社，2019：87.

② 吴维玲.中国大舞台——纪念改革开放 40 周年歌曲集 [M].合肥：安徽文艺出版社，2018：180.

③ 《新现代汉语双语词典》编写组.新现代汉语双语词典 [M].延吉：延边大学出版社，2005：409.

出版于 1981 年的《傅雷家书》不仅轰动了当时的文化界，成为中国多个家庭教育孩子的模范准则，在 21 世纪 20 年代的今天，《傅雷家书》仍然是众多父母建立教育子女规则的典范。此外，中国还有一些以孝或家风为特色的区域，如湖北省地级市孝感（东汉时期董永卖身葬父、孝行感动天地而得名）、浙江省宁波市的老县城慈城（中国首个慈孝文化之乡），以及浙江省宁波市的乡镇横坎头村、任佳溪村、童家村等一系列以家风建设闻名的乡村。不论是家书、孝文化名城还是家风建设名村，毫无疑问都推进了重视孝与家风建设的良好社会风气的形成，并将此种良好社会风气融入千家万户中，营造了家庭的和谐氛围，弘扬了孝与敬的伦理精神。

除良好的家风建设外，摒弃一些和现代社会相斥的孝伦理内容，儒家孝伦理关系的原则本身对现代社会家庭关系的处理具有诸多启示。儒家将社会人伦关系概括为"五伦"，即"父子有亲，君臣有义，夫妇有别，长幼有序，朋友有信"①。其中儒家对父子、夫妻、兄弟长幼关系的规定对现代社会家庭关系的和谐构建仍然具有重要借鉴意义。其一，在父子关系中，儒家的规定是"父慈子孝"，意即父母对子女慈爱，子女对父母孝顺。在现代社会中，"父慈"要求父母对子女承担抚养的责任，关爱子女，并注意自身的言行举止以为子女做正面的榜样模范；子女则需赡养年老的父母，立身立业以扬名显亲、追悼怀念逝去的父母等。其二，在夫妻关系中，儒家的规定是"父义妇顺"，包括伉俪和谐（夫唱妇随、男耕女织、琴瑟和谐）、同甘共苦和相敬如宾三方面内容。当今社会的夫妻仍然需要以相敬如宾、同甘共苦的精神维持家庭的稳固与和谐。其三，在兄弟及类似兄弟的关系中，儒家的规定是"兄友弟恭，长幼有序"，意即兄对弟要友爱，弟对兄要敬爱。这种关系原则被转移运用到现代社会同辈关系的处理中，显然也能取得可观效果。

### （三）孝德仍是现代社会应推崇的首德

以现代文明的眼光来看，中国古代所编撰"二十四孝"带有很多封建迷信的落后内容，于是随着时代的不断发展，"二十四孝"被赋予了新的时代内容。2011 年，我国重新评选出了新"二十四孝"，讲述了当代社会中 24 位孝子的故事。此外，在 2012 年 6 月，首次提交给全国人大常委会审议的《老年人权益保护法修正草案》中新增了一条"常回家看看"，引起了社会的广泛关注；同年 8 月，全国老龄办、全国心系系列活动组委会以及全国妇

---

① 刘源渌著，黄珅校点. 近思续录（卷一）[M].上海：华东师范大学出版社，2015：65.

联老龄工作协调办联合发布了新版"二十四孝"行动标准，新增了"每周给父母打个电话""为父母建立'关爱卡'""教父母学会上网""支持单身父母再婚"等具有时代特征的内容。在当代的中国，孝德的作用并没有因受到历史的重创而从此隐没，而是继续得到社会乃至国家的重视，继承担当现代社会推崇的首要美德。

孝德作为现代社会的首德，是现代社会个人立德树本的重要抓手。一个具备孝德意识且把孝观念运用于实践当中的人，在家能孝敬父母，入世以后能报效社会和祖国，把家庭孝之精神转化为职业道德中的爱岗敬业精神、人际关系上的团结互助精神、社会责任中的主动担当精神等。孝德的践行既有助于当代人继承和发扬中华传统优秀孝文化精神，培养自身的孝之品格，同时也助推人们在行孝的过程中形成其他如敬业、友爱、团结、有责任心等优良品质，完善个人的道德人格。从1982年邓小平提出培育"有理想、有道德、有文化、有纪律"[1]的"四有"公民，到2016年习近平总书记在党的十九大报告中提出要"培养担当民族复兴大任的时代新人"[2]，孝德的培养和践行促进个体品性完善的同时，无疑也推进了不同时代所需要的公民素质的形成。不论是培养"四有"公民，还是培养有理想、有本领、有担当的时代新人，孝德作为中国从古至今的基础性思想品德，都在其中发挥着潜移默化的引领作用。

### （四）孝德是社会养老保障的思想源泉

1982年，维也纳老龄问题大会确定60岁及以上的老年人口占总人口的比例超过10%，则此国家或地区进入严重老龄化。2021年5月全国第七次全国人口普查结果显示，中国60岁以上人口占比超18%，和第六次全国人口普查结果相比，中国的老龄化程度加深了，老龄化问题成为当今中国社会必须直面且重视的问题，随之而来的养老问题也在等待着众多中青年人给出解答。然而，并不是所有子女都愿意为年老的父母考虑养老问题，所以当前中国老年人尤其是农村老年人的养老问题形势严峻，中青年子女对年老父母的赡养十分重要。如何能让子女愿意为父母养老？孝德作为自古以来道德教化的核心内容，在促进子女为父母养老的问题上发挥了重要作用。

第一，孝德有助于传统家庭养老模式的维系。"孝"的基本内涵是"善事父母"，其中包含了子女对父母的赡养义务。中国古代以自给自足、封闭

---

① 邓小平.邓小平文选（第三卷）[M].北京：人民出版社，1993：205.
② 习近平.习近平谈治国理政（第三卷）[M].北京：外文出版社，2020：313.

脆弱的小农经济为经济发展模式的主体，对人们的思想观念产生了深刻影响，"日出而作、日落而息的基本生活方式与家庭养老的模式代代相传，未曾发生根本变化"①。各方面发展相对滞后的农村在一定程度上还承继着传统养老模式。农村的父母通常不会为自己储蓄钱财养老，而是把家庭的全部收入投资到子女身上。子女履行对年老父母的赡养义务，对整个养老系统的运行至关重要，子女形成为父母养老的心理认同过程需要孝德发挥其催化作用。古代中国在以"孝"为核心的儒家思想指导下，统治阶级向来重视家庭和人伦亲情，而此种重视传至民间则会引起民间的响应，随之而来的是知孝、行孝的普遍化。在孝道思想的作用下，现代社会中子女赡养父母的意识也会更加深厚，履行对父母的赡养责任也会更加积极。

第二，孝德有助于提高老年人的养老质量。中华传统孝德所要求的"善事父母"不仅是物质上的赡养，还包括精神上的奉养，对父母的"孝"是包含"敬"的"孝"。孔子对此的对应说法是："今之孝者，是谓能养。至于犬马，皆能有养，不敬，何以别乎？"② 若对父母养而不敬，没有给予父母精神上的愉悦，那么，对父母的赡养和养家畜并没有什么区别。现当代社会中，农村人整体上收入少、积蓄少，且受到的孝德文化教育相对较少，欠缺对孝德内涵的深度了解，存在"养即是孝"的错误观念。儒家孝道思想的灌输融入能够培养子女"孝养"父母的观念，提升老年人养老的幸福感。

## （五）孝德是培塑爱国主义精神的渊源

在新时代，实现中华民族伟大复兴的中国梦，必须弘扬民族精神和时代精神共同组成的中国精神；而在其中，民族精神以爱国主义为核心，这就必然需要国家和全社会高扬爱国主义的旗帜，向全世界展示中华民族爱好和平、团结统一的民族情怀和勤劳勇敢、自强不息的民族气节。在历史上，爱国主义精神就像一个深深刻在中国人骨子里的印记，只要国家面临危亡的局面，总有一批批爱国者挺身而出。不论是为了唤醒民众自沉汨罗江的屈原，为了强国利民化身改革家的范仲淹、王安石和张居正等，面对敌人誓死不屈、呼号出"留取丹心照汗青"的文天祥，还是抗战时期为了国家主权和民族独立选择牺牲自己的无数仁人志士，都以自身的力量铸就了中国的爱国主义精神这道坚不可摧的城墙。在当今社会，爱国主义精神依然在催促着全

① 杨清哲.解决农村养老问题的文化视角——以孝文化破解农村养老困境[J].科学社会主义，2013（1）：105-107.
② 阮元校刻.十三经注疏（清嘉庆刊本·六）[M].北京：中华书局，2009：3270.

世界的中国人为了中华民族的共同前途命运而努力奋进。2019年，习近平总书记在纪念"五四运动"100周年大会上发表讲话指出："一个人不爱国，甚至欺骗祖国、背叛祖国，那在自己的国家、在世界上都是很丢脸的，也是没有立足之地的。对每一个中国人来说，爱国是本分，也是职责，是心之所系、情之所归。"[①] 爱国主义在新时代的发展中，仍将继续担当中华民族前进的精神支柱和精神动力；是当代中国人面对复杂多变的国际局势仍然坚持信任和维护祖国的文化前提；是当代中国人的文化自信和民族自信的突出表现和以爱国为荣的道德评判的重要价值标准。在新时代，爱国与爱党、爱社会主义相统一，因此必须弘扬爱国主义精神，让爱国主义在全社会蔚然成风。爱国主义的弘扬则需要借助孝文化的理论溯源和孝德的道德支撑。

儒家原初的"孝"含义的衍生中即包含了对国家的尊崇。《礼记·大传》中说："人道亲亲也。亲亲故尊祖，尊祖故敬宗，敬宗故收族，收族故宗庙严，宗庙严故重社稷。"[②] 人往往更容易与自己的亲人亲近，因亲近亲人所以尊敬祖先，尊敬祖先故而尊敬宗祖，尊敬宗祖因而聚集同族，聚集同族所以产生了严谨的宗庙制度，有严谨的宗庙制度故而尊崇国家。孝与忠站在了同一条逻辑思路上。显然，孝亲所要求的尊祖敬宗把中国人带上了追溯自己的祖宗根源的道路。在古代中国的历史上，许多世家大族保有谱写家谱的习惯，最初的祖先如同大树的主干根茎，后代子孙是大树主干长出的枝叶。在后代子孙寻根的过程中，许多人会发现生活中自己的先祖与素不相识的人的先祖在几百年前出自同一家庭；按照时间线不断往前追溯，最终会追溯到中国人最初的共同先祖——炎帝和黄帝，因此中华民族统称炎黄子孙。因考虑出自同一根脉，中华民族内部的凝聚力和向心力会更加强大，对共同生活的国家也会更加认同，爱国之心油然而生。

聚焦另一角度，从孝道的具体内容看，子女孝敬父母的要求之一是立身立业以扬名显亲，这就不可避免地要与"忠"联系在一起。在中国的封建时期，"忠心"解释为忠君之心，扬名的唯一方法是忠君与事君，只有为君主解决好问题，得到君主的重视，才能加官进爵，扬名天下，以显父母。到了现代社会，"忠心"演化为爱国之心，个体的建功立业同样离不开对国家和社会做出的贡献。忠心成了孝德实现的路径，孝德是忠心施行的依托。

孝亲因而忠心，追根溯源，爱国主义精神的发源地应是孝德，爱国主义

---

① 习近平. 在纪念五四运动100周年大会上的讲话[J]. 社会主义论坛，2019（5）：6-9.
② 王文锦译解. 礼记译解[M]. 北京：中华书局，2016：503-504.

精神则是孝意识跟随历史变迁而衍生的逻辑产物。

## 四、"孝"德现代弘扬的路径

传统儒学被一些学者分为两类：第一类是哲学儒家，指作为一种哲学和宗教信仰体系的儒家思想，作为文化的一种灵感资源在创造和延续文化变更中扮演至关重要的核心角色；另一类是"政治化"儒家，指被许多中国家庭践行以及政府所征用的儒家实践。[①]"政治化"儒家包含许多我们所说的孝道思想的"糟粕"，如专制的、愚昧的、封建的观念和行为，与现代的发展不相容；哲学儒家本身是中国传统优秀文化的核心内容之一，为展现我国文化的多样性出具了重要力量，同时其孝文化本身所包含的"善事父母"的思想对现代社会所需要的孝亲爱亲、解决社会养老问题等具有积极的促进作用，因此孝德需要在现代社会以服务于家庭和社会和谐的范式重新出场，以孝德弘扬的方式对现代人的生活发挥正向引领作用，并随时代的发展和变化不断地革新。

### （一）加强公民的孝思想道德教育

教育是人最直接学习到知识技能的基础渠道，因此现代孝德的弘扬首先需要以教育的形式让社会公民学习和了解现代社会需要传承的孝德内容。孝德教育的途径从空间分布上主要分为家庭、学校和社会。在传统的孝道教育中，"学校授民以孝，家庭训子成孝，社会导民以孝"[②]，在现代社会的孝德教育中，家庭、学校和社会这三个场域的载体作用同样不可或缺。

#### 1. 家庭孝德教育

家庭是组成国家和社会的最基本单位，人所受到的来自原生家庭（个人出生和成长的家庭）的影响往往会伴随人的一生，而受到的来自新生家庭（夫妻双方组成的家庭，与原生家庭相对）的影响也与人的日常生活状态紧密相关，这也是培育和践行社会主义核心价值观要"从家庭做起，从娃娃抓起"的重要原因。显然，家庭是家庭成员之间亲情激发和孝德行为养成的氧化剂，是孝德教育的基础性平台。自古以来，家庭的孝道教育一直为人们所

---

①　罗思文，安乐哲.生民之本：《孝经》的哲学诠释及英译[M].何金俐译.北京：北京大学出版社，2010：6.

②　卢明霞.养老视阈下中国孝德教育传统研究[M].北京：中国社会科学出版社，2016：199.

重视。王夫之说："孝友之风坠，则家必不长。"[1] 孝发源于家庭中亲子间的情感交流，孝德孝行的培养离不开家庭的支撑，同时家庭和谐有序的维系也需要孝德的促进。情感性、持续性和生活性是家庭教育的最鲜明特征，因此在进行家庭孝德教育时，要注意利用以下几个特征进行教育实践。

首先，对孩子进行孝德教育要"动之以情"以"明明德"。"道德情感对人的道德认知和道德行为是至关重要的，它是道德认知和道德行为发生的内在动力。"[2] 情感是父母与子女间紧密联系的纽带，孝德来源于家庭中亲子间交往的实践，父母与子女之间相互的情感关怀对子女孝德孝行的培养相对孝道课程理论的学习来说具有独到的优势。因此，父母一方面需要注重对子女的关怀和照顾，激发子女的感恩之情和孝亲之情，同时也需要给予子女的孝德孝行以正面反馈从而保证子女孝德孝行的习惯养成；另一方面需要父母发挥好积极的榜样示范作用，对待自己的长辈要尊敬和爱护，为子女树立孝德孝行的模范，形成良好的家教家风。

其次，对孩子的孝德教育要贯穿于生活的每时每刻。涂尔干说："我们不能僵硬地把道德教育的范围局限于教室中的课时：它不是某时某刻的事情，而是每时每刻的事情。"[3] 家庭是孩子集生活和学习于一体的综合性场域，父母引导孩子所做的行为在无形中既影响了孩子的兴趣爱好、潜能发掘，还影响了孩子的道德行为习惯养成。家庭的孝德教育不仅仅要在专门的孝德教育时间向孩子输出，还要贯彻到非专门教育时间中，注重营造温馨、欢乐的家庭环境，并使这种适合孝德培养的家庭生活土壤一直保存完好得以延续下去，保证孝德教育利用家庭这个空间得以实现"每时每刻"的持续性运转。

最后，对孩子的孝德教育要融入日常生活中。家庭是一个让个体的生活和教育相联通的场所，家庭孝德教育能够让孩子直接体验到孝德情感和实操孝德行为。在家庭的日常生活和家庭成员共同参与的实践活动中，父母有很多机会对孩子进行直接或间接的教育；孩子在与家庭成员的日常相处中，不论是与父母、祖父母，亦或亲友的交往，均能学习到与孝德相关的知识与好的行为；此外，孩子在与邻里之间的相处中也能耳濡目染，在潜移默化中受到孝德教育。

[1]　张培峰.人之子[M].天津：南开大学出版社，2000：30.

[2]　张松德.激发道德情感与投身道德实践辩证统———道德教育途径的新探索[J].道德与文明，2008（4）：106-109.

[3]　高德胜.生活德育论[M].北京：人民出版社，2005：97-98.

2. 学校孝德教育

词典中对"学校"一词的解释是"教授某一项或一些专门技术的地方"①，亦即学校本身是专门从事教育活动的场所。和家庭教育比较而言，学校教育更多地突出了专业性，教师是受过专业训练、掌握专业知识，并专门负责学生教育工作的群体，学生在学校的核心任务和目的即接受专门的知识技能教育。因此，学校是孝德教育的重要场所。

由于古代中国的学校教育只是少数人的专属权力，故古代的学校孝德教育也仅仅是针对少部分人，在整个社会中孝德教育的影响不如家庭教育的影响深厚。古代孝德教育主要是以《孝经》作为必修的读本，另有儒家的一些诸如"四书""五经"的经典著作、《弟子规》《三字经》等也作为孝德教育的内容。现代社会沿用了设置专门道德教育课程的形式，但又不仅仅停留于专门的课程教育，还渗透到其他科目的课程教育内容中，并设置了道德教育的实践活动。此外，当今社会的孝德教育已经在全国公民范围内普及，接受教育不再是特定阶层所独有的权力。据研究，当前学校德育的多种形式包括课程类、实践类、组织类、环境类、管理类、辅导资讯类和传媒类共 7 大类20多条。② 适用于现代社会的学校孝德教育形式主要包括思想道德课程教学、其他学科课程内容渗透和孝德教育实践活动。

当前学校的思想道德课程设置存在一些不合理之处，如小学阶段教授共产主义思想，中学阶段教授社会主义思想，大学阶段教授社会公德和文明行为。这显然不符合人的思维和心理发展特征，小学生思维能力尚处于初步阶段，却教育他们要树立共产主义的理想；大学生的逻辑思考能力已经发展到一个相对成熟的阶段，却教育他们要如何成为一个文明礼貌的公民，与人的身心发展规律完全背离。因此，孝德教育作为一种基础性道德品质教育，应该从小学生抓起，从对家人的孝心开始培养，由孝亲扩展为对社会的仁德，由小及大、由近及远。

除思想品德课程之外，其他学科课程也应该融入孝德教育的内容。孝道思想本身作为一种历史悠久的文化，融入德育课程之外的其他课程是对这些课程内容的丰富和延展，而如语文、历史类的学科是传承与弘扬孝道思想的重要载体。因此，现代孝德教育必须重视多学科课程对孝道思想的渗透。在

---

① 王同亿. 高级汉语词典（兼作汉英词典）[M]. 海口：海南出版社，1996：1486.

② 詹万生，张国建. 整体构建德育途径体系　全面提高德育工作实效 [J]. 中小学管理，2004（2）：36-38.

当前应试教育的大环境下，中高考的必考内容是语文、数学、英语，还有物理、化学、生物类的理科科目，思想品德很难受到重视，这是一个待解的问题。

认识世界的最终目的是改变世界，孝德的学习最终也还是要运用于实践当中。学校的课程教学不是只有课堂学习，还有走出课堂教学的各类实践活动，如与孝德相关的社会实践调查、辩论赛、演讲活动、主题班会等，这类实践活动既提供了深入了解、学习孝道思想的平台，也有助于激发学生传承和创新道德内容的能力。

### 3. 社会孝德教育

家庭孝德教育和学校孝德教育的主要对象是学生，社会孝德教育的对象则是全体社会公民，教育主体也更加多样化，包括学校孝德实践活动与社会接轨的部分，社会上开办的国学班类课程，以及互联网、广播、电视、报纸期刊等大众传播媒介发布和举办的与孝德相关的网页信息、专栏节目、论文和主题讲座等。

目之可见的是，现代社会的孝德教育，除大众传播媒介对孝德教育的宣传具有较为明显的效果外，以学校为单位开展的与孝德相关的社会实践活动的影响范围还局限在狭小的学生群体范围内，与社会的接轨并没有激起大范围的火花；社会中国学班类课程的开设也只是针对因兴趣爱好或其他原因而选择学习的小群体人士。这提醒我们应该重新探索社会孝德教育的形式，使影响范围更广、力量更大。

大众传播媒介作为信息技术高度发展的时代标志性产物，无疑对整个现代社会具有举足轻重的影响，尤其是以互联网为代表的媒介。中国互联网络信息中心发布数据显示：截至 2020 年 12 月，我国网民规模达 9.89 亿，手机网民规模达 9.86 亿，互联网普及率达 70.4%。[①] 网络是孝德教育的一个有效实施平台，要提倡在互联网的网页、视频制作、音频发布等方面加入孝德教育的内容，利用其直接性和快捷性加大对孝德孝行的宣传力度；同时，网络用户素质和网络信息发布的质量良莠不齐，政府相关部门应注重对网络信息传播的引导，杜绝与社会主流价值观相悖的危害社会的信息流入。广播电视和报纸期刊等媒介也应发挥自身的作用，积极发布与孝德教育相关的内

---

① 数据摘自：新华社 . 我国网民规模达 9.89 亿 你享受过哪些网络红利 [EB/OL]. （2021-02-03）[2021-02-07].https://www.thepaper.cn/newsDetail_forward_11259859.

容，让孝德贯彻到大众群体的生活中。

### （二）构建倡导孝德孝行的健康社会机制

孝德的现代弘扬还需要官方相应的政策、制度做保证。孝德孝行的继承与发扬离不开作为社会细胞的家庭，因此召唤出了现代家庭制度的建设；社会中的各个组织也是一股不可小觑的力量，可以利用现代社会中的不同群体和组织宣扬孝德，承担一部分帮扶老年人的义务。

#### 1. 家庭内部和谐秩序的构建

现代家庭制度的构建，既要考虑传统孝道本身的内涵，也要考虑当今时代的特征，故可以借鉴中国古代的居家生活制度，再加入符合中国特色和时代要求的内容。古代家庭和谐生活维系的经验主要体现在夫妻、亲子、婆媳和祖孙礼义相连的相处之道上，父、夫、婆、祖对于子、妻、媳、孙具有绝对权威，通过长辈仁慈、晚辈孝顺的规则，不同的代际群体各安其份、各得其所、共同和谐有序地生活于同一个大家庭之中。在日常家庭生活中，成年人要承担相应的家庭责任，如祭祖、居常、侍疾、教子、丁忧等。[①] 虽然今天不可能再回归古代家庭关系中不平等的关系和实行繁琐的礼节，但其中的家庭责任的分工、家庭中不同主体和谐关系的维系，是当今社会家庭制度建设需要借鉴的。

首先，当一对年轻的恋人走进婚姻殿堂时，政府相关部门需要告知和强调婚姻家庭的责任。在这个新家庭中，新婚的丈夫和妻子会扮演多重角色，上有需要照顾的父亲母亲，下有等待抚养教育的幼小子女，每一方都是不可推卸的责任，相关部门告知其关于家庭的责任可以给他们打"预防针"，唤起他们关于婚后家庭责任和义务的意识，防止许多年轻小夫妻仍然沉浸在爱情的甜蜜中尚未清楚认识到不久的将来就要挑起的担子。其次，提倡支持和引导老年人积存养老金。当今社会许多家庭，尤其是农村家庭，存在老年人的积蓄被子女侵占的情况，尤其是年龄很大的、因生病丧失一部分活动能力的以及患有阿尔茨海默症的老年人的养老金。国家关于老年人养老金的制度安排虽然已经落实，但老年人养老金由老年人自己花费的相关制度政策仍需完善。因此可以从年轻人的角度入手，向他们宣传要提倡支持老年人养老金积累和养老金用于老人自身的意识。最后，要落实成年子女对年老父母的生活照料安排。年

---

① 　李银安，李明等.中华孝文化传承与创新研究 [M].北京：人民出版社，2019：336.

轻人除关照自身的情况外，也要主动关照家中年老父母的生活状况。政府在这方面可以对年轻人多一些政策鼓励，如鼓励年轻人到家乡就业，并给予相应的就业补贴等，以便老年人能够得到照顾。

### 2.社会孝老、养老机构的建立

孝老、养老不仅需要家庭个体的努力，还需要社会全体的共同努力。良好的孝老敬老风气形成和社会养老问题的解决对社会的向前发展具有巨大的推动作用，社会群体弘扬和践行孝德孝行的责任义不容辞。社会群体自发弘扬孝德和实践孝行相对而言会呈现散乱的趋向，政府在此过程中需要发挥引导的作用，出台相关政策，在宣传孝德和养老服务领域培养并使用高素质的社会工作者；此外，志愿服务活动在当今社会出现的频率不断增加，政府要鼓励越来越多的社会人士参与到志愿服务活动中，成立专门的孝德宣传和养老服务志愿组织，开展相关活动，并使志愿服务活动更加规范化、制度化。大学生群体作为一个时间相对空余、学习和社会压力相对小的群体，更应该积极参与各类志愿活动，这样，既能缓解养老服务领域的人员人数少、普遍素质不高的状况，也能锻炼大学生沟通交流、待人接物等各方面的能力，同时还能深化青年群体对我国传统孝德内容的理解，以年轻群体的力量更有效地传播和发扬中华传统孝文化，并把此种孝文化运用于中国未来的发展中。

### （三）在继承基础上不断推进孝德文化创新发展

习近平总书记指出："对传统文化中适合于调理社会关系和鼓励人们向上向善的内容，我们要结合时代条件加以继承和发扬，赋予其新的涵义。"[①]时代在发展革新，以孝文化为核心的儒家文化依存的环境也发生了改变，孝文化要继续存在并服务于时代的发展必然要求对孝德本身的内容结合时代特征进行重新阐释，使之与新时代的社会主义社会相适应。孝文化的创新可分为内容创新和传播方式创新。

### 1.孝德内容创新

孝德内容的创新要求剔除孝文化中与新时代不相符的部分。传统的孝德文化中对父母"绝对服从"的"无违"思想、"君要臣死，臣不得不死"、

① 习近平.在纪念孔子诞辰 2565 周年国际学术研讨会暨国际儒学联合会第五届会员大会开幕会上的讲话[N].人民日报，2014-09-25（01）.

男尊女卑、"父母在，不远游""子为父隐"等思想无疑已经与当代社会的时代潮流相悖，理应去除。封建家长制度下家长对子女的绝对权威地位已不复存在，平等的观念深入人心；现代社会快节奏的生活方式淡化了古时浓厚的家庭意识，人们的生活重心更多地放在个人的事业上；长辈的权威地位被信息技术的发展打破，年轻人获得经验知识的来源不再仅仅依靠长辈的传授；以父子为中心的家庭关系向以夫妻为中心的家庭关系转化，家庭结构不再是古时的祖孙几代成立一个大家庭，而是向小型化、松散化靠拢，代际间亲子关系的维系更多地靠亲情力量维系，孝的道德伦理不再那么有力量；现代自由、平等观念的兴盛使个人本位取代家庭本位，年轻的家庭成员更多地考虑自我的未来发展，年轻人与老年人之间因为价值观念、生活方式等方面的不同形成了代际差异和隔阂。孝文化本身的可取之处和当今社会所遇之现实问题召唤出孝德文化的创新发展。

当代孝德教育的主要目标从微观视角来看是沿袭古代的"善事父母"，从宏观视角审视则是解决好当下社会面临的形势严峻的养老问题。因此，在剔除传统孝道思想封建的、专制的内容后，孝德内容的创新也将围绕"善事父母"展开，以子女与父母间平等的"孝"与"慈"并行、感恩敬爱父母、赡养父母为基本内涵。

第一，在"平等、自由"的号角响彻整个社会的时代背景下，"孝"的内涵不能仅仅被解释为子女对父母单向的孝敬，还必须承载父母对子女的慈爱，形成双向交流沟通的模式，这也有利于化解当下社会中父母和子女间因生活方式和观念等各方面的不同而形成的代沟和隔阂。

第二，子女的"孝"体现为感恩和敬爱父母。正所谓"儿身将欲生，母身如在狱。唯恐生产时，身为鬼眷属"[①]，子女的身体发肤来源于父母，且母亲在生产时除要遭受生产的苦痛外，还可能遭遇生命危险，这样的恩情是子女不得不铭记在心的。婴儿出生后，并不能依靠自身生存和成长，父母的抚养和教育至关重要。在此过程中，父母往往会忧虑很多关于孩子成长的事情，如孩子生病的治愈问题、孩子身体和心理发育问题、孩子的受教育问题等，这些付出也是子女不得不铭记并在日后反哺于父母的。具备了感恩父母的心，就应该在日常生活中实际地敬爱父母。"敬"是子女对父母的一种自下而上的情感，含有重视、戒慎、尊敬、尊重、恭敬之意；"爱"主要包含喜

---

① 谢宝耿. 中国孝道精华 [M]. 上海：上海社会科学出版社，2000：390.

爱、爱惜、爱护之意。① 这就要求子女对父母饱含由心而发的深厚情感，在此种"敬"与"爱"的情感驱使下，把古时对父母的盲目顺从转化为主动了解父母的情感和心理需求，尊重父母的经验和意见，尽量使父母身心愉悦。

第三，赡养父母是子女必须重视且实践的核心问题。若说感恩和敬爱父母是对父母的精神奉养，赡养父母则是一种行为上的供养，是子女对父母孝敬的最基础表现。当代社会赡养父母的内容可以归纳为：生活物资供给和身体照顾、体贴父母心意并做使父母精神愉悦的事情、对长辈临终时的照料和临终后的丧事办理、追悼长逝的父母亲辈。

### 2. 孝德传播方式创新

孝德传播方式的创新包含面向国内的传播方式创新和推动孝文化走向世界的传播方式创新。

第一，促进孝文化的国内传播。古代孝德文化的传播主要通过诵读关于孝文化的经典书目。现代社会学习孝文化除了阅读经典这一方法外，还可以将孝文化融入学生教材的内容之中，构建系统的孝德教育体系；通过现代大众传播媒介学习孝德文化，如公益广告、电影、电视等，近些年来发展火热的微信公众号、微博、抖音、B站、快手等平台也可以作为孝德文化宣传的重要阵地，人们可以利用碎片化的时间普及与孝有关的知识和信息；举办与孝德文化相关的专题讲座、文化节、评选活动等。

第二，推动孝德文化走向世界。从中国人的区域分布来看，中国人不仅仅在中国范围内居住，在世界范围内的多个国家都可见到华人华侨的身影，孝德文化只有传播到世界各地才能更加便捷地对华人华侨产生影响。从孝德文化本身的魅力来看，孝文化作为中国传统文化的瑰宝，对于丰富世界文化的多样性具有重要作用。儒家的孝文化根植于人性之中，"架起了神和人、宗教与伦理之间的桥梁，达到了生与死的统一，完成了佛教的轮回和基督教的天堂的功能"②，既与世界范围内的其他文化具有共同之处，也具备了超越其他文化的资质。因此，孝文化在世界范围内的传播是十分必要的，我们自信孝文化的向外传播能够使其本身得到更好地发展，也同样自信孝文化能为全世界人类的发展做出重大贡献。

---

① 卢明霞. 养老视阈下中国孝德教育传统研究 [M]. 北京：中国社会科学出版社，2016：177，175.

② 谭明冉. 孝的普适性与宗教性 [J]. 文史哲，2017（2）：116-122+167.

### （四）健全道德立法制度为孝道传承保驾护航

不同的人具有不同的特点，但在这不同的特点背后还附加了复杂多变的人性。道德作为一个非硬性标准，对人们没有强制性的约束作用，一些人不会因道德良心的作用而选择去做一件道德的事，或者可以说，有一部分人在一定程度上并不存在某些领域的道德良心。在此种情况下，道德准则已经不能有效地发挥作用，作为硬性标准出场的法律条文便得以展现其对人的行为所具有的强制规范功能和作用。

#### 1.古代道德法律制度的借鉴

自古以来，我国就有关于"孝"与"不孝"的法律奖惩机制。古代法律的确立主要以调整伦理关系为目的，因此法律中道德色彩占据主位，甚至为了贯彻道德准则附加了侵害人的权力的扭曲法律规定。一方面，古代官方对不孝的人定以"不孝罪"，并对"不孝罪"严厉打击；但另一方面，当道德和法律发生冲突时，又往往优先维护道德的地位，伦理的要求大于法律的规定。比如，推崇"亲亲相隐"并随着时代的发展确立了"亲亲相隐"的制度，为防止法律对亲情造成伤害提供保证；设立"代刑"制度，即父母犯罪由子女代为受罚，强化孝道的作用；鼓励和容许为亲"复仇"，即父母遭受杀害，子女须为其复仇，或者父母与他人结下的仇怨由子女去报，在古代社会中，为父母亲辈复仇的人能得到宽宥甚至褒奖。① 概而言之，古代社会孝道的维持一方面强调子女要尽心尽力孝敬父母，但另一方面又设计出许多父母对子女进行专制控制的计策，以道德的引领和法律的严惩相结合来把控整个封建专制的宗法社会。如此把道德和法律的形式结合起来的设计是值得现代社会的孝德弘扬学习和借鉴的，但其中为维护伦理关系制定的侵害人的正当自由和权力的法条是应当摒弃的。近年来，针对社会上出现的不孝问题，有人提出在《中华人民共和国刑法》中增加"不孝罪"，为避免出现回归古代法律的做法、忽视法律精神的嫌疑，我们认为此种建议是不可取的。但是可以针对不同的不孝行为设立相关法律规定予以惩戒，以示效尤。在制定相关法律的过程中，要注意避免通过刑法手段造成对人的自由权力的侵犯。

---

① 李银安，李明等.中华孝文化传承与创新研究[M].北京：人民出版社，2019：366.

### 2. 加大《老年人权益保护法》的宣传和执行力度

为保护老年人合法权益，弘扬我国传统的孝老、敬老美德和文化，从1996 年开始我国制定并正式施行《中华人民共和国老年人权益保护法》（简称《老年人权益保护法》），现行版本是 2018 年 12 月第十三届全国人大常委会第七次会议修正的。孝德的弘扬需要法律的保驾护航，因此在当今社会，我们需要加大对《老年人权益保护法》的解读、宣传和执行力度，引导社会公民把握新法的主要内容，全方位认识《老年人权益保护法》的原则精神和总体部署，深刻理解老年人保护制度的内涵和重要性；同时，要不断完善《老年人权益保护法》的法律条文，尽可能全面地填补立法过程中没有考虑到的法律漏洞，推进法律的成文化和细致化，让老年人得到道德与法律的双重保障。中国当代现有法律中的《中华人民共和国宪法》《中华人民共和国婚姻法》等法律也部分包含了与孝相关的规定，在触及这些法律内容的时候，也可通过解读和宣传其中与孝相关的法律规定，提高老年人的自我维权意识，加大法律对孝德弘扬的保护力度。此外，还可通过强调对法定节假日的重视，如我国设立法定年度农历九月初九传统重阳节为"老年节"，加上除夕、清明节和盂兰盆节，与重阳节并称为中国四大传统节日，以节日的仪式和氛围深化对老年人权益保护的理解和认识，促进家庭的和谐建设和老年服务事业的发展，营造良好的敬老、爱老、养老的社会风气。

### （五）完善社会保障体系，缓解老龄化问题

前文已述，我国已经进入老龄化社会，且老龄化程度还在不断加深，但改革开放以来实行计划生育等政策，导致我国形成"四二一"的家庭结构，让中青年人背负了巨大的养老压力。"上有老，下有小"的局面让众多当下社会的年轻人（尤其是农村父母无养老金的年轻人）难以解决好为父母养老的问题，有人甚至在人的自私本性的驱使下做出权衡利弊的选择，放弃为父母养老的责任，以最大化地选择有利于自己未来发展的机会。面对此种情况，需要发挥相应的国家机制的作用，通过完善社会保障体系，缓解占全国总人口 18% 以上的老年人的养老问题，为弘扬孝德文化扫除最大的一块绊脚石。

2017 年 10 月 18 日，习近平总书记在十九大报告中指出，要加强社会保障体系建设，全面建成覆盖全民、城乡统筹、权责清晰、保障适度、可持

续的多层次社会保障体系。① 社会保障包括社会保险、社会福利、社会救助和社会优抚四个方面的内容。

首先，社会保险是社会保障体系的核心。针对养老问题的解决，社会养老保险理应被置于优先考虑的位置。当前我国社会的养老保险制度体系主要分为公职人员养老保险制度、职工基本养老保险制度、农民基本养老保险制度和城乡居民老年津贴制度，这些制度体系应尽快得以完善，使其走上更加规范化、法制化的道路；加快统筹城乡养老保险、医疗保险和养老金一体化，实现老年人的社会保险全覆盖，让社会养老保险体系建设真正服务于当代社会的老年群体。

其次，社会福利是社会保障的最高层次。针对养老问题，应优先考虑老年人的社会福利。应加强对当代社会中的老年人保健机构和老年福利机构的建设，保证老年人福利津贴的按时按额发放，优化社会养老设施服务，为老年人的社会福利享受提供有效保障。

再次，社会救助是社会保障的最低层次。应该重视以农村贫困老年人为代表的老年群体的最低生活保障，特别关照无收入来源或低收入、遭遇突发灾祸、无劳动能力的老年人，给予他们在基本生活需要、医疗、保健、住房和照顾等方面的救助，让处于社会弱势地位、无养老储蓄的老年人的基本生存需要得到保障。

最后，社会优抚是社会保障的特殊构成部分，针对的是军人及其家属，在此不再多做讨论。但我们可以换个思路，也应当给予社会老年群体一些特殊优待，现代社会在交通出行、政务服务、卫生保健、商业服务、文体休闲和维权服务等方面均为老年人群体设置了专属优待，如公共交通工具设有老年人专座、各类公共文化设施免费向老年人开放、给予老年人高龄补贴等。未来要继续保留这些社会优待，并在此基础上实现优待的优化升级；同时要更加关注农村老年群体，加快缩小城乡区域为老年人服务的差距，让农村老年人也能享受到和城镇老年人同等的社会优抚待遇。

---

① 新华社.习近平提出，提高保障和改善民生水平，加强和创新社会治理[EB/OL].（2017-10-18）[2017-10-18].http://www.xinhuanet.com/politics/19cpcnc/2017-10/18/c_1121820849.htm.

# 第三篇　中华传统"忠"德的历史底蕴与现代弘扬

"忠"德是中华民族重要传统德目之一,自春秋时期作为观念上的"忠"出现以来,历经多个朝代的流转演变,内涵不断丰富更新,地位也历经起伏,其在历史中曾有过消极影响,即出现单一性"愚忠"对人们思想的禁锢,但"忠"德具有的历史价值仍不容小觑。"忠"德发展至今,内涵与社会主义核心价值观高度契合,对于国家现代化建设、社会风气弘扬以及人们精神境界提升等具有重要的作用,但在具体实践中还存在一些问题。忠德的原初意义是"尽心做事",是中华民族的传统美德,也是刻在中国人骨子中的精神基因,同时忠于国家、忠于社会、忠于他人的处事观是忠德在当代社会持续发力的重要表现,准确把握忠德在历史流变中保留下来的积极价值并将其进行现代转化,对于践行和弘扬中华民族传统美德、推动社会主义核心价值观的深层次发展具有重要意义。

## 一、"忠"德的源头及发展演变

从古至今,"忠"一直是一个重要话题,在历史流变中,"忠"的发展变化也揭示了中国传统道德的发展变化。"忠"的本义为做事尽心竭力,有两方面的含义,一是从政之"忠",二是修养之"忠"。在长期发展过程中,"忠"吸纳不同时期的时代内涵,不仅是儒家文化重要道德纲目之一,也逐渐成为中华民族伟大的民族品格、一种社会责任感、一种道德。在中国古代,"忠"的含义经过多次流转演变,即从全德性转向单一性,又重新发展为普遍性的忠。同时在当代,探寻"忠"的时代价值和意义也对中国传统德目的继承与弘扬有着重要的价值和意义。

### (一)"忠"德的起源

"忠"字起源较之《易传》的成书应当更加久远,在上古三代已经存在。但这一时期的"忠"只能作为一种观念类的"忠"而存在,真正从道德意义上作为"忠"德出现较晚。《说文解字》曰："忠，敬也，尽心曰忠。"① 段玉裁《说文解字注》曰："敬者，肃也，未有尽心而不忠者。"② 学者们对于"忠"究竟起源于何时也都有着不同的观点。童书业先生持"似起于春秋时"的观点。③ 裴传永认为忠观念起于尧舜时期，认为"其一，典籍中有尧舜时代倡导忠德、惩治'毁信废忠'之人的明确记载；其二，尧舜以自己的实际行动诠释了忠德，昭示了忠观念的原初内涵"④。也有学者认为忠的起源时间与文献是否留有记载并无太大联系，在"忠"字出现之前便已存在忠的观念，甚至将忠的起源看作来源于"中"，也就有了"忠自中出"的观点，这就将忠的起源追溯的更为久远。这几种观点实际上是将忠分类为作为道德伦理的忠和作为观念的忠两种。毫无疑问，在忠以道德伦理的方式正式出现之前作为行为与意识的忠便已经出现，如果仅仅依靠现有的文献记载来判断，那么忠最早应该出现于春秋时期。⑤ 马克思主义经典作家认为："不是人们的意识决定人们的存在，相反，是人们的社会存在决定人们的意识。"⑥ 随着中国古代社会的更迭发展，忠德也不断呈现出不同的历史特点，但其内涵始终根植于一定的社会现实之中。

### （二）"忠"德的发展演变

#### 1."忠"作为道德德目产生——春秋时期

春秋时期，忠是作为一种社会性的道德观念存在的，作为一种普遍性的道德规范，忠的地位不断提高。"忠，德之正也。"⑦ 最初的忠是一种对待他人、对待事业尽心尽力的态度，但在春秋社会的特殊环境下，也逐渐形成了关于忠的政治道德。这种政治道德主要指公德层面的忠，并不局限为对君主的忠。尤其在孔孟时期，忠是一种全德，具有平等性，是社会全体成员都应履行的道德义务。对于君主来说，忠是一种政治义务，"所谓道，忠于

---

① 许慎著，汤可敬撰.说文解字今释[M].长沙：岳麓书社，1997：1440.

② 许慎撰，段玉裁注.说文解字注[M].郑州：中州古籍出版社，2006：630.

③ 童书业.春秋左传研究[M].上海：上海人民出版社，1980.

④ 裴传永.忠观念的起源与早期映像研究[J].文史哲，2009（3）：104-116.

⑤ 张锡勤，桑东辉.中国传统忠德研究的几个热点问题[J].伦理学研究，2015（1）：45-49.

⑥ 中共中央马克思恩格斯列宁斯大林著作编译局.马克思恩格斯文集（第2卷）[M].北京：人民出版社，2009：591.

⑦ 左丘明.春秋左传[M].沈阳：辽宁教育出版社，1997：92.

民而信于神。上思利民，忠也。祝史正辞，信也。"① 国君考虑如何利民，就是忠，君主只有保障好国家、人民的利益，才能称得上是合格的君主，上位者必须"利民"，这是一种对君主的规范。同时这一时期的忠也被认为是一种君主开明、臣子尽忠的双向互动关系。"君之视臣如手足，则臣之视君如腹心；君之视臣如犬马，则臣之视君如国人；君之视臣如土芥，则臣之视君如寇仇"②，这充分体现出君臣之间的双向义务，大臣以双向的视角来对待君主，其行为处事的依据是君主的行为，这样既是一种对君主的约束，也有利于臣子为国家尽忠。"君有过则谏，反覆之而不听，则去。"③ 君主要接受臣子的合理劝谏，若君主始终固执己见做出错误决策，那么就可以更换君主。这些都说明臣子对君王忠诚的前提条件是君主的开明、守礼，只有这样，臣下才能心悦诚服。但若君主不纳忠言、不行善事，则臣子也不必为之忠，这时君臣之间并没有出现绝对化的臣对君的依附关系。

春秋时期是奴隶制逐渐瓦解、封建制逐渐形成的时期，诸侯争霸，战乱不断，统治者也开始重新思考如何维护统治秩序，随着政治家们对于民众重要性认识的不断提高，人民的作用日益凸显，统治者们认识到安抚好人民对国家治理具有重要作用。这时，忠就不仅局限为民众对君主的忠，更是指君主对民众的忠。在这一理念逐渐被统治者所认识并不断加强之后，君主应为民着想的政治态度在社会中的影响力也逐渐强化。《左传·文公十三年》曰："苟利于民，孤之利也。天生民而树之君，以利之也。民既利矣，孤必与焉。"④ 此外，《左传·襄公九年》中也有"我之不德，民将弃我"⑤ 之言。春秋初期，君主忠于民众观念的出现与当时的国家形态有一定关系，这一时期实行的是以血缘关系为基础的宗法分封制，统治者在政治意义上是治理国家的君主，在此意义上要求民众服从君主，君主保护民众；在宗法意义上又是家族的大宗宗主，在此意义上要求宗人服从宗主，宗主保护宗人。

由上可以看出，不论是臣子尽忠亦或君主的忠，都是一种为江山的"公"忠，更加偏向忠国而非忠君，主张的是对国家的"公"忠而非仅仅对君主的"私"忠。对于大臣来说，临患不忘国，忠也。对于国家、对于社稷、对于人民的大忠，才是社会所提倡的忠。"道不同，不相为谋"是

---

① 左丘明.春秋左传 [M].沈阳：辽宁教育出版社，1997：18.

② 杨伯峻.孟子导读 [M].北京：中国国际广播出版社，2008：138.

③ 杨伯峻.孟子导读 [M].北京：中国国际广播出版社，2008：161.

④ 左丘明.春秋左传 [M].沈阳：辽宁教育出版社，1997：105.

⑤ 左丘明.春秋左传 [M].沈阳：辽宁教育出版社，1997：186.

儒家创始人孔子对于不开明君主的态度，"所谓大臣者，以道事君，不可则止"①。孔子的事君以忠更多的意义是指对国家的忠诚，是一种爱国之情，在君主能够做到使社会安定、政治清明、百姓安居乐业的情况下，便以忠事君。"非专指臣民尽心事上，更非专指见危授命，第谓居职任事者，当尽心竭力求利于人而已"②。

春秋中期，忠逐渐开始成为民众间的处世原则，这种变化与"士大夫"阶层的转型也有一定的关系。此时的士是一个复合型的群体，一方面有成为统治阶层的机会，另一方面也是社会中接受过教育、掌握着文化知识的群体。也因此在当时社会政治环境动荡的状态下，他们便试图去重建社会秩序，将道德普及化，希望在自身的引导下使礼仪观念深入人心。此后忠德的内涵不断扩大，并逐渐发展成为社会成员之间的交往准则。③忠还是一种忠于职守的道德品质和忠于言行的高尚修养。孔子并不把忠仅仅局限在君臣关系之间，他认为忠也是一种关乎个人德行修养的品质。"非忠不立，非信不固。"④孔子认为忠恕之道是需一以贯之的道，"施诸己而不愿，亦勿施于人"。己欲达而达人是忠；己所不欲，勿施于人的道理就是恕，做人做事要将心比心，设身处地地为他人着想，不侵犯他人的利益。

### 2. "忠"君思想地位不断提高——秦汉时期

春秋战国时期到秦汉时期是我国古代由宗法等级制向君主专制制度转型的重要时期，随着宗法等级制度与分封制的逐渐瓦解，政权与宗族权力逐渐分离，逐步形成了国家本位的政治统治秩序。公元前221年，秦国结束天下分裂的状况，建立了统一的君主专制国家，为维护专制统治，开始实行郡县制。旧的社会道德秩序无法适应新的统治要求，于是社会便迫切需要一种新的伦理纲常去取代先前以"孝"为主要内容的道德，并以此来规范以君主专制为基础的阶级统治。先秦时期，忠德仍然被视作一种普遍的伦理道德规范，在人际关系、君臣关系、社会道德等各个方面发挥着作用。但随着秦汉大一统王朝的建立、君主专制的不断加强，统治阶级出于加强封建王权的需要，不断神化君权，逐渐形成了一种君主至高无上，占据绝对统治地位的国家关系，此时忠于君的思想也随之不断强化，随后忠便由一个多元概念逐步

---

① 杨伯峻，杨逢彬译注．论语译注．[M]．长沙：岳麓书社，2009：130.
② 柳诒徵．中国文化史（上册）[M]．北京：中国大百科全书出版社，1988：79.
③ 曲德来．"忠"观念先秦演变考[J]．社会科学辑刊，2005（3）：109-115.
④ 韦昭注，王树民，沈长云，点校．国语集解[M]．北京：中华书局，2019：301.

转变为局限在君臣之间的忠君概念。后汉朝时期"汉承秦制",为限制诸侯王个人欲望的膨胀,加强集权统治,汉景帝实行"削藩",到东汉时期刺史权力扩大,可直接越过三公上奏皇帝,这也使得中央权力有了更加坚固的保障,为忠诚于君的君臣关系和等级制度强化增添了新的制度约束。汉武帝时期,董仲舒提出"罢黜百家,独尊儒术"并被统治者所推行,儒家思想一举成为官方正统且具有不可侵犯的权威,同时董仲舒还明确提出"三纲五常"的思想,认为"三纲五常"是上天意志的体现,因此具有天然的合理性。这一思想利用人们对神的崇拜,用君权神授的观点去维护忠君的合理性,将君主权力发展到极致,也就为"忠"德的进一步局限化和愚忠的逐渐演变做了铺垫。与此同时,汉朝时忠德发展的一大重要特点是极力倡导"孝"的重要意义,以孝作为维护统治的重要工具,也因此繁衍出"忠孝一体""以孝事君"等观念,君王采取一系列的措施发扬忠孝内涵,使其成为社会中流行的重要观念,并为忠君道德做出不少努力,例如,汉朝时《孝经》取得与《论语》相等的地位,《孝经》中不仅强调为人子女要孝顺父母的思想,更主张"以孝移忠",把孝从家庭父子关系中发展到政治君臣关系中,给予"孝"更多的政治内涵。汉朝推崇"以孝治天下",这就为"忠孝一体"思想的发展奠定了重要基础。随着忠孝思想的不断发展演变,汉朝的多数人在面临"忠孝难以两全"的境地时,更多会选择忠而非孝,这也意味着中央专制权力的不断扩大,忠有超过孝成为社会主流伦理的趋势。这些实际上都是统治者为强化统治,给予"忠"君更大的合理性而采取的手段,其核心实质是将忠与孝作为一体,将政治关系与家庭关系结合起来,将子女对父母的孝顺演变为臣子对君主的忠诚。"忠孝一体"思想的不断发展使得传统的"君使臣以礼,臣事君以忠"的君臣关系开始发生转变,社会更加强调阶级性、等级性,强调绝对的忠于君主,忠君地位由此得到巩固。

不论是秦始皇实施的"焚书坑儒"抑或是汉朝产生的"罢黜百家,独尊儒术",都是为了从思想上强化中央的权力,加强专制统治,突出君主的至高无上与神圣不可侵犯。秦朝时以法家思想治国,使得君臣关系成为臣子单方面的效忠与服从,这种单向度的忠成为君主实行暴政、秦朝破灭的因素之一。汉朝初期政治环境还相对宽松,君主积极纳谏,大臣敢于上言直谏,对汉初的繁荣之景起到了一定的作用。随着汉朝时期礼仪制度的不断完善与发展,社会秩序得以重建,形成了"君尊臣卑"的政治局面。秦汉以后,"忠"成为全民都要遵守的政治性道德,是一切义务的中心和重中之重,再加之董仲舒对忠思想的进一步阐释,也使得忠德的实践更加具有阶级局限性。成文于汉朝的《忠经》更是认为："天之所覆，地之所载，人之所履，莫大乎忠。"《忠经》在提升忠地位的同时，也将忠的范围框在等级秩序之中，使其原始价值逐渐被忠君思想所掩盖，成为僵化的教条，为愚忠的进一步发展打下了基础。

秦汉时期君臣关系虽然不平等，但也并未形成彻底的愚忠思想，贾谊说："主上遇其大臣如遇犬马，彼将犬马自为也；如遇官徒，彼将官徒自为也。"① 也还是认为君仁才能臣忠。随着后代社会的不断变迁，等级制度更加深入人心，加之历经长久的战乱，出于加强皇权的需要，"忠"一步步走向极端化，发展成为僵化的教条。

### 3. "忠"君道德逐渐极端化——唐宋时期

在魏晋南北朝之际，中国长期处于战乱、分裂的状态，政权不稳固，朝代更迭频繁，传统的伦理道德也遭到破坏，道德观念十分薄弱，于是出现了一些这一时期独有的情形。由于朝代动乱，传统君尊臣卑的思想显得不那么突出，篡位夺权的事情时有发生，分裂成为时代的常态，传统忠于君主的思想也随着朝代频繁的更迭而不断弱化。与此同时，君主与臣子的关系也陷入一种奇怪的境地：一方面，暴君频出，君主的种种行为严重破坏了君臣之间的良好互动关系，使得社会上忠君思想更加薄弱，人们更愿意起义推翻君主的统治而不是效忠君主；另一方面，出现许多功高盖主的大臣，表面效忠君主，实则将君主当作自身揽权的工具。臣子权力过高的结果就是君主的神圣地位明显不复从前，皇帝被有权势的大臣玩弄于股掌之中，臣子左右着朝廷和时局，在这种情况下，忠德自然无从谈起。当权力的更迭成为时代的常态时，就不会有稳定的政局，也不会有和谐的君臣关系。社会上虽然仍旧提倡忠德，但此时的忠德也不过是某些狼子野心的臣子掩人耳目、加强自身权力的工具罢了。

在整个魏晋南北朝到隋唐五代时期，天下一直处于分分合合的状态。魏晋时三国鼎立，直到隋唐才又实现大一统，但唐朝后期藩镇割据，五代十国就一直处于分裂状态，此时最明显的特征便是天下分裂，无共主。在政权得不到统一的情况下，君主关系也呈现出多元化的趋势，于是忠君便有了与其他时代不同的含义。各事其主的忠是这一时期的忠德的一种重要表现，人们更多的只忠于自己的上级，上下级之间形成一种委质和效忠关系，即首先要忠于自己的上级，其次才是忠于君主。

---

① 施丁选注. 汉书 [M]. 北京：中国少年儿童出版社，2004：152-153.

唐朝初期尚且主张君臣互动的忠君道德，即"夫君能尽礼，臣得竭忠，必在于内外无私，上下相信。上不信则无以使下，下不信则无以事上"①。被安禄山引荐的常山太守颜杲卿在安禄山反叛时仍忠于朝廷，他说道："我世为唐臣，常守忠义，纵受汝奏署，复合从汝反乎！"②随着安史之乱和藩镇割据等事件的出现，君主认识到加强自身权力的重要性，也越来越多地强调忠君，但这种忠君只强调臣子尽忠的义务。"君要臣死，臣不得不死，臣不死不忠"便是要求只尽忠于君主，而不论君主是否昏庸，决策是否正确。唐太宗李世民说："君虽不君，臣不可以不臣。"③唐朝时期，传统的忠君道德有所回升，但五代的局势无疑再次给忠君道德的发展带来重大打击。当时，朝代更迭过于频繁，臣子难以长久地侍奉一个君主。虽然统治者仍大力提倡忠君思想借以加强统治，但这时"三纲五常"的思想并非主流，也未占据意识形态的顶峰，因此忠德的实际实践情况仍然十分不理想：君尊臣卑的关系被破坏，君主的神圣性和至高无上性也受到猛烈冲击，加上长期分裂的政治局势也并不利于忠德文化的发展，在这种动荡的局势下，从底层百姓道德意义上忠的践行到君臣之间政治意义上忠的实施，都遭到严重阻碍。

在这种动乱背景下，社会更加迫切地需要建立一种新的道德秩序，这也为宋朝时期"三纲五常"成为主流思想奠定了一定的基础。宋朝初期为防止五代十国的动乱，统治者实行崇文抑武的国家政策，客观上为思想文化的发展创造了有利的条件。从当时宋朝面临的形势来看，朝廷与少数民族始终处于对峙状态，民族矛盾尖锐，为了更好地维护统治，必然要强化忠于国家的思想。同时宋朝也是科举制度的开端，"学而优则仕"的人才选拔方案让广大民众都有机会进入仕途，科举的内容主要考察广大考生对于儒家思想的掌握程度，作为儒家传统德目之一的忠德势必会得到重视并不断传播。两宋时期为重建儒家思想的统治地位，理学思想逐渐发展并成为社会主流思想。宋明理学兴盛之后，"三纲五常"的伦理道德成为社会成员必须遵守的要求，三纲指"君为臣纲、父为子纲、夫为妻纲"，其中"君为臣纲"更是上升到了天理的高度。在"三纲五常"的地位不断提高之时，传统的君臣、父子、夫妻关系也发生了一定的变化，臣子、子女、妻子的地位更加低下，为了遵循这种绝对的天理，他们逐渐成为君主、父亲、丈夫的附属品，尤其在君臣关系中，臣子对君主的忠诚度提高到前所未有的高度，此时忠德发展成为对

① 刘昫等撰.旧唐书[M].长春：吉林人民出版社，1995：1616.

② 刘昫等撰.旧唐书[M].长春：吉林人民出版社，1995：2285.

③ 刘昫等撰.旧唐书[M].长春：吉林人民出版社，1995：20.

君主的绝对服从。理学家们通过更加系统化的论述使忠在思想上不断发展完善。臣子始终以君主的利益为中心，对于君主的要求采取绝对服从的态度。如程子就曾说过"人道惟在忠信，不诚则无物"。理学把天理作为理论依据，作为世间万物的最高准则，同时将君臣关系纳入天理范围之中，将君尊臣卑视作天理的安排，为政治统治提供了合法性，增添了更多神秘主义色彩，无疑得以在以小农经济为主的社会环境下深入人心，也为忠德的发展打下基础。一方面，理学家们所提倡的忠有一定的合理成分，并未将忠局限为不顾道义的愚忠，即君主和臣子要各守其道，臣子尽人臣之义务，效忠君主，同样君主也要尽为君之本分，恪守君王之道。但是另一方面，忠德占据至高无上的地位之后，这种绝对的天理严重禁锢了人们的思想，使"君权神授"的理念发展到极致。过分推崇君主权威的后果，就是人们的盲目崇拜加剧了，社会上的愚忠观念也加剧了。从北宋时期对冯道的评价之转变可见一斑："死事一主"成为评价臣子是否忠诚的重要标准。在冯道所事的君主中，唐明宗称他为"好宰相""真士大夫"；晋高祖不许他求退，声称"卿来日不出，朕当亲行请卿"；周太祖"甚重之，每进对不以名呼"；周世宗在他死后为他"辍视朝三日"，赠尚书令，追封瀛王，谥文懿。足以见得，时人对冯道的评价十分之高，然而在北宋时期，冯道却被评价为是无廉耻、毫无气节的苟且偷生者。司马光称："自古人臣不忠，未有如此比者。"他认为臣子做不到忠诚，就谈不上德行与气节，不能为之所用。对冯道的评价之变也展现出到宋朝时期忠节内涵的演变，即要求臣子一生只忠于一人。[①]

### 4. "忠"的神圣化——明清时期

明清时期，统治者们大力表扬忠臣名节，更使忠德与愚忠观念联系起来，发展成为社会中影响甚广的主流价值取向。[②] 为达到全方位的控制，统治者们更加迫切地传播对自己有利的思想观点，历史上以"忠"为基因而形成的社会心理的异变突出表现为政治情感的狂热、政治心态的冷酷、政治思维的麻木、政治表演的虚伪、政治权术的卑劣。[③]

愚忠观念的不断盛行，束缚了人们的思想进步，也使封建王权地位更加

---

① 路育松.从对冯道的评价看宋代气节观念的嬗变[J].中国史研究，2004，（01）：119-128.

② 赵炎才.中国传统忠德基本特征历史透视[J].山东大学学报（哲学社会科学版），2013（4）：110-118.

③ 王子今."忠"的观念的历史轨迹与社会价值[J].南都学坛，1998，（4）：14-20.

不可动摇。在明清时期，统治者为加强对人们思想的控制，强制整个社会只能流传官方认证过的主流思想，同时大兴文字狱，扼杀不符合统治阶级意识形态的观念，使人们思想进一步僵化，封建统治的迂腐也达到了顶峰，忠德的积极内容逐渐被抹杀。此时愚忠思想比较普遍，满门忠烈成为许多忠臣选择证明自己忠心的方式，上到达官贵人，下至贫民百姓，都出现了自愿以死殉国的事件，这足以说明忠已成为社会上重要的伦理思想，但这种愚忠只能展示忠德不理性的一面，对于忠德的有益践行不能起到什么作用。这种极端化的忠，也说明了君主专制达到新的顶峰，社会对其承受能力逐渐减弱，为了能够更好地发展，势必会爆发一场思想上的革命。

明朝时，随着商品经济的发展，资本主义萌芽开始在中国出现，尽管并没有成为中国经济的主体部分，但是却对当时的社会产生了不小的影响。商品经济的发展促进了新的阶级——市民阶级的产生，而这一阶级又起到了传播新思想、新观念的作用。传统的不适应商品经济发展的愚昧思想也必然会遭到抵制。由此，明清时期出现了对于宋明理学的批判和早期启蒙思想，广大仁人志士开始同愚忠观念做斗争，对其进行公然的质疑和批判。明代中期，先进的思想家们开始反思传统的君臣关系，认为单向度的忠存在很大的不合理性，力图建立一个平等、和谐的君臣关系。黄宗羲、顾炎武、王夫之都曾对愚忠思想进行过猛烈的批判，他们认为忠更多地在于忠国而非忠君，主张把忠君和忠国区分开来，要忠于民族和人民，而不是一味地对君主尽忠。黄宗羲和王夫之从"公天下"与"私天下"的角度出发，来否认封建君主专制的合理性，认为天下并非君主一人的天下，更多强调公共权力和民族利益，尽忠者必然是从民族大义角度出发，为国家的繁荣展示忠心。黄宗羲也提出："为天下，非为君也；为万民，非为一姓也。"[①]

思想家们在抨击"三纲五常"道德时，也并非持完全否定态度，他们只批判一心向主的愚忠，而并非是对忠德全盘抛弃。受等级制度根深蒂固的影响，他们的思想不是为了彻底推翻君主专制统治，而更多地是为了限制君权，构建和谐的君臣关系，因此也带有一定的局限性。加之封建皇权占据权力的顶峰，这种进步声音无疑不会成为主流。启蒙思想家们的这些思想被统治者认为是"异端邪说"，遭到统治者的抵制，传播力不广，不能为广大民众所熟知，对社会的影响较小，必然不会起到振聋发聩的作用。但不可否认，在社会面临必要的转型之际，这些先进思想所带有的重大启蒙价值是不

---

① 　沈善洪.黄宗羲全集（第一册）[M].杭州：浙江古籍出版社，2005：201.

可忽视的，尽管他们没有使中国社会掀起一股思想变革的浪潮，但也成为后期维新变法、辛亥革命的重要思想来源，为其后维新思想家们对于"君权神授"的批判打下了坚实基础。

### 5. "忠"德面临传统转型——晚清至近代

1840年鸦片战争是中国近代史的开端，从太平天国运动到洋务运动，从百日维新到辛亥革命，整个中国社会一直处于巨大的变迁之中，思想、科技、经济、政治等各个方面都发生了巨大的变化。随着资本主义萌芽的进一步发展，西方思想不断传入，中国不仅在经济上被迫打开封锁已久的通货港口，也开始在思想上主动打开接受外来文化的大门，许多旧的传统、观念遭到批判，社会涌现出一批新道德和新风俗习惯，这些新观念不断冲击着旧观念，也不断深化着近代道德革命，改变着人们的传统思想。与此同时，政治上封建君主专制制度开始逐渐瓦解，忠君思想也开始为先进思想家所批判，逐渐走向衰亡。

晚清时期中国进一步积贫积弱，国家实力下降，人民生活苦难程度日益加深，社会面临内忧外患的局面。一批先进分子认识到封建专制制度带来的局限性，为了防止忠的局限化、愚昧化，防止愚忠的进一步发展，为了寻找救国救民的良方，他们对狭隘的伦理道德进行抨击，试图寻找到一种适应近代中国发展的先进思想。批判是为了进行重建，只有打碎旧的思想观念才能更好地建立新观念。知识分子们对忠德进行了新的解释。维新派对君主专制的批判是从君权神授入手的。严复翻译《天演论》宣传"物竞天择、适者生存"的思想，产生了前所未有的社会反响，深刻揭示出"君权神授"的不合理性。谭嗣同认为："生民之初，本无所谓君臣，则皆民也。民不能相治，亦不暇治，于是共举一民为君。"[①] 梁启超指出："世俗论者，往往以忠君爱国二事，相提并论，非知本之言也。夫君与国截然本为二物，君而为爱国之君也，则吾固当推爱国之爱以爱之。而不然者，二者不可得兼，先国而后君焉。此天地之大经，百世俟圣人而不惑者也。"[②] 他认为忠君与爱国并非同一件事，当两者不可兼得时，应先国后君，将忠君与爱国进行了区分。他还认为只有忠于国家的忠才是完整意义的忠，不再强调单纯地为清政府卖命，要勇敢站出来为中华民族效忠。谭嗣同指出了"君为独夫民贼而犹以忠事之"

---

① 李敖. 谭嗣同全集 [M]. 天津：天津古籍出版社，2016：321.
② 梁启超. 管子评传 [A]. 诸子集成（第5卷）[M]. 上海：上海书店，1986.

的局限性。这些知识分子对封建愚忠的批判具有鲜明的进步性与超越时空性，但存在一定的不足，即并未正面反对"三纲五常"的固有阶级思想，而且出发点也并不是为了进行彻底的社会变革。

到了"五四运动"时期，文化界针对忠德是否还具备保留价值展开了一场激烈的辩论。新文化运动的领导者陈独秀曾对传统观念进行批判，他将中国固有的旧道德作为社会中种种悲剧产生的根源，主张祛除这些落后的糟粕。但他没有看到传统文化中积极向上的部分，只一味强调祛除，并不能够对思想界的焕然一新起到十分积极的作用。辛亥革命以后，封建王权不复存在，传统的君臣关系也随之消亡，社会在经历前所未有的转型过程，因而传统的经济、政治、道德、文化思想等都将面临新的局面，前途未可知。以孙中山先生为首的民主革命者用辩证的观点看待问题，不仅认识到愚忠思想的危害，提出一系列的口号来反对只忠于君主的愚忠，还主张不应抛弃忠德中包含的爱国爱民的内容，要在保留的基础上对其进行发展，使其具有崭新的时代内涵。他提出："要忠于国，要忠于民，要为四万万人效忠，比为一人效忠要高尚得多。"[1] 这种观点可以看作忠德内涵再一次进行转换的开始。"我们到现在说忠于君固然不可以，说忠于民可不可呢？忠于事又是可不可呢？我们做一件事，总要始终不渝，做到成功，如果做不成功，就是把性命去牺牲亦所不惜，这便是忠。"[2] 当君主专制制度发展到顶峰，社会保持安定和谐时，忠君的意味更重，而当国家面临内忧外患，皇权旁落之际，忠国的思想便更加突出。在近代皇权日益凋零的情况下，先驱们赋予忠德新内涵使其具有了新的生命力，"忠"德思想在一定程度上得到了解放，但这一时期忠德的作用仍然没有被广大知识分子和社会民众所重视，先辈们富有近代色彩的观念也未在社会中激起巨大的反响，以至于忠的作用在之后的很长一段时间里都没有能够充分发挥出来。

## （三）儒家传统的"忠"德观念

儒家思想在中国历史上延绵不断，为历代儒客所推崇，儒家十分重视社会道德教化，忠德也是其重要伦理组成部分。"忠"有着多层含义，并在儒家的思想体系中占据着十分重要的地位。

论语中曾提道："子以四教：文，行，忠，信。"[3] 忠是儒家思想中十分重

---

① 孙中山. 孙中山选集 [M]. 北京：人民出版社，1981：635.

② 孙中山. 孙中山选集 [M]. 北京：人民出版社，1981：681.

③ 杨伯峻，杨逢彬译注. 论语译注 [M]. 长沙：岳麓书社，2009：83.

要的一部分。提到忠德时，大多数的人将愚忠观点的起源归咎于儒家，但在儒家创始人孔子的思想中，他强调的"事君"并非简单地替君主效劳，而更加偏向臣子在履行分内之事时的尽心竭力，儒家主张君臣之间的双向义务关系，孔子也并未将忠简单地局限于君臣之间，他所倡导的"忠"，包括与人之忠、修身之忠、君臣之忠、职守之忠、忠恕之道等诸多方面，是一种涉及为人处事的重要道德修养，是一切人都应该具有的道德品格。

"与人之忠"即忠以待人，曾子曰："吾日三省吾身：为人谋而不忠乎？与朋友交而不信乎？传不习乎？"[①] 人每天都要反省的三件重要事情之一便是为他人做事是否做到了尽心竭力。可见，忠德作为一种为人处事的重要原则，是人际交往中不可或缺的行为准则，对待他人、对待朋友必须真诚、实在，不掺杂任何的虚情假意。"樊迟问仁，子曰：'居处恭，执事敬，与人忠。虽之夷狄，不可弃也。'"[②] 在与他人相处时要忠诚，用真诚之心对待别人，发自内心地替别人着想，才可谓尽心竭力，这便是儒家始终强调的处世之道。

"修养之忠"是一种让人们崇德向善的高尚道德境界。子张问崇德辨惑。子曰："主忠信，徙义，崇德也。爱之欲其生，恶之欲其死。既欲其生，又欲其死，是惑也。"[③] 孔子认为以忠厚诚信为主，行为总是遵循道义，就可以提升个人品德。孔子强调"主忠信"，如果仅凭个人的好恶，很容易混淆是非，而"主忠信"就可以辨明善恶是非。[④] 忠需要智慧的启迪，如果是非不分，便也不能成为真正的忠，为此，必须"辨惑"。

"君臣之忠"是指君主清明，臣子尽忠。"君事臣以礼，臣事君以忠"，臣子要用仁义道德去辅佐君王，如若君主昏庸无道，那么大臣就应为国家长远利益支配自己的行为，以江山社稷为重。这种君臣之忠绝不仅仅是对君主一人的忠，而更多是为了国家前途、民族大义而产生的忠，是忠于百姓、忠于社稷江山的忠。

"职守之忠"是指对待工作一丝不苟，严谨细致。为政者必须尽职尽责、全心全意、认真履行自己的工作责任，实现好自己的职业道德，这便是忠。子张问曰："令尹子文三仕为令尹，无喜色；三已之，无愠色。旧令尹之

---

① 杨伯峻，杨逢彬译注.论语译注[M].长沙：岳麓书社，2009：2.

② 杨伯峻，杨逢彬译注.论语译注[M].长沙：岳麓书社，2009：157.

③ 杨伯峻，杨逢彬译注.论语译注[M].长沙：岳麓书社，2009：141.

④ 刘厚琴.德育视域下的孔子"忠"德[J].湖北工程学院学报，2014，34（4）：23-27.

政，必以告新令尹。何如？"子曰："忠矣。"曰："仁矣乎？"曰："未知，焉得仁？"①孔子之所以对令尹子文的评价如此之高，就是因为其不论自身职务地位是否发生变化，都丝毫不变地对待自己的工作，勤勤恳恳做好自己分内的事情，这便是忠。但是与此同时，孔子又认为这种忠并非是"仁"所要求的忠，因为"未知"，只有既做到忠诚，又拥有智慧，才符合"仁"的标准。孔子还十分重视"知"在忠德中的重要作用，主张人们必须通过学习不断提升自身修养，达到"知"的境界，从而提升忠的道德素质。"十室之邑，必有忠信如丘者焉，不如丘之好学也。"②他认为人无论在何种情况下都要保持好学的态度，不断提升自己的学识与见识，只有这样才能为忠德增益。

儒家的先哲之一孟子继承并发扬了孔子的忠信思想，孟子曰："地方百里而可以王。王如施仁政于民，省刑罚，薄税敛，深耕易耨；壮者以暇日修其孝悌忠信，入以事其父兄，出以事其长上，可使制梃以挞秦楚之坚甲利兵矣。"③孟子曰："君子居是国也，其君用之，则安富尊贵；其子弟从之，则孝悌忠信？……"④孟子说："分人以财谓之惠，教人以善谓之忠。"⑤在孟子的观念中，忠作为一种道德品质，是君子修身养性的基本要求。孟子主张性善论，实际上就是相信个体能够达到较高的自我修养，这种自我修养必定是建立在当时社会所倡导的忠德基础之上的。当社会中的每一个个体都拥有高尚品质之时，便"可使制梃以挞秦楚之坚甲利兵矣"，国家是否强盛与人民息息相关，而想要让人民值得依靠则需要增强每个人的道德修养。孟子也主张君臣之忠，但孟子的君臣观充满了平等主义色彩。"今也为臣。谏则不行，言则不听；膏泽不下于民；有故而去，则君搏执之，又极之于其所往；去之日，遂收其田里。此之谓寇雠。"⑥

荀子在人性论方面与孟子态度相反，主张"性恶论"，认为一个人须经过认真学习，仔细深入思考，通过各种礼仪制度对自己的本性加以限制，不断积累善行，才能够获得较高的智慧。在忠君方面，由于荀子生活于战国末期，诸侯国之间相互征伐，民不聊生，因此其忠君思想中包含了更多帮助国家实现大一统的观念。一方面，荀子认为："天子者，势位至尊，无敌于天

---

① 杨伯峻，杨逢彬译注 . 论语译注 [M]. 长沙：岳麓书社，2009：54.

② 杨伯峻，杨逢彬译注 . 论语译注 [M]. 长沙：岳麓书社，2009：59.

③ 杨伯峻 . 孟子译注 [M]. 北京：中华书局，2014：8.

④ 杨伯峻 . 孟子译注 [M]. 北京：中华书局，2014：246.

⑤ 杨伯峻 . 孟子导读 [M]. 北京：中国国际广播出版社，2008：119.

⑥ 杨伯峻 . 孟子译注 [M]. 北京：中华书局，2014：142.

下"；"君者，民之原也。原清则流清，原浊则流浊"。① 另一方面，荀子将忠的观念逐渐向忠君方向进行了诱导，但仍不是一种对君主绝对顺从的忠君。荀子将忠分为大忠、次忠、不忠，"以道覆君而化之，大忠也；以德调君而辅之，次忠也；以是谏非而怒之，下忠也"② 。即能用治国之道去指引感化君主，是大忠；用美德调教君主并辅佐他，是次忠；用劝谏的方式指出君主的错误并惹怒他，是下忠。

由此可见，儒家所主张的从来不是一味听从君主发号施令的愚忠，只有能够正确辅佐君主治理国家、为国发展献计的臣子，才可谓是大忠。也正因儒家所推崇的是一种普世意义的忠，才能具有永恒的流传价值。

## 二、"忠"德在历史发展中的作用

忠德是中华传统德目的重要内容，其地位在其历史流变的过程中虽然起起伏伏，但始终发挥着重要的作用，不仅能够维护政治稳定性，巩固封建统治，也对社会的发展、个人品德的提升发挥着独一无二的作用。抛开忠德中封建守旧的糟粕部分，其历史价值十分值得探讨。

### （一）是巩固政治统治、维护国家统一的重要保障

忠德不仅是个人为人处事的价值观念，也是政治领域的重要德行和规范。对于臣子而言，尽忠意味着要遵守相应的政治道德秩序，忠于君主和社稷人民；对于君主而言，尽忠意味着要为天下百姓之利做出正确决策，充分行使好君王的权力和义务。天下人都能做到尽忠，则对于国家统一、民族团结有着很大的促进作用。

#### 1.为君主为政、正确决策提供一份保障

孔子曰："爱之，能勿劳乎？忠焉，能勿诲乎？""人有所爱，必欲劳来之；有所忠，必欲教诲之也"。③ 如果爱一个人，必定会教他勤劳，如果忠于一个人，必定会用正道来规劝他。直言进谏是指士大夫们对君主、对高官贵人们所做出的错误决定直言不讳，丝毫不怕上级的降罪，始终心怀杀身成仁、舍身取义的精神，这是大臣们心怀天下、充满正义的道德使命感和社会责任心。

---

① 杨倞注，王鹏整理.荀子[M].上海：上海古籍出版社，2010：142.
② 荀子.荀子[M].沈阳：万卷出版公司，2009：214.
③ 李学勤.论语注疏[M].北京：北京大学出版社，1999：185.

　　《战国策》记载邹忌向齐威王劝谏的故事，邹忌用委婉的方式向齐威王提出要广纳贤言的建议，便是邹忌对君主、对国家的忠心，一味服从君主并不一定会促进国家的发展，很显然邹忌看到了这一点，齐威王也积极采纳忠言，最后得以"战胜于朝廷"。臣子的忠心不仅表现在忠于君，更重要的是忠于国。当君主无所作为时，臣子适时劝谏，助力君主更好地管理国家，亦或辅佐君主做出正确的决策，便是忠诚的作用。魏征常劝谏唐太宗，每进切谏，虽极端激怒太宗，但他神色自若，不稍动摇，使太宗为之折服；为了维护和巩固李唐王朝的封建统治，魏征曾先后陈谏200多事，劝诫太宗以历史的教训为鉴，励精图治，任贤纳谏，本着"仁义"行事，这些意见无不受到唐太宗的采纳。《大唐新语（卷三）》记载，唐贞观年间，褚遂良担任起居郎。一日，太宗问遂良："卿知起居注，记何事？大抵人君得观之否？"褚遂良当即严词拒绝，说："今之起居注，古之左右史，书人君言、事，且记善恶，以为检戒，庶乎人主不为非法。不闻帝王躬自观史。"太宗又问："朕有不善，卿必记之耶？"褚遂良答道："守道不如守官，臣职当载笔，君举必记。"[①] 意即遵守道理不如遵守为官的职责，臣的职责就是记录君主的言行，无论君主有任何举动，臣都是要记录的。唐太宗并没有因为诸遂良的言论而生气，而且在临终前还将他委任为托孤辅政大臣之一。正是因为唐太宗李世民能够约束自己的行为，任用正直敢言的官员，才使"贞观之治"的形成有了必要的条件，并为唐朝的开明政治奠定了基础。

　　臣子的忠心主要表现在能否为君主、为国家尽心尽力办事上。在中国古代，臣子发挥作用的重要途径就是上奏。是否敢于为江山社稷、百姓福祉向君主说真话，甚至不惜惹怒君主，是判断臣子是否忠诚的重要方面。纵观历史上忠心的大臣，总是敢于直言劝谏，为君主的决策提供多方位的考量，对国家重要决定的做出和江山的稳定发挥了重要的作用。

　　与此同时，公忠精神对君主也有一定的要求，即君主要胸怀天下。忠于道义的思想能够成为约束君主行为的重要工具，从而使君主在进行决策之前需更多地接受臣子的劝谏，不断加强自身的治国能力，在对国家大政方针进行决断时不能仅凭自身的喜好，要充分考虑臣子的意见和国家的利益，做一个清明的君主，这样使君臣各司其职，有利于国家统治秩序的维护。

　　为政者须得尽心竭力，大臣的责任不仅仅是做好君主安排的各项事宜，更得用自己的聪明才干去尽心做事，用心辅佐君王，使国家的各项工作始终

---

① 　何正平，王德明.大唐新语译注 [M].桂林：广西师范大学出版社，1998.

处于正轨之上，朝着统一、繁荣的方向发展；君主的责任也不仅仅是大权独揽后唯我独尊，想要受到民众的拥护和爱戴须得加强自身执政的能力，做一个贤明、励精图治的好皇帝。凡此种种，要求不论是臣子还是君主，都要做到在其位、谋其职，而他们的共同目的都应是国家能够更好地发展，百姓能够安居乐业。守得住"忠心"，就能够在忠于人民的基础上做到为政以忠，如此才能做出正确的决策。

### 2. 为民族团结、国家统一凝聚一股力量

《左传》中记载子囊论晋政谏楚共王勿从秦伐晋的过程，子囊说："当今吾不能与晋争。"他认为晋不可敌的原因是"君明臣忠，上让下竞"①，即国君明察，臣下忠诚，上面谦让，下面尽力。全国上下各司其职，同时都对国对民十分忠诚，这种形势下国家自然会变得强大起来。

《忠经》曰："夫忠而能仁，则国德彰；忠而能知，则国政举；忠而能勇，则国难清。故虽有其能，必由忠而成也。"②真正的忠能够安邦利民，既有利于社会秩序的和谐稳定，也能够使君民上下团结一致共同抵御外辱。忠德以及英雄故事的弘扬能够激发起广大民众更多的爱国之情，这种强大的精神力量是保家卫国的重要精神武器。

只有国民拥有良好的道德才能创造出良好的国家，遇到危难时，忠心能够帮助全体国民一致向外。忠于社稷的公忠是一种把国家利益放于个人利益之前，公而忘私，必要时牺牲自己来捍卫国家利益的爱国精神。没有国便没有家，正是这种把自身当作国家一份子的信念构筑了以身报国的道德取向。在太平之时忠于国家，是为国献计，勤于国事；在危难之际忠于国家，是拿起武器，保家卫国。凡此种种，皆为国家的太平、社会的安定、人民的团结做出了重要贡献。忠德蕴含着强大的民族凝聚力，能够大大增强人民的民族认同感。在中国古代，当民族压迫成为社会主要矛盾时，报国以忠的思想便能够成为抗击敌人的利器，成为增强民众社会责任感、促进人民团结、抵御外敌的响亮口号。

古时许多爱国将领的故事都印证了这一点。岳飞曾发出"待从头、收拾旧山河，朝天阙"的豪言壮志，作为南宋杰出的统帅，他重视人民的抗金力量，缔造了"连结河朔"之谋，主张黄河以北的抗金义军和宋军互相配合，

---

① 左丘明.春秋左传[M].沈阳：辽宁教育出版社，1997：185.

② 王云五.丛书集成初编本·忠经[M].北京：中华书局，1985.

夹击金军，最终收复失地。唐朝安史之乱中，叛军十万达于睢阳，太守张巡、许远以千人之兵拒敌。千人士气高昂，数次打退敌人进攻，给予其大量杀伤，军队在张巡和许远的带领下夜间出击，消灭了敌人的有生力量。这种以忠国为理想信念、在危难时刻为国献身的可贵精神，无疑能够成为保家卫国的利器。

《左传·昭公元年》曰："临危不忘国，忠也。"[1] 天下兴亡，匹夫有责，历代的爱国主义者始终怀揣着这一信念。"苟利国家生死以，岂因祸福避趋之"的林则徐气概昂扬地表示，纵是被贬，只要对国家有利，也要去做，怎么能因个人的祸福而畏首畏尾？在保家卫国的实践中，爱国者始终站在前列，在历史的长河中，他们的身影始终闪耀着爱国的光芒。中国古代无数仁人志士用鲜血和生命捍卫了国家的安全，诠释了真正的忠诚。不少民族英雄在国家面临危机之际写下了壮美的诗篇以抒胸臆。战国时期屈原感慨"九死其犹未悔"；北宋范仲淹做出"先天下之忧而忧，后天下之乐而乐"的千古名言；明朝民族英雄戚继光在抗击日寇的斗争中曾言："封侯非我意，但愿海波平"；清朝詹天佑发出"各出所学，各尽所知，使国家富强不受外侮，足以自立于地球之上"的声音；近代孙中山曾说："做人最大的事情是什么呢？就是要知道怎样爱国。"著名文学家鲁迅先生面对社会的黑暗喊出："寄意寒星荃不察，我以我血荐轩辕。"开国元勋陈毅认为："祖国如有难，汝应做先锋。"在国家面临危亡之际挺身而出，不仅是个人英勇无畏、赤胆忠心的体现，更是一种保家卫国的豪情壮志，是一种对国家的无限热爱。

国无民不立，国家须得有为之效忠的国民才能算是国。"捐躯赴国难，视死忽如归"，从古至今每一个朝代，都涌现出不少为国殉难的爱国志士。战国时期屈原因国破而选择投江明志，汉朝霍去病抗击匈奴，明朝戚继光抗击倭寇，清朝邓世昌在甲午海战中弹尽粮绝的最后一刻也不忘撞击鬼子的战舰，秋瑾为保护革命同志而惨遭清政府杀害，还有抗日战争中为了维护国家尊严和国家主权而不惜牺牲自己生命的无数仁人志士等。历代爱国者所表现出来的不畏强暴、矢志不渝的献身精神，向我们诠释了"忠"的爱国内涵。

### （二）是和谐社会风尚、优良社会风气的道德源头

德治社会的构建需要有一个为社会所普遍认可的价值观念的引领。在中国古代，君主作为统治者，为了维护自身的统治，必然会大力倡导以"忠"

---

① 　左丘明.春秋左传 [M].沈阳：辽宁教育出版社，1997：253.

为主体的价值观念，甚至把忠作为社会主流价值观。在这种风气的引导下，社会中的忠德观念也得以不断发展壮大，在维护统治者利益的同时，也为和谐社会的构建贡献了一份力量。

### 1. 是建设德治社会的原初道德之基

忠德是一种全德，与忠相连，可组成忠爱、忠义、忠公、忠勤、忠敬、忠恭、忠恕、忠诚、忠信、忠善、忠正、忠勇、忠猛、忠孝、忠贞、忠烈、忠节、忠直、忠鲠、忠谨、忠竭、忠实等许多词汇，"忠"字几乎涵盖了人的所有美好品德。人的公正、勇敢、谨慎、守信、正直、坚韧、勤勉、厚道、谦敬、清廉等优秀品质，都反映在"忠"上，"忠"是全美的人格属性。[1] 与此相对应，忠德可以健全个人的人格魅力，而当社会中的人都具有高尚品德之时，社会中就会形成一种和谐向善、祥和美好的氛围。优秀传统道德是滋养中华民族的重要源泉，也是保证中华民族生生不息的精神血脉，传统忠德所强调的君臣之忠能够帮助君臣之间建立一种良好的关系；夫妻之忠能帮助家庭营造和谐温馨的环境氛围；朋友之忠能够帮助人际交往朝着更有深度、有价值的方向发展。在全社会营造出一种以忠为主的待人风气，对于建立一个温馨、祥和的德治社会能够发挥重要作用。

明代著名传奇小说集《三言二拍》中记载了赵匡胤千里送京娘、范巨卿与张元伯的鸡黍死生交等故事，表现出高洁之士们对于承诺的坚守，也表现出社会对于忠信之人的赞美和认可。《陈太丘与友期行》中记载，元方对陈太丘的友人说道："君与家君期日中。日中不至，则是无信。"[2] 当时时年 7 岁的元方都懂得诚信的道理，更是表明忠信在社会发展中的重要性。可以说，忠德是判断一个人是否具有高尚品质的鉴别器，拥有忠德之人会得到社会的高度认可，而社会也必然会在这些人的努力下形成德治的氛围。

忠德的含义十分广泛，其中包括推己及人的忠恕思想，忠恕内涵宽宥，也即是遇事时要多从他人的角度出发考虑，做到"己所不欲，勿施于人"。整个社会是由许许多多的个人所组成的，人生来平等，只有做到了尊重每一个人，才能使个体与个体之间达成一种稳定和谐的状态，也才能使社会健康有序地发展。和谐社会的基本特征是公平正义、安定有序。在实施封建等级制的中国古代，社会想要实现完全的公平是不可能的，但当社会成员都保持

---

① 谢新清，王成．中国传统道德文化之"忠"德解读 [J]．武陵学刊，2020，45（4）：1-6+146.

② 干宝等．搜神记 世说新语 [M]．北京：华夏出版社，2013：157.

一种忠恕思想，坚守忠德，也能为促进社会的公正助力，形成良好的社会环境。一个受到忠德文化影响的人必定是一个胸怀豁达的人，遇事时能够以身作则，挺身在前，同时以一颗宽容、真诚的心去对待别人，这样便能够减少社会中不必要的矛盾，促进社会成员之间的互帮互助、团结友善、和谐相处。

凝聚力的提升也是和谐社会建构的体现。凝聚力对于对抗外辱、保家卫国有着巨大的作用，爱国是每一个炎黄子孙都应该刻在心中的事情，从古至今对爱国事迹的赞扬诗歌、戏剧等文艺创造不绝如缕，忠德的思想越是浓厚，民众的情感共鸣就会越强，社会中的凝聚力也就会越强，从而形成一种人与人之间的心理认同，促进民族的融合与共同发展。

此外，忠德还能够帮助解决社会中存在的许多道德问题。忠德作为美德的一种，表达了人们对于高尚节操的向往，体现了人们对于高尚道德境界的追求。生产力的发展能够促进经济的进步，能够带来物质生活条件的变化，但是却不能够使人们的精神境界得到很大的提升。唯有从道德教育的层面抓起，教育人们牢固树立起忠诚的观念，才能形成全社会的普遍认同，起到教育民众、安定社会的作用。

### 2. 是形成伦理规范的良好品格之首

人与人之间的沟通交流首先应建立在彼此信任的基础之上，否则这段关系就不会有长久的发展。社会中存在着许多的道德伦理和行为规范，人们在这些要求的约束下，也逐渐形成了一整套为人处事的标准。《左传》曰："无私，忠也。"[①] 主张不为自己谋私利的忠公思想是忠的一大重要特征。这不仅是中国老百姓对君主的殷切希望，也是人际关系交往中的重要方法与原则。

忠德在形成之初就被纳入了人际关系的范畴，孔子始终把忠德作为一个十分重要的方面来强调，认为无论在什么时候都必须坚守忠的品质，以达到仁的境界。也正是在中华民族长久的传承中，忠德逐渐融入日常生活的方方面面，融入每一个国人的血液中。

忠德的精神是一种仁爱精神，所谓仁爱就是指一种宽容慈爱的感情。君主做到仁爱，广施仁政，能够更好地使民心顺服，社会安宁，使国家朝着有序的方向发展，同时仁爱也要求一视同仁、诚信不欺。商鞅任秦孝公之相，欲为新法。为取信于民，商鞅立三丈之木于国都市南门，招募百姓并允诺有

---

① 　左丘明.春秋左传[M].沈阳：辽宁教育出版社，1997：153.

能把此木搬到北门的，给予十金。百姓对这种做法感到奇怪，没有敢搬这块木头的。然后，商鞅又布告国人，能搬者给予五十金。有个大胆的人终于扛走了这块木头，商鞅马上就给了他五十金，以表明诚信不欺。这一立木取信的做法，终于使老百姓确信新法是可信的，从而使新法得以顺利推行实施。商鞅变法前的这一事例告诉我们，守信是帮助国家建立威信、促进国家改革实施的重要精神支柱。商鞅以诚信不欺的处事态度赢得百姓对他的信任，从而推动了变法的实施，新法实施后建立起的新的社会制度又推动了国家的进步发展。

传统的忠恕之道能够起到调和阶级矛盾的作用，如《河南程氏遗书》有言："事上之道莫若忠，待下之道莫若恕。"① 程颐将恕道作为君主待下之道，希望君主对臣民施以宽容和仁慈，君主宽下，百姓自然乐得其所，社会的稳定程度也会提高。② 这是从君主与民众的关系来看，但即使只是从人际交往的角度看，将心比心，用心待人的忠恕态度也可以在全社会营造出宽容理解、守望和谐的氛围，助力和谐社会的形成。

### （三）是调整个体言行、开展人际交往的行为准则

对于普通民众而言，正确伦理道德思想的树立能够帮助其不断提升道德修养，从而成为社会所赞扬的"君子"。"忠"德作为重要道德德目之一，在提升人的精神修养、增强人的精神力量，促进人的健康发展方面发挥着十分重要的作用。

### 1.是君子行为判断的指向标

长期以来，社会上形成了忠诚、忠信、忠孝、忠贞等良好的道德取向，"忠"与许多传统道德都能组成词语，也足以见得忠的重要性。朱熹解释说："人不忠信，则事皆无实，为恶则易，为善则难，故学者必以是为主焉。"③ 朱熹的这句话指明了忠在个人品德中的基础性地位。④ 忠信之人必定会取得丰厚的回报，这种回报首先体现在个人人格魅力的提升上。"善莫大于作忠，恶莫大于不忠。忠则福禄至焉，不忠则刑罚加焉。"人要始终保持内心的正

---

① 程颢，程颐.二程遗书 二程外书 [M].上海：上海古籍出版社，1992：58.
② 桑东辉.传统忠德及其当代价值辨析 [J].井冈山大学学报（社会科学版），2017，38（4）：41-47.
③ 朱熹.四书章句集注今译 [M]李申，译.北京：中华书局，2020：289.
④ 朱熹.四书章句集注 [M].北京：中华书局，1983：50.

直，对自己所言所行负责，从而培养高尚的道德节操，达到尽善尽美的高尚境界。行忠则会有好的回报，不忠就会遭到社会的唾骂和刑罚。"人之忠也，犹鱼之有渊。鱼失水则死，人失忠则凶。故良将守之，志立而名扬。"①诸葛亮在《兵要》中的这段话表明人具有了忠诚的品质，就好比鱼儿有了水，鱼离开水会死，人离开忠德会很危险，所以好的将领都保持这种良好的品质，因此名声也得以广为传扬。

理想信念是一个人不断进步的动力，也是指引人生方向的灯塔。人一旦拥有崇高的理想信念就可以拥有强大的行为自制力和精神动力。在中国古代，忠德是人们培育高尚气节、坚守理想信念的重要支柱。忠于高尚的理想信念，坚守高尚的个人气节，是君子一以贯之的行为准则。以忠德为支撑，君子才能够更加坚定地为捍卫、守护、实现自己的理想而努力，从而强化高尚气节和情操。以儒家先哲为例，孔子曾提出"朝闻道，夕死可矣"②，这是对于自身人生理想的追求，对追求真理的忠诚；孟子提出"富贵不能淫，贫贱不能移，威武不能屈"③，这是对个人品行的追求，对追求远大志向的忠诚。君子以忠作为行为判断的标准，体现的不仅仅是对家国的忠，更有对自身远大理想的忠，对亲朋好友相处的忠，对个人人格践行的忠。每一个爱国英雄人物的出现，都是受到忠思想影响的结果。中华文明上下五千年始终没有出现断层的原因，就在于人民始终坚守忠心爱国的理念，为民族兴盛而努力，为国家繁荣而奋斗。让忠诚成为行动的指南针时，心怀忠德的人们便会在国家危难之际挺身而出；在与人相处时始终忠于对方；在社会交往中坚守忠恕之道，为文明的生生不息、盛世的代代相传开路，为自己的行为找到最原始的出发点——忠。

忠也是儒家一以贯之的重要思想，而儒家思想在中国源远流长，在无数的文人墨客心中更是占有举足轻重的地位，因此对忠的追求始终存在于中国社会之中。儒家的追随者们更是以此作为自己安身立命、为人处事的不二法则。

## 2. 是君子待人接物的必需品

凡处理事情、对待他人，都能做到尽职尽责，这种品质就可以叫作忠。

---

① 诸葛亮.诸葛亮集（第2版）[M].北京：中华书局，2014：42.

② 杨伯峻，杨逢彬译注.论语译注[M].长沙：岳麓书社，2009：39.

③ 杨伯峻.孟子导读[M].北京：中国国际广播出版社，2008：126.

冯友兰在《新事论》中曾经指出："所谓忠者，有为人之意。"① 忠是一种表里如一的诚信，待人接物能做到遵从内心、善待他人，对待自己的承言讲诚信，不欺诈、隐瞒他人，是一种良好的品质。始终遵守对他人的忠、对国家的忠，是君子修身养性的基础。忠还有从一而终之意，做大事者，必定有所坚持，有其信念，不达目的誓不罢休，忠于自己的理想。这里的"忠"可看作一种对事业的坚持与执着。宋代"二程"认为"人皆可以至圣人"，普通人想要成为圣人须得加强自身的道德修养，而忠就是社会所认同的道德修养的重要组成部分。在中国，判断一个人好坏的重要依据就是其做人的品行，相比知识和能力，品行的好坏更能够体现人的整体素养。

忠诚是提高个人人格修养的重要精神支撑，包含了赤胆忠心和诚实守信的良好品质，是做人做事的根基所在。《礼记·聘义》记载："瑕不掩瑜、瑜不掩瑕，忠也。"② 孔子认为胸怀坦荡是忠诚，这也论证了"君子坦荡荡，小人常戚戚"的道理，孔子心中的忠德需襟怀旷阔，如此也是君子所具备的优良品性。忠信是一个人安身立命的根本，有着十分深刻的伦理价值，是与人相处中的一种道义要求，这种品质在一个人成长成才的过程中起着十分重要的作用，品格高尚之人更容易被社会所认可，在成长过程中遇到志同道合之士，达到自己的人生目标。元代的张养浩在其所著官箴书《牧民忠告》中，也明确提出"宁人负我，无我负人，此待己之道也。天下之善，不必己出，此待人之道也。能行斯二者，于道其庶几乎"③。这种忠诚待人的真诚品质在历朝历代都被奉为待人接物的高尚品德，成为融入君子血脉中的必需品，塑造了中华民族与人忠的良好气节。

忠德是人性中一种美好的品质。忠爱即尽心尽力为他人做事，心怀仁爱；忠正指为人处事时保持公正，能够做到大公无私；忠诚指诚以待人，发自内心的诚实不欺瞒，保持诚信的品质；忠敬指尊敬守礼，对人恭谨不懈怠。由上可以看出，"忠"字也包含着个人修身养性的方方面面，是君子必须具备的美德。忠德在传统美德中的范围含义十分广大，不仅仅是社会提倡的美好气节，更是个人追求人格完善的重要工具。从古至今，中华民族始终在赞颂这种高尚的精神，无数的先贤圣人们也始终坚守着忠的情怀。正是这种浩然正气培养出了中国历朝历代的民族英雄，他们把忠德作为自己的人生追求，时刻诠释着忠的美好含义。

① 冯友兰.新事论·原忠孝[M].三松堂全集[C].郑州：河南人民出版社，1986.

② 戴圣.礼记[M].陈澔注，金晓东，校点.上海：上海古籍出版社，2016：700.

③ 张养浩.三事忠告[M].北京：中华书局，1985：22.

### 三、传统"忠"德的当代价值分析

尽管忠的含义随着朝代的更替经历了不同的变化，但始终是中国社会所倡导和推崇的重要精神。摒弃带有历史局限性的愚忠思想，忠在当代仍然是一种重要的个体行为规范，有着深厚的现实意义。历史上的忠有着十分丰富的内涵，主要包括公忠和私忠两种，其中公忠有着深刻的当代价值，是实现中华民族伟大复兴中国梦的重要文化基石。对一个人来说，若没有精神指导，就会失去前进的方向，就如同大海上失去灯塔指引的一叶扁舟。在当代的社会公德教育中，大力弘扬"忠"德，有助于塑造公民高尚的品德修养，在社会上形成良好的道德风尚，培养公民对于国家的深厚感情。"忠"德既是中华民族传统美德，也是社会主义所弘扬的基本公德；既是古代圣贤所推崇的道德品质，也是当今社会的一种行为原则。

### （一）是核心价值观培育的重要文化养料

包含无数智慧与哲理的中华传统文化是中华民族发展壮大、繁荣昌盛的不竭动力源泉。在社会主义新时代，传统文化中经过数千年演变仍具有流传价值的内容也应融合到现代社会当中，进行有时代意义的转变，为核心价值观的培育与践行提供深层次的内涵，并不断发展成为社会主义新文化的精神养料。而忠德作为传统文化的重要组成部分，其伦理价值十分广泛，对于解决现代社会思想道德领域存在的诸多问题能够起到独一无二的作用。

#### 1."忠"德内含"忠于国家"的爱国情怀

"荀息曰：昔君问臣事君于我，我对以忠贞。君曰：'何谓也？'我对曰：'可以利公室，力有所能，无不为，忠也。'"[①] 荀息认为做一切对国家有利的事情，就叫作忠诚。《中国共产党章程》中关于党员义务第五条规定："维护党的团结和统一，对党忠诚老实，言行一致，坚决反对一切派别组织和小集团活动，反对阳奉阴违的两面派行为和一切阴谋诡计。"领导干部和广大党员要始终保持对国家的忠诚老实，要忠于国家，忠于中华民族伟大复兴的中国梦；忠于人民，忠于全心全意为人民服务的根本要求；忠于自己，忠于职业道德，做到爱岗敬业，克己奉公。然而忠于国家并非只是广大党员的事情，更是每一个中国人都应遵守的最基本的道德要求。始终保持赤胆忠

---

① 韦昭注. 国语集解[M]. 王树民，沈长云，点校. 北京：中华书局，2019：306.

心，绝不背叛国家，是每一个公民应尽的责任与义务。无私便是忠，社会主义事业取得蓬勃发展的今天，每一个国民都能做到对国无私奉献，就是一种忠诚。爱国的首要条件就是要履行自己的公民义务，明确个人与祖国之间的依附关系，要加强对本民族文化的认同感、归属感，要有为社会主义事业不懈努力的奋斗精神，要坚信人民有信仰，国家有力量，民族才有希望。千百年来形成的伟大爱国主义精神始终激励着中华儿女为祖国事业而努力奋斗。"爱国，是人世间最深层、最持久的情感，是一个人立德之源、立功之本。"①

相对于中国古代，现代意义上的忠主要是指爱国，在对待国家的问题上，不计较个人得失，看重国家整体利益，一心为国，是为忠。在新时代，也有许多的先进个人，他们的事迹始终激励着我们，他们的精神始终影响着我们。抗日战争中为国牺牲的烈士们始终怀着为国效力的愿望，他们的梦想便是有朝一日可以战胜侵略者，迎来祖国的强大，为此，即便粉身碎骨，也浑然不怕。

而在和平年代里，爱国仍然是人们心中始终激荡着的主旋律。2019年末新冠肺炎疫情来势汹汹，动员群众参与到国家的集体战疫行动中，是战胜新冠肺炎疫情十分重要且不可或缺的一环，新冠肺炎疫情的防控是一场人民战争，打赢这场战争离不开人民的支持。在这场没有硝烟的战争中，最主要的防线在基层，最主要的抗疫力量就是人民。在中国的防疫故事里，人民群众凝心聚力，许多人争做志愿者，努力把党的正确主张变为自觉行动，他们的共同心愿就是打好疫情阻击战。"最美逆行者"的身影诠释出新时代忠诚的内涵，他们用自己的战疫故事彰显着对祖国的热爱。在这场人民战争中，我们看到了每一个国民对祖国的爱，看到了他们用实际行动谱写出的忠诚之情。

2021年台风"烟花"来临前夕，河南郑州、新乡等部分地区发生严重洪涝灾害，这场暴雨牵动着亿万中国人民的心，各地的救援队紧急赶往河南，无数的人民为受灾地捐款捐物资。暴雨虽然凶猛，但敌不过众志成城。危机来临时，人民永远可以相信国家和政府；反过来，国家也永远可以相信自己的子民。

作为新时代的公民，更应珍惜来之不易的和平生活，要坚决捍卫国家利益，维护国家主权和领土安全，积极履行公民应尽的义务，为共产主义事业

---

① 习近平. 习近平在北京大学师生座谈会上的讲话 [N]. 人民日报，2018-05-03.

奋斗终生。现实生活中，当代的青少年要在马克思主义的指导下，树立远大的理想，始终坚定马克思主义信仰，坚持中国共产党的领导地位，始终坚定不移地爱党、信党、跟党走。与此同时，青少年作为新生的一代，要具有艰苦奋斗的精神，要始终保持着一种刻苦钻研、严谨求知的学习态度和与时俱进的创新理念，将理想信念融入实际，从而为国家的繁荣、社会的进步贡献出自己的力量。新一代的青年正在用实际行动证明着这一点：24岁的周承钰担任嫦娥五号探测器发射任务中的火箭连接器系统指挥员；23岁的广东援鄂医疗队护士朱海秀瞒着父母在疫情中"逆行"武汉；19岁的长安大学建筑工程学院学生徐卓力参与雷神山医院建设。青年们用自己的故事谱写了新时代爱国主义的新篇章。未来要由青年创造，掌握在青年手里，把爱国意识的培养作为最基础的教育工作，是促进青年成长成才的重要动力，也是推动国家高质量发展的现实根基。

## 2."忠"德内含"忠于工作"的敬业精神

忠于职业是一种从业人员在职业生活中必须遵守的行为规范，是一种恪尽职守的敬业精神。随着科学技术和经济水平的不断发展，社会中所存在的职业种类也在不断增多，职业类型出现复杂性和丰富性的趋势，再加上中国人口众多，流动量大，因此职业市场也呈现出更加复杂多变的景象。但职位对工作者的要求并没有降低，这就要求每一个工作者都应保持敬业精神，用忠诚的态度对待自己的工作，用高度的责任感去为社会创造价值。为官者要做到严于律己，清正廉明，起到表率作用，不能懈怠，守好做官的底线；从政者要克己奉公，公平公正，甘心做人民群众的公仆；经商者要遵纪守法，诚信经营，守住做事的底线，清白赚钱；广大劳动者更要对本职工作勤勤恳恳，善始善终，全身心地投入工作之中。忠于职业是一种认真踏实、恪尽职守的职业精神。要始终保持高昂的工作热情，积极的工作态度，干一行爱一行，对自己、对工作负责。勤劳刻苦始终是中华民族的传统美德，《说文解字》指出："忠，敬也。""敬"字同样有多重含义，其中一方面便是敬业，无论对待何种工作都能做到尽心尽力，做一件事就忠一件事，便是一种忠于职守的精神。宋代朱熹曾解释说："敬业者，专心致志以事其业也。"专心致志不仅是一种态度，更是一种美德。

国人早在很久之前就已经形成了忠于职守的道德观念，正如舜帝时代，刚刚结婚的大禹为治水"三过家门而不入"；三国时期诸葛亮不辞辛苦、兢兢业业，先后六出祁山，北伐曹魏；清朝雍正帝勤于政事，每天睡眠不足4

小时，在数万件奏折中写下的评语就达 1000 多万字。这些忠于职业的生动事例，不仅流传千古，而且为现代培养社会主义时代新人，大力弘扬时代精神，提供了强大的精神助力。2001 年 9 月，中共中央印发的《公民道德建设实施纲要》明确要求，"大力倡导以爱岗敬业、诚实守信、办事公道、服务群众、奉献社会为主要内容的职业道德"①。这同时也说明了在当代，敬业是全社会都应共同遵守的道德规范。

对于中国医生而言，敬业是守好自己作为医生的职责，拼尽全力救助每一个患者；对于中国军人而言，敬业是哪里有需要，哪里就有他们，与困难随行，与危险共舞，为守护好国家和人民的生命财产安全不怕牺牲；对于中国每一个普通民众来说，敬业就是守好自己的岗位，做到自己应尽的职责，认真负责地完成工作任务和要求。忠于职守表现为无私奉献，这一点在新时代的青年身上展现出巨大的能量：1998 年的吴康倩、1999 年的梁顺在抗疫一线写出了答案，2001 年的陈详榕、1996 年的肖思远在边疆用鲜血和生命写出了答案。当代的年轻人总是在最关键的时刻义无反顾地冲在最前线，用他们的故事谱写忠于职守的动人篇章。

3. "忠"德内含"忠于他人"的诚信品质

习近平总书记在十九大报告中提到，要把"忠诚、干净、担当"作为新时代干部的标准。中国共产党人的使命就是为中国人民谋幸福，为中华民族谋复兴。在这种使命支撑下，各级领导干部、党员同志要忠于人民，做到权为民所用、情为民所系、利为民所谋，努力让人民群众满意，忠于人民群众，勇于承担社会责任，只有这样社会主义事业才会蓬勃向前发展。习近平总书记在中国共产党第十八届中央纪委第二次全体会议上也提出："为政清廉才能取信于民，秉公用权才能赢得人心。"②为官之道在于忠诚，忠诚地为国家和人民做事；为人之道也在于忠诚，忠诚地对待他人，以真诚和用心作为维护人际关系的桥梁。

真诚待人是千百年来中华民族共同遵守的为人处事之道，个人在社会交往中要设身处地地为他人着想，将心比心，不可损人利己。个人不论是对待国家还是对待工作，都必须保持诚信的良好品质。忠德始终是人们内心坚守的信念，与人相处时要保持高尚的品质，诚以待人；对待工作要认真负责，

① 本书编写组 . 公民道德建设实施纲要学习读本 [M]. 北京：人民出版社，2001：18.
② 习近平 . 在第十八届中央纪委第二次全体会议上的讲话 [N]. 人民日报，2013-01-22（01）.

形成对企业的忠诚度，坚守职业道德；对待国家更须忠诚，不能肆意诋毁国家，要心怀爱国之情。

实际上个人层面的忠更多地表现在守信重诺方面。古代品格高尚之人一般都十分注重自己许下的诺言，对待事情一诺千金，如曾子杀猪示信、晋文公退兵得城等。社会给予忠信之人高度的认可，因此拥有忠德显得十分重要。

儒家伦理认为，忠是信之本，信之体，信是忠之用，将对人的诚心实意落实到实践中的具体行动。① 儒家的这一观点其实就是强调忠信诚实是一个人安身立命的根本所在。忠信不仅是历代的儒家子弟所坚守的品质，也与当代商品经济体制下市场交易中诚实守信原则是一致的。忠诚守信不仅是社会要求的最低道德底线，也是法律的要求之一。为商者要做到诚信经营，不然就会产生不诚信的经济社会现象，给消费者和社会带来严重的危害，也会让自己受到损失。2021 年夏河南暴雨洪涝灾害发生后，国产品牌鸿星尔克捐款 5000 万的消息为广大民众所热议，捐款的背后不仅仅体现了中华民族"一方有难、八方支援"的优良传统，更体现出鸿星尔克企业的爱国之心。捐款事件发生后不久，鸿星尔克各地门店挤满顾客，销售额激增。大家在为鸿星尔克"点赞"的同时也用实际行动表达着自身的感激。对于广大购买鸿星尔克的消费者来说，一开始的购买动力是为国产品牌助力点赞，但其后在大家疯狂抢购时，企业上下都在劝说消费者"理性购物"，而没有为了更高的销售额进行推销；同时消费者还发现该企业的产品物美价廉，由此更是引发了广大民众对该企业的好感。这一事件背后，是鸿星尔克对国家的爱国之忠、对消费者的诚信之忠。坚持诚信经营，是企业口碑不倒的有力支柱，也是促进企业发展、社会进步的无形资产。要将传统的忠信观转化为现代意义上的诚信精神，并将这种诚信精神融入每个人的学习、工作、生活中去，将现代社会以经济关系为主的人际交往转向以道义为主，在人际关系中增添更多的诚信因素，再加之社会主义法律的约束，让每个人、每个企业、每个岗位上的个体都能够走上诚信之路。当代社会始终在营造一种诚实忠信的氛围环境，社会主义核心价值观中个人层面包括"诚信"，共青团中央主办的"全国向上向善好青年"活动每年选出包括崇义友善的青年共 100 人，宁波市 2020 年开展的"寻找身边诚信宁波人"主题宣传活动等都旨在弘扬诚信的良好品质，旨在营造忠信的和谐氛围。

① 桑东辉.论中国传统忠德的历史演变 [D].哈尔滨：黑龙江大学，2015.

### 4.“忠”德内含“忠恕之道”的友善态度

《论语·里仁》记载：“曾子曰：‘夫子之道，忠恕而已矣。’”① 忠恕是一种做人和待人方法的统一：一方面要对他人忠，尽己为人；另一方面又要宽恕别人，推己及人。“夫仁者，己欲立而立人，己欲达而达人。能近取譬，可谓仁之方也。”②《礼记·中庸》说：“忠恕，违道不远，施诸己而不愿，亦勿施于人。”即要做到以己量人，以己度人。中国有句俗语：“打铁还需自身硬。”在忠于他人之前更重要的是要忠于自己。要求别人做好的事情是否自己率先做到了；自己内心的底线和原则是否能够认真地遵守；社会作为人与人交往的场所必然会存在着种种矛盾冲突，在面对这些矛盾时是否能够以公正客观的标准来对其进行评价和解决，凡此种种，都是对自己忠诚的表现。想要达成和谐的人际关系，需要做到“坦诚以待”，想要做到“坦诚以待”，就需要首先忠诚于己。为此，个体需要做到吃苦在先，甘于奉献，自觉抵御各种诱惑，同时加强对传统优秀道德文化的学习，以不断提升自己的修养境界，勤劳勇敢做事，清清白白做人，用实际行动去开创美好未来，建设和谐社会。

“人以事相谋，须是子细量度，善则令做，不善则勿令做，方是尽己。若胡乱应去，便是不忠。”③ 人是社会中的人，“但是，如果他不同别人发生关系，他就不能达到他的全部目的。因此，其他人便成为特殊的人达到目的的手段。但是特殊目的通过同他人的关系就取得了普遍性的形式，并且在满足他人福利的同时，满足自己”④。

忠恕之道一方面要求人要将心比心，在日常行为中多站在他人的角度思考问题，彼此相爱，由己推人，将“爱人”真正付诸实践。当看到他人犯下错误时，要及时提醒，好言相劝；当看到他人取得成就时，也要真诚祝贺，勉励自己。要始终坚持以平等的人格观来与人相处。忠恕之道作为儒家思想中一种基本的伦理道德准则，是公民加强自身道德修养的重要实践方法，在社会中为培养和践行社会主义核心价值观、加强精神文明建设和形成良好的社会风气提供了丰富的精神养料，它不仅适用于处理人际关系，而且对于处理国际关系也有着重大意义，中国在国际舞台上的所作所为，无不体现出忠

① 杨伯峻，杨逢彬译注.论语译注 [M].长沙：岳麓书社，2009：41.
② 杨伯峻，杨逢彬译注.论语译注 [M].长沙：岳麓书社，2009：73.
③ 朱熹.朱子语类 [M].武汉：崇文书局，2018：365.
④ 黑格尔.法哲学原理 [M].范扬，张企泰，译.北京：商务印书馆，1982：197.

恕的大国担当。

另一方面要坚持自律，坚持学习。要始终保持上进的心态，积极学习对己有益的事物，在成就自身的基础上，为社会、国家的发展做出贡献。孔子认为人是没有天生的知识的："我非生而知之者，好古，敏以求之者也。" 只有自身的勤奋、好学，才能增长见识、提升自我。做任何事都要有持之以恒的态度，一步一个脚印地去积累知识，在道德建设方面更是如此，道德主体的培育也是一个循序渐进的过程。

"忠恕之道"是一种普遍的社会价值观，有利于社会的和谐稳定与发展，对于社会主义现代化建设也有深远积极的影响。忠恕的其中一个含义就是宽宥，要始终对他人怀有宽宥之心，凡事多从他人的角度出发，做到"严于律己、宽以待人"，尊重他人的喜好与观点，当遇到看法不同之事时也要心怀尊重，不以自己的标准要求他人，只有这样才能同时获得他人的尊重，这一点在所有关系中都适用。

在社会发展中，忠恕之道同样重要。"穷则独善其身，达则兼济天下"，恪守忠恕的人要使自身有所成就，把自己的事情做好，进而为社会发展服务，使他人受惠。

### （二）是国家现代化建设的强大精神力量

忠德作为优秀传统文化的一种，不仅对于当代中国文化的繁荣进步具有重要的推动作用，而且在国家的现代化建设中也能够发挥独特的作用。道德的事是社会所普遍认可的，能够增进人民幸福感、促进社会进步的事。忠德作为从古流传至今的传统道德，其积极的、适应现代社会发展的部分是符合我国社会主义道德要求的，因此我国的发展进步离不开忠德。

### 1.有利于政治通达清明

当忠德发挥维护政治清明的作用时，实际上就属于一种政治性道德。社会中始终强调为政以德，纵观历史上那些能够名垂青史的官员，他们的共同特点就是对国忠诚，同时能做到清正廉洁。对于中国共产党来说，忠诚是保持党的先进性、纯洁性，做好党的各项事业的品质保证，领导干部要始终保持清醒的头脑，明确自己的职责就是为人民服务，认真履职，守住初心，守住底线，不为外界的诱惑所吸引，树立正确的价值观，要艰苦奋斗，牢记

---

① 杨伯峻，杨逢彬译注.论语译注 [M].长沙：岳麓书社，2009：81.

使命，做到忠于国家，忠于人民，构筑一个政治生态清明的精神家园。《论语·颜渊》记载子张问政。子曰："居之无倦，行之以忠。"① 身处官位也绝不能忘记自己的职责，对待工作必须全心全意。

对党忠诚是每一个党员对党所做出的铮铮誓言，也是他们在党的事业中要始终遵守的道德底线。"对党绝对忠诚要害在'绝对'两个字，就是唯一的、彻底的、无条件的、不掺任何杂质的、没有任何水分的忠诚。"② 党员干部要坚决维护党中央权威，坚持党中央集中统一领导，保持党的先进性，在任何时候都始终把人民群众的利益放在第一位，坚持"人民是历史的创造者"的唯物史观，从人民群众的实践中汲取力量，让忠德教育深入党的思想政治教育中，让每一个党员干部都自觉学习和践行忠德，使忠诚观念贯穿党的建设的始终。

从政为官者的本职工作就是为国家发展献计献策，为人民谋福祉。共产党员要忠于自己的信仰，坚定马克思主义信仰和中国特色社会主义信念，在思想层面杜绝贪污腐败的现象，同时对人民忠诚，要坚持人民的首创精神，始终以人民群众的利益为工作中心，从人民群众的实践中汲取智慧和力量，切实保障人民群众的各项权力，努力让人民过上满意的生活。"在官唯明，莅事唯平，立身唯清。"只有使广大官员、党员发自内心地忠于祖国，心无旁骛地做好本职工作，才能够增强党中央的凝聚力和向心力，构建一个朝气蓬勃的马克思主义政党和清廉的政治官场。③

2013 年 8 月，习近平总书记在辽宁考察时讲道："领导干部要把深入改进作风与加强党性修养结合起来，自觉讲诚信、懂规矩、守纪律，襟怀坦白、言行一致，心存敬畏、手握戒尺，对党忠诚老实，对群众忠诚老实，做到台上台下一种表现，任何时候、任何情况下都不越界、越轨。"④ 作为领导干部必须自觉遵守政治性道德，在其位，谋其职，始终坚持为人民服务的工作态度，严谨踏实地为人民办事，为国家办事。2017 年，习近平总书记在十九大报告中指出："全党同志特别是高级干部要加强党性锻炼，不断提高政治觉悟和政治能力，把对党忠诚、为党分忧、为党尽职、为民造福作为根

① 杨伯峻，杨逢彬译注.论语译注 [M].长沙：岳麓书社，2009：143.
② 中共中央文献研究室.十八大以来重要文献选编（中）[M].北京：中央文献出版社，2016：361.
③ 陈雪.论习近平对"忠"文化的时代新阐释 [J].西部学刊，2020（05）：19-21.
④ 跟习总书记学习"严于律己" [EB/OL]（2015-07-20）[2021-07-24]http://cpc.people.com.cn/xuexi/n/2015/0720/c385474-27329186.html.

本政治担当，永葆共产党人政治本色。"① 克己奉公、为官正直、清廉始终是中国共产党人的要求，无论处在什么样的历史时期，都必须保持这一优良作风不动摇，加强党内忠德教育，是恪守党员的先进性和纯洁性的重要途径。广大党员在入党时的宣誓绝不能仅仅流于表面，要真正做到誓词中的要求，为共产主义事业奋斗终身，也为了党和人民奋斗终身。

习近平总书记在"不忘初心、牢记使命"主题教育总结大会上的讲话中指出："马克思主义政党的先进性和纯洁性不是随着时间推移而自然保持下去的，共产党员的党性不是随着党龄增长和职务提升而自然提高的。初心不会自然保质保鲜，稍不注意就可能蒙尘褪色，久不滋养就会干涸枯萎，很容易走着走着就忘记了为什么要出发、要到哪里去，很容易走散了、走丢了。"共产党员、领导干部的初心实际上就来源于对祖国江山的热爱、对人民群众的热爱。"我们查处的那些腐败分子，之所以跌入违纪违法的陷阱，从根本上讲就是把初心和使命抛到九霄云外去了。不忘初心、牢记使命不是一阵子的事，而是一辈子的事，每个党员都要在思想政治上不断进行检视、剖析、反思，不断去杂质、除病毒、防污染。"② 要做到一辈子不忘初心、牢记使命，就需要各级领导干部和全体党员都发自内心地把爱国看作个人情感的一部分，把国家与个体看作休戚与共的命运共同体，不让忠诚流于表面。

### 2. 有利于社会凝聚和谐

中华民族自古就是文明大国，有着礼仪之邦的美誉。从古至今，中国在社会制度、综合国力以及国际地位方面都取得了重大进展，在此基础上，文明程度也有了很大的进步。忠德始终扎根在中华民族深厚的文化土壤之中，有着丰富的历史底蕴，能够为社会提供强大的精神动力。在当今，无论是社会主义核心价值观的弘扬还是和谐社会的建立，都离不开忠德实践。而忠德内涵的挖掘与整合，为我们大力发展社会主义先进文化提供了解决问题的钥匙。传统忠德的内涵十分丰富，但是其最原始、最基本的意义就在于对人对事要真诚，主体要有诚实不欺的品质，使其逐渐成为内化的道德修养。在当下，物质生活已然十分丰富，因此人们就更加注重精神层面的追求，也就是对真善美的一种热烈期盼。但社会中仍然存在着一种浮躁的风气。在这种

① 习近平 . 决胜全面建成小康社会 夺取新时代中国特色社会主义伟大胜利 [N]. 人民日报，2017-10-28（01）.

② 习近平 . 在"不忘初心、牢记使命"主题教育总结大会上的讲话 [J]. 求是，2020（13）：4-15.

情况下，忠德观念的树立有助于培养公民的社会责任感，同时也有助于促进政治清明，营造良好的官场风气。在职场中有助于营造和谐的工作氛围，增强员工满意度，提高工作效率；在官场中有助于营造清正廉洁的风气，培养一心为民的官员，增强政府为人民服务的本领；在社会中有助于营造良好的社会环境，加强人与人之间的信任与理解，促进各个阶层成员之间的和谐相处，构建社会主义和谐社会。

忠诚的缺失将会使经济社会陷入一种混乱的状态，社会成员之间会彼此缺乏信任，互相猜忌。商业交往中存在更多欺诈行为，但是随着法律法规的不断完善，丧失诚信的行为将受到法律的制裁。稳定的社会秩序将为经济的发展提供一个良好的外部环境，保证社会主义市场经济体制的健康成长。如果人人都能自觉践行忠德，社会中的道德失范现象将会大大减少。

在家庭生活中，忠诚也是一种必不可少的约束，家庭成员之间尤其是夫妻之间，要做到彼此忠诚。真诚待人是家庭得以延续和家庭成员得以幸福生活的基石，是维护家庭成员关系的重要枢纽。践行家庭美德，不仅有利于家庭的幸福美满，也有助于家庭成员的身心健康，帮助他们更好地融入社会，充满热情与激情地工作，从而为社会稳定助力。

在社会生活中，要忠于《中华人民共和国宪法》（简称《宪法》），全体公民要自觉做《宪法》的践行者，遵纪守法，始终对《宪法》保持敬畏之心，树立法治理念和法治思维，与一切违反《宪法》的行为和群体做斗争，为建设一个文明法治社会而努力。

随着物质条件的逐渐丰富，人们面临的诱惑更加复杂多样，身边始终充斥着各种各样的信息，鱼目混杂，道德建设也面临着更多挑战。道德进步与生产力的发展并不是一定呈正相关关系的，越是在科学技术日新月异、物质材料极大丰富的今天，越是要注重道德素养的提高，使道德品质随着物质的发展而发展，并使精神道德的进步引领社会的发展进步，才是当下应该关注的问题。中国能否顺利实现向文化强国方向的转型与国民素质和文化程度联系密切，忠于国的表现不止为国献身一种，为国家经济发展和科学技术的进步做出贡献同样是爱国的表现。国家危难之际不畏强暴抵御外辱，国家和平发展之时能够提升自我，创造出更多的高雅文学艺术作品和先进的生产力，为中华民族的文化、经济、政治繁荣做出努力。中国古代的四大发明是劳动人民为国家富强做出的突出贡献，"两弹一星"的成功研制也离不开无数爱国科学家们付出的精力和心血。对祖国的热爱，可以将人民的智慧转化为物质财富。广大科研工作者、文艺工作者、社会主义事业的建设者们更要心怀

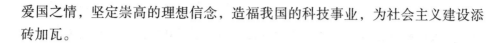

爱国之情，坚定崇高的理想信念，造福我国的科技事业，为社会主义建设添砖加瓦。

### 3. 有利于国家团结统一

忠是爱国主义的重要组成部分，也是极具当代价值的思想观念之一。在不少传统思想被批判、被遗弃、被视为洪水猛兽之时，忠仍然是不可随意丢弃的重要思想。这一方面是由于维护原有统治秩序需要这样"能保护君主利益"的思潮，另一方面也是因为"忠"特有的为社会所普遍接受认可的价值渊源。在当代，忠的含义有了新的阐释，即对于国家的忠诚，这种忠于国不再局限在原先忠君的狭隘界限里，而是真正从国家利益出发，以人民为中心，对作为人民利益保卫者的国家的忠诚。

近代以来，面对外国的侵略，心系祖国的仁人志士们以天下为己任，太平天国抗击外国侵略，维新变法努力学器物，辛亥革命结束了君主专制制度。面对内忧外患，他们挺身而出，以坚定的理想信念打破了帝国主义侵略中国的幻想，用实际行动推翻了清王朝的统治。在抗日战争中，中国军民英勇无畏，为争取民族独立抛头颅洒热血，最终取得了抗日战争的伟大胜利。如果没有举国上下的团结一致，没有广大人民忠于祖国的爱国之情，国家就不会有如今的和平盛世。

民族团结是永恒的主题，也是社会主义建设不断取得成就的基本保证。中国多民族的文化背景决定了只有各民族团结起来，把劲往一处使，把力量拧成一股绳，才能实现共同发展。当前中国的发展局势总体稳定，但仍不能忽视黑暗势力对我国和平发展所造成的阻碍，2019 年年中频发的香港暴力事件中，部分人员非法集结，暴力袭警甚至伤害无辜民众，种种行为实际就是对《宪法》的无视，对国家的不忠，这些人没有认识到身为国家成员所应遵守的基本要求：忠于祖国。只有对国忠诚，加强忠德教育，践行法治原则，才能减少此类行为的发生。为此，必须增强各民族、各地区人民的责任感和使命感，让全体人民团结起来，自觉维护民族团结和祖国统一，消除分裂势力破坏领土和主权完整的可能。

在中华民族面临危难的紧要关头，促使全体人民团结起来一致对抗外国侵略者，勇敢保家卫国的动力正是伟大的爱国精神。为了保卫国家，换取后世的和平安宁，革命先辈们甘愿付出自己的生命，这便是对祖国、对人民最大的忠诚。在当代，生于和平年代的我们应珍惜当下的幸福生活，在完成第一大历史任务，即民族独立、人民解放实现的情况下，为国家富强、人民富裕，为中华民族的繁荣复兴做出努力。人民的拥护是一个政党得以维系和发展壮大的根本，政权的合法性来自人民的认同感和归属感，只有人民对国家保持百分百的忠诚与信任，国家才能够在成员的支持下发展壮大。古往今来，朝代更迭的原因归根结底无不是人民对国家失去了信任，认为国家不再是值得效忠的。"水能载舟亦能覆舟"，要看到民众载舟的部分，永葆人民对国家的忠诚，这便是国家保持安定团结的重要基础。通过对"忠"的爱国内涵的诠释，来号召人们坚持国家利益先于个人利益的原则，能够促使56个民族更为团结，形成强大的向心力和凝聚力，使全体人民为促进国家的统一团结做出贡献。

当前我国发展处于新的重大历史转折时期，和平与发展仍然是当今世界的主题，但国际社会暗潮汹涌，一些极端主义、恐怖主义分子接连制造事端，挑起对立与冲突，严重危害了中国与世界的和平发展，危害了广大民众的生命和财产安全，为此须大力弘扬忠德，培养公民的爱国之情，增强中华民族的凝聚力和向心力，将全国人民动员起来，团结一致，为祖国的和平发展和长治久安做出努力。

### （三）是个体正能量形成的深刻伦理根基

忠德最小的实施单位应是个体，个体做到忠于己、忠于人、忠于国，不仅是社会的要求、国家的期望，也应该是自身最起码的要求之一。首先，在思想上，个人须具有辨明是非的正确态度，让自己的思想与社会主义核心价值观相符，自觉抵御腐朽文化的侵蚀；其次，在行动上，忠德并非只是简单的口号宣传，而应该有所作为，在日常的工作和生活中让忠德观融入自己的一言一行中。

#### 1.有利于公民继承爱国传统

在当代，忠德的核心就是爱国，忠德能够激发起人们的政治热枕，激发起人们的爱国情怀和勇敢献身的大无畏品质，忠德教育带给人们的高尚无私情操也能够助力崭新的公民形象的树立。如果不能让人们发自内心地形成对国家的热爱，那么就不能建立起一个独立、强大的国家。人们对自己国家的热爱，源自对自己生长的土地、对家乡一草一木、对亲邻的爱。对故乡的深厚感情最终发展成为爱国、报国之情。心系祖国是一种强大的精神力量，可以让人们不论身处何地都始终保持对故乡、对国家的眷恋之情。钱学森不顾美国千方百计的阻挠，毅然回国效力，在"一穷二白"的土地上开创中国的火箭、导弹事业；谢晋元与800壮士死守苏州河畔的四行仓库，掩护50万名中国军队撤退，上海保卫战一役，彻底粉碎了日本"三月亡华"的迷梦；中国近代民主革命先驱于右任临终前有诗《望大陆》云："葬我于高山之上兮，望我故乡；故乡不可见兮，永不能忘。葬我于高山之上兮，望我大陆；大陆不可见兮，只有痛哭。天苍苍，野茫茫；山之上，国有殇！"这些我国历史上伟大人物的事迹无不饱含着对中华民族的热爱，他们用实际行动诠释着爱国的含义，同时他们的行为也激励着一代又一代的中华儿女继承伟大爱国精神。

随着封建王权的覆灭，人们也逐渐脱离传统忠君思想的束缚。如今国际局势变幻莫测，各种敌对势力和黑恶势力层出不穷，想要减轻这些负面影响，就需要加强人民对国家的忠诚。忠德文化有利于增强人民对国家、民族的认同感，让人民更加真切地感受到自己是祖国的一份子，在关键时刻能够以一颗赤子之心去报效祖国、为国争光，积极投入社会主义现代化建设中来，大力践行爱国实践。

古人所强调的忠于社稷可以看作今天爱国主义的源泉，对于江山社稷的爱戴拥护实际上就是对民族国家的认同归属。《宪法》第52条规定："中华人民共和国公民有维护国家统一和全国各民族团结的义务。"这是我国《宪法》对公民要求的首要义务；第54条规定："中华人民共和国公民有维护祖国的安全、荣誉和利益的义务，不得有危害祖国的安全、荣誉和利益的行为。"第55条规定："保卫祖国、抵抗侵略是中华人民共和国每一个公民的神圣职责。依照法律服兵役和参加民兵组织是中华人民共和国公民的光荣义务。"公民的爱国情怀不仅仅是一种情感，更是法律所规定的每个公民应尽的责任和义务。

爱国不是一句空口号，爱国是一种责任、是一种担当，是对职业的热爱，是对祖国的坚定选择。在当代，忠国主要是指人民对国家的忠诚、对中国共产党的热爱、对社会主义事业的积极参与。通过对古往今来忠德演变及其内涵的学习，广大人民群众在掌握知识的同时也增强了对忠的深刻认识，自觉维护国家统一、民族团结；同时为自身的道德素质提高、为人处事能力的加强提供有益的帮助。中国的辉煌和发展壮大离不开每一个中国人的努力，反过来中国所取得的成就又不断激励着每一个中华儿女奋勇争先，让自己的爱国热血沸腾在实现中华民族伟大复兴的路上。

2. 有利于公民形成健全人格

忠是一种个人对自我的品德要求，是个体对于自我价值的一种肯定。社会成员应当以社会中公认的道德品行约束自己，自觉遵守进步的道德伦理，做到严于律己，宽以待人，这对于个人的修身养性、成长成才都具有重大的帮助。在与人交往中坚持"言忠信"的要求，以诚待人，自觉遵守社会的行为规范，只有社会成员彼此之间形成一种和谐融洽的关系，人们才能保持良好的心境，社会才会朝着健康的方向发展。现实生活中社会关系多种多样，包含亲人关系、朋友关系、恋人关系、师生关系、上下级关系、雇佣关系等，不论身处哪种关系中，都应始终以忠德的品质对待他人，凡事多从对方的角度出发，以礼相待，这样有利于公民在良好的氛围中成长，形成健全的人格。思想方向的正确与否决定着人生的大方向，让人民坚持以品德高尚之人为榜样模范，有助于发挥道德在个人成长中的精神引领作用。忠信是一种诚信无欺的品质，对于当代的公民来说，做到诚实守信至关重要，它不但是工作中严谨负责的表现，也是与同事、合作伙伴构建良好关系的基础；不仅是人际交往中不可缺少的一环，也是形成和睦家庭氛围的帮手。

一诺千金是美德，也是每一个人在成长过程中必须要学会的道理，无论是对自己熟悉的人还是对陌生人，都要做到言行一致，不能当面一套背地一套。要将仁爱善良的品质内化为自己的修养，以忠诚要求自己，把忠作为为人处事的指向标，从而健全自身的人格，提升人格魅力，打造和谐家庭氛围，形成良好的工作环境。

孟子曾经指出："教人以善谓之忠。"①忠德和向善在某种程度上有着相似的内涵，善良是一种纯真温厚、纯洁和善的美德，是符合人性发展要求的，忠德亦是一种社会所提倡、发扬的高贵品质。我们所提倡建立并不断努力建设的社会主义社会，归根结底就是一个善良的社会，中华民族灿烂文化之所以能够在世界舞台上不断发扬光大，就是因为其进步性和文明性。身处在这个社会中，公民自觉践行忠德，其实就是对善良的践行，对人类社会美好发展目标做出的努力。忠德的这一方面内涵，能够更好地助人向善，唤起人们的向善之心，从而为公民形成健全人格、不断提升自身素养做出一定的贡献。当人们真正理解忠德的含义并自觉践行时，就能够产生一种神圣感和使命感，并为此目标的实现而尽心尽力。忠德作为一种强大的精神力量，一旦

① 杨伯峻.孟子导读[M].北京：中国国际广播出版社，2008：119.

形成，便会为人们的思想和行为提供长期的指导，为健全公民人格提供长久的支撑。

### 3. 有利于公民培养敬业精神

改革开放以来，我国经济社会取得巨大成绩，但是也出现了许多的道德失范现象，如之前"毒奶粉""瘦肉精""地沟油"等问题的出现，不仅使企业信誉大为降低，减少了企业收益，也使社会处于不和谐、不稳定的状态中，人与人之间的信任度降低，更为严重的是触犯了法律底线，给消费者的身心健康都造成了不利的影响。这些现象的出现，主要就是因为公民的忠德教育缺失。忠德的缺失会使人丧失基本的责任心和诚信，也会使人们的职业道德严重缺失，给社会造成极其恶劣的影响，不仅如此，商业交往中诚信的缺失会阻碍经济进一步向前发展的脚步。忠德能够使人民不断增强社会责任感和敬业精神，坚持在自己的岗位上发光发热，做到对本职工作负责，不断发展进步。如今中国社会中所涌现出来的英雄不再全是流血牺牲的战士，古有诸葛亮"鞠躬尽瘁死而后已"的忠心，今也有不少尽职尽责、忠于事业的时代楷模。2019 年"感动中国"十大人物中的樊锦诗，把大半辈子的光阴都献给了敦煌石窟的研究，视敦煌石窟的安危如生命；中国著名病毒学专家顾方舟，临危受命研制脊髓灰质炎疫苗，不仅举家搬迁到大山深处的科研所，还以身试药；硕士毕业后回乡工作的黄文秀，工作期间帮助 88 户贫困户脱贫，将生命献给了工作；等等。这些时代楷模身上无一不体现着对工作的认真负责，体现着自身的责任担当。即使在最普通最平凡的工作岗位上，只要为社会发展尽一份力，就能彰显出自己的人生价值。忠于事业在当今社会中有着强大的生命力，也是每一个公民都必须具备的品质之一。

工匠精神，是一种职业精神，它是职业道德、职业能力、职业品质的体现，是从业者的一种职业价值取向和行为表现。忠德能够塑造工匠精神，工作中做到熟能生巧，对所做事业从一而终，生出敬畏与热爱，由忠而敬、而勤、而熟、而巧、而精的全过程，实际上也就是工匠精神形成的过程。[①] 目前生产领域发生了日新月异的变化，随着人工智能、大数据等的出现，传统的手工业生产已经逐渐被取代，但在历史长河中流传下来的工匠精神与劳模精神等优良品质却始终值得弘扬。

①　桑东辉 . 忠于职守与新时代职业道德建设——基于对传统忠德的创造性转化与创新性发展 [J]. 武陵学刊，2020，45（4）：20-30.

忠于职业要求对自己的工作保持高度的社会责任感和使命感。敬业精神的弘扬可以使生产者提供高质量的产品，销售者提供宣传与售卖相一致的商品，服务者提供高质量的服务，为官者保持清廉正直，执法者贯彻法治精神，使身处每一个岗位上的人都能做到认认真真履职。爱岗敬业体现在即使身处普通岗位，也能做好自己的本职工作，持续发光发热。忠于理想信念、忠于职业的精神有助于公民在艰苦奋斗中实现人生的理想，成就人生伟业。忠于职守作为忠德的其中一种内涵，不仅是一种道德操守，也是个人对理想、对真理的坚持与追求。坚持不懈地为理想奋斗，是古今中外一切仁人志士都具有的高尚品格。

### 四、"忠"德的实践现状分析

在中国的某些特定时期，特别是在"文化大革命"时期，由于阶级意识在文化层面占据主导地位，因此对于忠德的研究也陷入了一种狭隘的、带有局限性的境地，即简单地把忠等同于愚忠，认为历史上的忠就仅仅是对君主的忠诚，是一种小忠，对忠的发展演变与历史作用持一种全盘否定的态度。正像欧阳辉纯所说："在中国，一些学者对儒家文化的批判更多来自想当然的假设，或者来自一些带有成见学者的介绍，而没能够自己真正深入经典，认真地看看儒家的《四书》究竟讲了些什么，这是令人遗憾的。一些学者对忠德的认识也是如此，认为儒家忠德只是为维护封建统治制度服务的，是过时的东西，在当代没有多大价值。这种看法其实是没有真正理解儒家忠德的价值。儒家忠德和其他文化价值一样，参与了现代化的进程，它也是现代文化的重要组成部分。"①

随着"文化大革命"的结束与改革开放的不断深化，文化领域也逐渐摆脱"以阶级斗争为纲"的错误倾向，开始逐渐繁荣发展起来。自党的十一届三中全会"拨乱反正"以来，随着改革开放的顺利进行，我国发展形势有了新变化，综合国力显著增强，但与此同时社会思潮也呈现出多样化的态势，对人民群众的思想产生了新的不利影响。为加强社会主义文化建设，党和政府也不断做出努力：1979年，邓小平提出要培养"有理想、有道德、有文化、有纪律"的"四有"青年；1981年，中国共青团又在中国共产党的领导下积极开展"五讲四美三热爱"活动；1988年，中共中央做出了《关于改革和加强中小学德育工作的通知》，指出"要把爱国主义教育同热爱中国共产党、热爱社会主义的

---

① 欧阳辉纯.传统儒家忠德思想研究[M].北京：人民出版社，2017：248.

教育联系起来"①。党的十八大以来，学术界围绕社会主义核心价值观的意义、内涵、内在逻辑、具体范畴等展开了深入研究，对社会主义核心价值观与传统文化、传统道德的关系也进行了专题研讨。②

在社会主义市场经济体制确立阶段，我国大力推进爱国主义教育，国家有关部门颁布了一系列关于加强爱国主义教育的文件，包括《关于充分运用文物进行爱国主义和革命传统教育的通知》《关于运用优秀影视片在全国中小学开展爱国主义教育的通知》《爱国主义教育实施纲要》等，从制度的角度加强爱国主义教育，培养公民的忠诚度和责任感。

以毛泽东为代表的几代中国共产党人结合中国不同阶段的新形式，将马克思主义运用到传统道德伦理观念之中，提出全心全意为人民服务的忠民思想，并不断加以完善和发展：邓小平提出"三个有利于"的评价标准，江泽民提出"三个代表"的重要思想，胡锦涛主张"以人为本"的科学发展观，习近平提出"以民为本"的执政新理念。这些都是中国共产党赋予忠德的新的时代内涵，也为忠德在新时期的发展提供了新的发展路径。改革开放以来，对传统忠德在当代的继承实践总体顺应了时代发展要求，但与此同时，也出现了许多新问题。市场经济的发展一方面解放了人们的思想，迎来了传统文化发展的又一春；一方面也出现新的矛盾现象，如现代社会各类价值观交锋激烈、过度追求商业价值导致利益熏心、忠德教育有待加强等。除此之外，忠德作为历史的产物，曾受到不同朝代不同观念的影响，在有其自身价值的同时也必然会存在一些糟粕的成分，其中尤以绝对的忠君观念最甚；加之忠德在历史上曾被单一地看作"忠君"从而将之等同于"愚忠"，也使得人们对忠德存在片面的理解。这种脱离具体历史实际的片面理解不利于对传统道德采取一种正确态度，无疑于现代社会道德实践无益。当然持这一极端片面观点者现已不多见，传统忠德如今更多是面临现实时势变化与价值选择多元化所带来的问题与挑战。

**（一）忠心爱国仍为政治美德普受推崇，但面临全球化时代新的挑战**

公忠爱国是中华民族爱国传统中的核心内容，爱国是永恒的主题，中华民族根植最深、影响最大的精神品质，始终是爱国情怀。2012年6月，G20

①　许启贤.中国共产党思想政治教育史[M].北京：中国人民大学出版社，2004：346.
②　杨义芹.十八大以来关于社会主义核心价值观的研究述要[J].理论与现代化，2013（4）：5-11.

峰会在墨西哥洛斯卡沃斯进行，在当天进行的 G20 峰会合影中，各领导人的位置都用脚下国旗来标示。拍照后，各国领导人散去，脚下的国旗被踩来踩去，而中国时任国家主席的胡锦涛则弯腰把中国的这面国旗贴纸捡起，细心收了起来。这一行为给国人带来了满怀的感动，也体现了胡锦涛对国家的热爱之情。无论职位和地位高低，每一个中国人都应发自内心地热爱自己脚下的土地，这对于普通群众来说，是一种社会道德，对于领导干部来说，更是一种政治美德。在当代，爱国作为社会主义核心价值观的重要组成部分，理应继续发挥其培育公民良好道德素养、促进社会风气和谐向上、维护国家统一团结的重要作用，但却因全球化时代的到来而面临着新的挑战。

习近平总书记于 2021 年 1 月在十九届中央纪委五次全会上的讲话指出："各级领导干部特别是主要负责同志必须切实担负起管党治党政治责任，始终保持'赶考'的清醒，保持对'腐蚀''围猎'的警觉，把严的主基调长期坚持下去，以系统施治、标本兼治的理念正风肃纪反腐，不断增强党自我净化、自我完善、自我革新、自我提高能力，跳出治乱兴衰的历史周期率，引领和保障中国特色社会主义巍巍巨轮行稳致远。"① 习近平总书记的话实际上就是在告诫全体党员和领导干部增强拒腐防变的能力，保持忠心爱国的政治美德，时时刻刻反省自己改正自己，只有当把祖国和人民真正放在心上的时候，面对诱惑时才能够做到不为所动，做工作时才会一心为公。

随着全球化时代的到来，各国之间的交往日密，联系不断加强，世界越来越成为一个真正的整体，除了经济方面外，政治、文化、社会、生态等方面的全球联系也在加强，诸多问题随之逐渐显露。对于本民族文化来说，全球化会使得本土文化的内涵与自我更新能力逐渐模糊。在精神文化层面，各国之间的互通更加频繁，加之互联网技术的官方应用，文化、道德方面都呈现出越来越多元化的趋势，但是显然文化的数量与质量并不一定呈现正相关的关系。各类形形色色的意识形态开始大量涌入我国的文化市场，多元化的价值观也对我国国民的思想产生了前所未有的冲击。

与此同时，全球化在促进文化交流的同时还存在着另一不良影响，即把世界上的一切文化以各种方式融合到一起，虽然一定程度上能够加强不同文化的理解和沟通，但另一方面也不可避免地会导致文化的趋同，甚至某些国家还会采取"文化侵略"的策略，通过输出文化产品等方式侵蚀别国文化，

---

① 本报评论员.充分发挥全面从严治党引领保障作用——论学习贯彻习近平总书记十九届中央纪委五次全会重要讲话精神[N].人民日报，2021-01-26（01）.

倡导和鼓吹本民族的价值观念，企图在文化道德方面也取得霸权。

在新冠肺炎疫情蔓延之际，在西方所谓自由、民主思想与个人主义价值观的影响下，许多西方人仍坚持不戴口罩、拒绝待在家中隔离，以此来维护自身的自由权力，这类事件屡见不鲜。与此同时，我国也有部分受到个人主义价值观影响的国人散布危害党和国家形象、抨击我国社会制度的言论，更有甚者在疫情十分严重之时不顾他人的生命安全和社会的稳定秩序，违背疫情期间的社区管理，谎报瞒报个人信息等，给社会和国家带来了更大的麻烦。这些现象的出现是西方意识形态逐渐渗透的表现之一，想要抵御这种文化的侵蚀，就必须加强公民的爱国主义教育，让公民得以更加自觉地拥护党的领导，拥护国家制度，成为社会主义中国的合格一员。

### （二）忠于职守仍为社会职业精神要求，但深受市场中逐利法则侵淫

自20世纪70年代改革开放以来，广大人民积极投身社会主义经济建设的伟大实践，我国经济社会建设取得重大成就。新形式下，随着全球化、市场化的进一步发展，各国竞争加剧，思想文化领域的交流也日益丰富。这就使得西方的利益至上、市场功利的思潮流入我国，并且随着经济的发展其影响力也不断扩大。

资本的本质是追求更多的经济利益，经济利益至上的原则使部分人利欲熏心，在商业竞争中使用不正当竞争手段，制造假冒伪劣产品，盗窃他人的劳动果实，侵犯他人劳动权益，使得不诚信的行为出现，良好的竞争秩序被打乱。忠德中诚实守信的含义发展到今天，在社会主义市场经济中，就表现为契约精神。市场交易中，需要建立一种等价交换的平等、自由主客体关系，在买卖双方都自愿的基础上进行交换，达成契约。而当前商品经济发展中不平等、不公正现象的大量出现，就说明了忠德的缺失。

除此之外，西方所宣扬的新自由主义也成为市场交易中各种不诚信现象出现的原因。新自由主义强调在全球范围内彻底贯彻以自由化、私有化、市场化为核心特征的战略原则，反对国家对国内经济的过多干预，主张维护自由竞争，主张私有化。两极世界理论分析指出，对于西方发达资本主义国家而言，新自由主义的实质是用就业性福利替代消费性福利；对于发展中国家而言，新自由主义的推广则是用消费性福利替代就业性福利。[①] 这种新自由

---

① 　黄凤琳.两极世界理论[M].北京：中央编译出版社，2014：168-169.

主义思潮的泛滥，不可避免地导致了社会矛盾激化等社会问题。加之得到一些逐渐壮大起来的外资和部分私人资本的支持，新自由主义被奉为经济发展的灵丹妙药，侵蚀了部分青年的思想，也导致了我国市场中出现了一些混乱现象。[①]当前我国经济社会的发展和综合国力的提升取得了举世瞩目的成就，人们的物质生活和精神文化生活水平得到了显著提升，然而在享乐主义和功利化思想的多重冲击之下，部分人的精神文化领域也开始出现消极现象，如理想信念的缺失、精神的焦虑等。这些不良现象所导致的后果便是对传统美德的漠视，有些人只顾眼前利益，忽视了传统"忠"德学习的重要性，也就失去了精神上的灯塔指引。

忠诚是敬业的前提和基础，只有主动地忠于职业才能称之为敬业。党政军民学、工农商学兵，各行各业都有各自应尽的职责和义务，都要把忠诚作为自身职业操守的第一步。许多身处工作岗位的人认为只要自己付出劳动，得到报酬，就是一种等价交换，因而没有真心实意地去做自己的工作，实际上这种想法与我们所倡导的社会主义市场经济要求不相符合，做好份内的事情应该是社会对人最为基本的道德要求，个人要在尽职尽责的基础上用爱心和专心去对待工作，这才是劳动的价值所在，也才是忠于工作的意义所在。所谓工匠精神，顾名思义，就是工者匠人尽心尽力付出，以打造精品力作的一种坚韧执着精神。所谓独具匠心、匠心独运，突出强调的都是匠人之"心"。这个"心"其实就是"内尽其心""尽心曰忠"的"忠心"，唯有这样，才能熟能生巧，精益求精。[②]市场经济的原则就是公平竞争，自愿交易，在我国大力发展社会主义市场经济的今天，各企业、个人要在充分遵守这一原则的基础上生产出为社会、为消费者所需要的产品，尽到自己在社会中应该履行的义务，同时企业还要大力发扬以忠信为主题的企业文化，让员工在工作中自觉接受忠德文化的熏陶，让企业在忠德中一步步地发展壮大。

在青年中存在着一种现象，即"考证热""考级热"，这类现象的出现归结起来其实就是为了找到一份好工作。这种现象一方面反映了学生群体在寻找工作中的积极主动性，另一方面也说明了部分学生在职业价值观上存在着功利主义倾向。缺乏对职业的实际认同感就会导致部分青年抱有逃避心理，逐渐不愿意付出努力而选择舒适安逸的生活。想要追寻更加安逸舒适的生活无可厚非，但是幸福生活需要每个人付诸努力，青年应该在工作学习中找到人生

---

① 赵文铎.新形势下中国青年政治忠诚教育研究 [D].西安：西北工业大学，2017.

② 桑东辉.忠于职守与新时代职业道德建设——基于对传统忠德的创造性转化与创新性发展 [J].武陵学刊，2020，45（4）：20-30.

的价值和意义所在，在工作中体会乐趣所在，热爱工作，忠于工作，用自己对工作的热情与责任心去尽到自己的责任和义务，而不是单纯地从功利角度出发。因此要大力弘扬敬业精神，让公民在职业的选择中能够更好地遵从内心、在工作中加强职业操守，减轻功利感，只有这样才能逐步为实现共产主义发挥作用。

### （三）忠恕之道仍为基本为人处世之道，但遭遇不良价值观逐步腐蚀

经济全球化的影响十分广泛，不仅表现为生产、贸易领域的全球性，也表现为思想文化方面的全球性扩散。在这种背景下，西方的思想与价值得以不断涌入，对人们的灵魂进行着深入冲击。当代青年是思想文化传播的重要人群，他们具有敏锐的洞察力和强大的接受能力，对待新事物充满热情与新鲜感，但这也使广大青年成为西方进行文化传播与渗透的重要群体。他们自小受到国外宣扬私利、倡导个人价值、宣扬资本至上的影视作品、音乐以及名人的影响，并且网络的发展使西方文化的渗透更加便捷，特别是一些关于历史虚无主义、西方人权说以及西方普世价值观等对我国传统文化不利的西方思潮正在通过多种途径，在"文化交流"外衣的掩饰下，被传输到校园、家庭、社会中，从而使得一部分三观尚未完全形成的青少年深受其影响，阻碍了中国传统优秀文化在当代的弘扬，也成为广大青年团体思想进步的障碍。

此外，部分西方国家篡改教科书，借着"反思历史"的名义去扭曲、歪曲历史，严重抹黑中国共产党，是对历史不负责任的表现，对于处在成长发育关键时期的青年而言具有很大的迷惑性与欺骗性。这种违背基本史实的错误做法，不符合马克思主义所要求的历史唯物主义价值观，对于传统道德的弘扬有着极大的危害性，不仅会使人们接受到历史虚无主义的洗礼，也会使人们失去和谐的精神家园。

西方社会所极力鼓吹的普世价值观不过是为发展资本主义而做出的骗局，在抗击新冠肺炎疫情的过程中出现的种种暴力活动与社会物资资源的不均衡供给、老弱病残得不到救治的情况中更加清晰地表现了出来。美国学者福山曾提出"历史终结论"的观点，认为资本主义是最终的社会形态，竭力歪曲我国社会主义事业发展的正确性，大肆对中国改革开放进行污蔑，实质上是想要用西方资本主义思潮来麻痹群众，企图培养盲目崇拜的青年，削弱当代青年对传统文化、对社会主义事业的认同感与归属感。

"西方国家实施文化渗透，主要通过精英文化、主导文化和大众文化三

个途径展开，其中，大众文化途径是最有效力，也是阻力最小的途径。"[1] 青年一代是具有显著特点的一代，他们充满活力、勇于尝试新鲜事物，是新思想的热烈追求者。也正是青年的这一特征，使西方国家把青年作为灌输其文化价值观的主要对象；企图通过文化的渗透来影响我国的意识形态，最终达到在文化上征服我国的目的。西方国家所宣传的思想主要包括普世价值观、新自由主义思潮、历史虚无主义、民主社会主义、资本至上论等，这些思想归根结底都属于资本主义的意识形态。当这类思想披上所谓"文化交流"的外衣，通过各种方式渗透到高校中、渗透到中国社会中时，青少年的信仰和观点难免会被同化，这些具有欺骗性、诱惑性的观点会使广大青年的精神价值观逐渐扭曲、发生偏移，从而不利于本民族文化的传播与发扬。

在西方思潮蠢蠢欲动的形式下，中国的文化建设面临着更大的挑战，如何推动传统文化的现代弘扬，如何减轻西方资本主义思潮的影响，增强全民的文化自信与文化自觉，推动我国日益成为文化强国，是一个值得重视的时代命题。

**（四）真诚待人仍为人际交往不二法则，但具体实践过程中有待加强**

"真诚"一词意为真心实意、坦诚相待以从心底感动他人而最终获得他人的信任。《汉武帝内传》中提道："至念道臻，寂感真诚。"[2] 对待他人时做到真挚无算计，便可在自己内心获得满足和美好。从古至今真诚一直是社会所强调的待人接物之道。真诚待人在每一种人际关系中都适用，亲情、友情、爱情、邻里情、同学情等，无论身处何种关系中，真诚都是帮助彼此加强联系、增进感情的不二法则。提到忠诚对待他人时首先最容易想到的就是夫妻关系，但在当今社会中夫妻之间面临着更多的问题。粗离婚率指某地区当年离婚对数占该地区年平均人口的比重。计算公式为：粗离婚率 = 当年离婚对数 / 年平均人口数 ×1000‰。2019 年我国的粗离婚率达到 3.36‰[3]，且近些年来该数据呈现不断增高的趋势。离婚率增高一方面说明现代社会人们对于家庭民主化和家庭幸福的追求在不断增长，另一方面也与人们的观念变化有关。

---

① 金民卿.西方文化渗透的程式与路径[J].马克思主义研究，2008（8）：105-110.

② 班固.汉武帝内传[M].北京：中华书局，1985：28.

③ 国家数据[EB/OL](2020-07-06)[2021-08-03]https://data.stats.gov.cn/easyquery. htm?cn=C01&zb=AOPOC&sj=2019.

忠诚在人际交往中出现的种种缺失意味着忠诚具体实践还有待加强。一方面，近些年来我国对以爱国为核心的忠德重要性缺乏足够的认识，忽略了传统文化教育的重要作用。自恢复高考以来，中国教育多是以培养科学技术人才为主的应试教育，而缺乏历史观、传统美德的素质教育。衡量学生好坏更多地是以成绩为主，而忽略了道德建设的重要意义。国无德不兴，人无德不立。良好的品德是个人成长成才的精神基础，也是社会发展进步的重要根基。"百年大计，教育为本。"想要把广大青年培养成为诚实可靠的社会主义接班人，须加强忠诚教育与历史观的学习，把忠诚教育融入学生的各类课程中去，不能仅仅依靠思想政治课发挥有限的作用。随着互联网的不断兴起，青少年能够接触到的信息日益增多，其中不乏一些不健康的信息，这些不良价值观会对青少年产生不健康熏陶，导致青少年群体中不诚信的案例明显增多。

另一方面，又缺乏对忠德学习重要性的足够认识，对传统文化和道德的重视程度不足，参与性不高，没有把传统忠德教育作为学校教育中的重要课程，缺乏学习的精神，总是浅尝辄止，不求甚解。部分学生认为对传统文化的学习只是部分相关专业学生的事情，缺乏学习的主动性，认为传统文化落伍。传统的德育教育实践性不够强，目标过于宏大，从而使基础性的道德观念缺乏，反而不利于青年对道德观念的学习。理论联系实践的情况不足，容易导致知识的僵化，使青年失去学习兴趣，产生抵触情绪。一些教育工作者没有采取灵活生动的教育形式，只是严格按照书本知识进行简单灌输，容易教条化，从而影响德育教育的质量。

同时，教育与实践相脱节，只重视对书本知识点的学习，而忽略了忠德实践的践行，未能开展多种形式的教育实践活动，让学生在实践中领略忠德的现实魅力。学校应该组织学生参观爱国主义教育基地，聆听英雄人物的忠德故事，以帮助学生深入理解忠德的价值内涵，增强学生的学习兴趣。但部分学校缺乏这方面的认识，同时也存在经费不足、组织困难等问题，主要表现为学生人数过多，教育基地宣讲员、空间等不足，接待能力有限，社会实践活动难以全面覆盖；学校方面实践经费不足，难以支撑全体学生的实践费用。全方位的实践调研活动也存在组织方面的难题，学生安全问题、纪律问题以及实践结束后的后续教育培训工作都是不容忽视的地方，这就使忠德的实践教育难以实行。

在文学艺术方面，与传统忠德教育相关的作品相对较少，目前党和政府虽然越来越重视文学、影视、音乐作品等方面的管理，但大多数的文艺作品更多的是强调现代社会所要求的价值观念，忽略了传统道德的融入；加之部分宣扬西方价值观作品不断引入，都使忠德教育更为缺乏。

## 五、传统"忠"德当代弘扬的原则与现实路径

正确认识传统忠德的历史流变及其所起到的作用，是传承先进文化、让忠德在新的历史时期绽放出时代光芒的必然要求。所谓正确认识，就是在一定原则的指导下，用辩证的眼光看待忠德的作用，同时用符合社会需要的新鲜内容去充实忠德，让其变为具有时代精神、充满智慧和哲理的文化品质。

### （一）传统忠德弘扬的原则要求

#### 1.批判继承原则

忠具有一定的历史局限性，忠作为传统道德规范，本身具有调节人与人之间、人与社会之间关系的作用，但在某些朝代却成了统治者加强统治的思想工具，在强化封建皇权、稳定社会秩序的同时也禁锢了人们的思想，制约了社会的发展。忠恕之道是一种推己及人的宽厚态度，更是一种体贴细致的为人原则，但在中国古代也存在一定的目的性，即调和阶级关系。"愚忠"观念的出现便是其历史局限性的主要体现。如程颐就曾说过："事上之道莫若忠，待下之道莫若恕。"①就只是将忠恕看作君主对臣民施以仁慈和宽容。②这一错误的观念制约了思想的解放，阻碍了理性的向前发展，也使中国的民主法治建设长期处于落后停滞状态。最为严重的后果，是成了维护君主专制、强化统治的根基。在中国古代，许多臣子受封建等级观念的影响，陷于对君主的愚忠中无法自拔，既无益于社稷，也使自己落得悲惨的下场。于谦曾被《明史》称赞："忠心义烈，与日月争光。"他提出"社稷为重，君为轻"的观点，忧国忘身，心怀天下，但因个性耿直遭到嫉恨，最终含冤遇害，在他曾拼死保卫的城池崇文门外被斩决。

忠德的发展演变过程存在很强的历史性，既与一定的社会历史状况相联系，又呈现出超出时代的内涵。作为历史的产物，毫无疑问，愚忠的糟粕成分在中国长期发展的过程中造成过许多严重的后果。但不可否认，中国传统的忠德虽然长期存在于封建王权的淫威压迫之下，为封建等级秩序服务，却

---

① 晁说之等.晁氏客语[M].长沙：岳麓书社，2005：45.
② 桑东辉.论中国传统忠德的历史演变[D].哈尔滨：黑龙江大学，2015：258.

还是有着超越时代局限性的深远影响。继承作为中华民族精神力量重要组成部分的忠德，不仅是保护文化资源的需要，也是丰富社会精神文明建设的需要。经过时代的自然选择，作为封建糟粕的愚忠思想已经不再适应社会发展，但忠于国的爱国情怀永不会过时。要摒弃曾使社会进步思想发展受阻的愚忠，真正发挥好忠的有益价值；要大力弘扬传统文化中的"忠"文化基因及其历史底蕴，坚持古为今用，推陈出新；同时要有鉴别地加以对待，将忠德的积极部分融入现代社会生活之中，使忠德发挥其道德约束作用，成为社会普遍倡导的公德。

作为人际交往规范的忠恕之道，至今仍发挥着重要的作用，能够使社会更加和谐，拉近人与人之间的关系，无疑是我们需要坚持继承、弘扬的一点；但作为维护封建君主专制、禁锢人们思想进步的愚忠，虽然曾发挥过激发人们爱国热情的作用，但早已失去了其现实意义，对此也必须毫不留情地批判和摒弃。发展忠德，就要善于运用"扬弃"的哲学原理，继承合理成分，抛弃腐朽成分，让忠德发展成为符合新时代要求的先进文化。

对待传统文化从来不能全盘抛弃或全盘吸收，社会存在决定社会意识，每一种文化的出现都有一定的社会根源。新道德就是对旧道德批判继承的同时还符合社会发展的道德。归根结底，对忠德的继承发展主要体现在对其进行当代价值转化方面。一方面，我们要尊重历史，以辩证的、历史的眼光来看待忠德的发展，正确看待它曾起到过的正反两方面影响；另一方面，又要立足当下，深刻把握忠德内涵中孕育的当代价值，使其成为为社会主义服务、为实现中国梦服务的强大精神动力，成为当代的精神引领。传承忠德，既是一个扬弃的过程，也是一个不断推陈出新的过程，做好这两者的统一，必然能够使忠德更具当代价值，在不断发展中焕发出新的生机与活力，为中国梦的实现提供新的精神动力，助力早日达成中华民族伟大复兴的宏伟目标。

### 2. 理论与实践相结合原则

知行合一是十分重要的行为准则，知与行是不可分离的相互依存关系，在弘扬传统伦理道德时更要重视这一点。群众路线是党的生命线，要始终把人民群众是否满意作为判定工作质量的准绳。传统文化、美德来源于社会实践，来源于生活，弘扬忠德不能靠喊喊口号，要切实进行实践，将理论与实践相结合，鼓励人民群众大力践行忠德实践，做到忠于家庭、忠于事业、忠于祖国。忠德的弘扬不仅仅是为了让人们明白道德，更重要的是进行实践，以此整顿社会的伦理道德风尚，培养忠诚、忠孝、忠信之人，从而为维护社会秩序，为国家建设、社会建设提供精神保障。

知道为道，体道为德。要充分遵循知行合一的原则，注重从小事出发，重视在道德实践中提高道德修养。要把忠德教育贯穿人的一生：在幼年时期，把忠德教育融入学前教育之中，可以将教育内容编写为简单容易诵读的诗歌或编写成曲，使其更加符合儿童的学习习惯，通过《三字经》等的学习与诵读，加强对传统优秀文化和道德的学习；在青年时期，要大力强化学校教育和家庭教育中忠德的内容，通过组织各类活动、宣讲、比赛等来激发起青年的学习热情，以潜移默化的方式让忠德贯穿于青年的学习生活之中；在中老年时期也要注重忠德的学习，在工作、生活中开展相关的忠德实践活动，积极组织与忠德相关的集体学习，把忠德的实践纳入绩效考核、评优评先的标准体系之中。通过教育中一点一滴、由浅入深的学习，使忠"德"内化为自身的品德，成为为人处事时自觉遵守的伦理，从而达到教育的本质。教育过程中要避免空洞说教，要发挥史实的重要作用，将理论与事实相结合，在聆听历史故事的过程中强化对忠德的感悟。

文艺工作者也可以从实际出发，深挖历史和现实中的公忠文化资源，坚持以人民群众的需求为出发点，创造更多结合实际、符合忠德教育的文艺作品，去提升全体国民的精神品质，让人民在艺术品鉴中不断增强对忠德的心理认同。在实践的过程中要坚持贴近生活、贴近实际、贴近群众的原则，把各类实践活动有机结合起来。

### 3. 发展性原则

时移事易，以传统忠德为主体的道德观念在当代的主客体关系已经发生深层次的转变，过去传统的以君臣关系为首的忠逐渐有了更多的外延。在社会层面，忠的主客体有了更多的内容，不仅包括人民与国家，还包括个人与他人、个人与工作、个人与社会等。我们在继承传统文化的同时要注重对其价值进行当代转换，融入符合现代社会发展、符合社会主义核心价值观的新内涵。要不断为忠德注入新鲜血液，让忠德在现代社会中重新焕发生机与活力。以忠德中包含的爱国主义情怀为例，在抗战时期，爱国主义表现为伟大的抗日爱国运动，在解放战争时期，表现为推翻国民党统治、解放全中国；到新中国成立后，表现为进行社会主义革命，努力使人民富裕起来；在新时期，爱国主义则主要表现为实现中华民族伟大复兴的中国梦。当一种文化能够变为先进的精神力量对社会发展产生积极作用时，就说明其存在符合时代进步要求的内容。要辩证看待忠德的发展，更要体现忠德的发展性，传统忠德内涵主要指忠国方面，这一点在当今并不过时，但要以发展性的眼光来看待忠德，就需要为其增添新的爱国内涵，让爱国的主体、爱国的深度和广度都随之增加，把简单的忠于国发展成为对党的热爱、对人民的热爱、对中华民族强烈的自豪感和热爱。

抛开"忠"在历史上曾经有过的愚忠、死忠等愚昧观念，我们可以发现，忠德至今仍有十分重要的启迪意义，它始终强调的是一种为国尽忠、为社会尽力、为工作尽责、为他人守信的高尚品质。结合社会主义事业的飞速发展，要赋予忠以新的时代内涵，让其在新的时代背景中发扬光大。

不论是传统文化还是传统德目，在其产生和发展的过程中都有符合社会状况的积极意义，也存在一定的历史局限性。当今的中国是人民作为统治者的国家，不同于过去的封建王朝，因此，忠德的发展就需要注入更多符合人民利益、符合社会发展需要的内涵，才能永葆生机与活力。道德品质是一个永恒的话题，但必须随着时代的发展而不断增添新内涵，不断注入人民群众宝贵的实践成果。"他山之石，可以攻玉"。在弘扬传统文化的过程中要带有发展性的眼光，不仅融入当今社会的新内容，增添更多时代色彩；还可以吸收借鉴其他民族优秀文化。在文化的传承中要有博大的胸襟。当今世界是一个开放性的世界，各国文化相互交流，相互碰撞，激起激烈的思想火花。为使忠德能够得到延续性发展，使其在世界范围内焕发出新的生机与活力，要以世界为背景，开放性地吸收别国优秀文化及其新颖的文化表现形式，让忠德观走入世界，并在世界大舞台上绽放出新的光彩。2013 年 3 月，习近平总书记在中央党校建校 80 周年庆祝大会暨 2013 年春季学期开学典礼上的讲话指出："我们不仅要了解中国的历史文化，还要睁眼看世界，了解世界上不同民族的历史文化，去其糟粕，取其精华，从中获得启发，为我所用。"①海纳百川，有容乃大。要充分吸收各类优秀文化来丰富自身，构建以社会主义先进文化为主体，其他优秀文化为装饰的文化体系。在吸收别国文化的同时，也要注意不能全盘接收，更不能崇洋媚外，否则会对我国的文化建设产生恶劣的影响。

### 4. 实事求是原则

在古代，忠孝道德是一种需要绝对服从的文化，"忠孝道德之所以是一

---

① 习近平.在中央党校建校 80 周年庆祝大会暨 2013 年春季学期开学典礼上的讲话 [N].
人民日报，2013-03-03（02）.

种绝对义务，主要体现在三个方面：第一，忠孝道德所服从、侍奉的对象，是拥有绝对权力和权威的君父；第二，忠孝道德规范本身，是一种必须服从的绝对命令；第三，履行忠孝道德的臣民和子孙，是一个消除自我一切权力的形式化主体。这三点，使忠孝成为一种绝对义务的道德，使传统臣民文化成为一种绝对义务的政治文化"①。此外，还曾有"忠孝不能两全"一说，忠与孝作为社会普遍的道德规范，主要存在于公共政治之中和家庭生活之中，在由"家本位"向"君本位"转型的社会中，当政治和家庭出现矛盾冲突时，以忠孝矛盾为主的道德矛盾就表现出来。伦理主体面对两个不同的伦理客体并只能选择其中之一时，忠孝道德困境就随即出现，忠孝道德困境是忠孝道德规范彼此冲突的结果。② 正是由于这一道德困境的出现，历史上才会出现许多因忠孝不能两全而选择自杀来追求完美道德境界的人，这就成了家庭、社会的共同损失。从忠孝困境中可以映射出，如何处理家庭与社会的关系、私利与公利的关系亦十分重要，当面临忠孝选择的境地时，是否应舍孝取忠亦或反之？这些都是忠德发展过程中值得思考的问题，随着社会的进步，忠德的内涵也应随之不断发展。

传统忠德是中华传统德目的重要一环，因此要使忠德能够更具生机与活力，就需要充分考察忠德的历史演变和发展脉络，研究其在社会发展进程中所发挥的积极和消极作用，从而对忠德的现代内涵进行探讨，让其重新焕发青春活力。

在忠德教育中要坚持理论联系实际的工作作风，把马克思主义指导思想同人民的实践活动联系起来，把传统忠德观念同当今社会的实际情况联系起来，做到一切从实际出发，实事求是，按照客观规律办事。忠德在不同历史朝代的内涵与表现大不相同，到了社会主义事业取得巨大发展的今天就更需要以新的内涵来进行诠释。身处在国家飞速发展的时代中，每一个人都要忠诚地履行自己的职责，用永不懈怠的精神去对待每一件事情，从而使社会的大机器能够永远保持高速的运转。每个人无论处在什么地位上，无论带有什么样的身份标签，都应培养忠于职守的自觉性，形成高度的社会责任感和使命感，脚踏实地地做好每一件事，这其实就是践行忠德的表现。

中国共产党所强调的"公忠"思想，不同于忠于君主的愚忠，是一种大公无私、克己奉公的先进道德原则。中国共产党的公忠教育是新形势下进行

---

① 朱汉民.忠孝道德与臣民精神——中国传统臣民文化分析[M].郑州：河南人民出版社，1994：68.

② 吴争春，吕锡琛.论古代忠孝道德困境[J].求索，2010（4）：66-68.

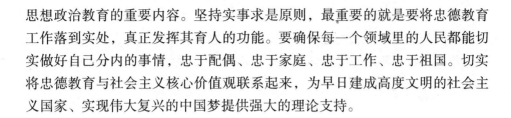

思想政治教育的重要内容。坚持实事求是原则，最重要的就是要将忠德教育工作落到实处，真正发挥其育人的功能。要确保每一个领域里的人民都能切实做好自己分内的事情，忠于配偶、忠于家庭、忠于工作、忠于祖国。切实将忠德教育与社会主义核心价值观联系起来，为早日建成高度文明的社会主义国家、实现伟大复兴的中国梦提供强大的理论支持。

### （二）"忠"德在当代发展的现实路径

#### 1. 强化"忠诚"作为社会主流价值观的重要地位

自马克思主义从新文化运动时期传入中国至今，因其科学性和先进性，一直是中国共产党人和中国人民的历史选择，是发展社会主义事业强大的精神武器。在各种社会思潮泛滥的情况下，更要坚持马克思主义在各个方面的领导地位，要始终把马克思主义作为我国文化建设的灵魂，在马克思列宁主义、毛泽东思想和中国特色社会主义理论体系的引领下推动文化建设，保持文化建设政治方向的正确性。要加强爱国主义思想的教育宣传工作，同时也要培养公民理性爱国的能力。要确保忠德教育的社会主义方向，我们在大力弘扬"忠"德教育、培养热爱祖国的良好公民的同时，也要保证人民群众的利益不受侵犯，做到既忠于国家、忠于党、忠于社会主义事业，也忠于人民。立足马克思主义的政治方向不动摇，可以确保政治方向的正确性，确保忠德教育的效果。

马克思主义的先进性表现在其实践特性上，也表现在追求真理的科学性和服务人民的人民性上。将马克思主义作为科学真理，作为重要信仰，能够给忠德教育注入新的时代内涵，使其更加具有科学性和实践性。忠德观念从古流传至今，在不同的时代展现出不同的特点，因此要在辩证唯物主义历史观的引领下，始终以历史的观点来看问题，坚持古为今用。一方面坚持求真的科学态度，弘扬传统忠德；另一方面坚持批判继承，进行自我超越，使忠德更加具有符合社会主义价值观的时代性。

实践性作为马克思主义最显著的特点，在任何时候任何情况下都不会过时，社会生活来源于实践，实践创造了人与人的交往、创造了人与社会的共处。将马克思主义最显著的实践特征融入忠德教育中，让广大人民在实践中认识到"愚忠"思想的愚昧，消除愚忠对无产阶级先进性的腐蚀，让人民真正践行为了理想信念不懈努力、勇往直前的大忠，践行艰苦奋斗、爱岗爱业的敬业精神，践行大公无私的公忠精神；践行守望互助、宽容理解的忠恕，才能谱写新时代忠德实践的新篇章。要强化"忠诚"的社会主流地位，就必须加强其与马克思主义真理的结合，在马克思主义的指导下去继承忠德、发展忠德，让其在新的时代背景下焕发出新的生机与活力。

2.加强社会、家庭、学校中有关"忠"德的教育

教育是一项能够使人成为人的事业。教育主要分为社会教育、学校教育、家庭教育三种，其中学校教育是最基本、最管用的教育，要开展多形式、分阶段的忠德观教育。同时为减少学校教育单纯说教缺乏实践的局限性，可以根据受众的不同年龄层次采取不同的教育形式。对于小学生采取观看忠德人物事例相关影视、节目的形式。对中学生以思想教育理论课为宣传渠道，以各类讲座、知识竞赛等形式加强宣传力度；以新媒体学习平台为载体，丰富忠德文化的资源，利用国庆节、建军节等节日采取多种形式的主题辩论赛、文艺汇演等活动，为青少年树立正确的世界观、人生观、价值观。在学校中不放过每一个宣传的机会，使学生群体在潜移默化中接受忠德教育。对于大学生可以采取多种形式的社会实践活动，通过实践使其感受到弘扬与传承传统忠德的重要意义；组织学生参观爱国主义教育基地，探访相关名人故居、烈士陵园、博物馆等，活动结束后可以以社会实践报告的形式让学生充分表达感悟，让忠德教育充分渗入学生内心，并贯穿于大学生日后的学习生活实践之中；可以通过对经典著作的阅读来唤醒生长于中国人民身上的忠德基因，让书本中的知识真正鲜活起来，并回归到现实生活之中；要加强历史观教育，重视传统文献、典籍的学习，中华文明源远流长，内容丰富，忽视历史传统的学习会导致历史虚无主义，要让广大青年在历史史实的洗礼中看到传统德目的积极意义，并自觉加强对传统忠德的学习。

广大青年是实现中华民族伟大复兴工作的接班人，而教育工作者是弘扬传统文化的主力军，对青少年成长成才起着重要的引领作用。师德师风是教育之魂，广大教育工作者坚定马克思主义信仰和共产主义共同理想，保持思想方向的正确性，是使教育发挥最大效力的基础所在。因此要加强教师团队对马克思主义的学习，建设一支有理想、有素质、懂知识、懂道德的高素质教师团队。只有教师真正领会国家大政方针，了解传统德目，才能加强学生对社会主义文化的认同。教师需明确自己的职责所在，把教书育人作为自己彰显个人价值的重要渠道，大力宣扬社会主义先进文化，不断增强自身的职业素养和知识能力，用自身高尚的素质和过硬的本领去带动、感染学生，使学生形成正确的是非观和社会主义核心价值观，激发起学生对忠德的心理共鸣。

同时也要注重家庭教育，父母是孩子最好的老师，家庭氛围在人的成长过程中至关重要，父母长辈要重视言传身教的作用，不仅要通过不断的学习提高自身的学识，培养高尚的品德，还要通过日常的言行向孩子传递"忠"德的观念，用实际行动使孩子能够耳濡目染，被良好的家庭环境所浸润，从而逐渐形成忠德的品质。

### 3. 注重将"忠"德教育与待人处事具体实践相结合

任何一种品德都离不开具体的社会实践，一个人是否具备高尚的品质不是看他能够说出什么，更为重要的是要看他做了些什么，个体品德修养的养成是终生的事情，只有通过社会实践才能够不断使其升华、真正得以融入人的血液、骨子里。要针对人民大众广泛开展理想信念教育，开展各种形式的群众性爱国教育活动。2019年11月，中共中央、国务院印发了《新时代爱国主义教育实施纲要》，要让广大人民在爱国主义的熏陶下，充实自身的道德人格，继承爱国主义的优良传统，明确肩上的责任，在工作中做到敬业乐业，在人际交往中做到"己所不欲勿施于人"，在日常生活中始终保持爱国热情，敢于同诋毁、污蔑国家的邪恶势力做斗争，文明、守法地热爱自己的家庭、爱工作、爱社会、爱国家。

当今世界正面临百年未有之大变局，我国的发展处于重要战略机遇期，存在着各种挑战，也蕴含着许多机遇，党员干部要脚踏实地做好本职工作，要不断加强自身的党性修养和工作能力，一步一个脚印，不断提高为国服务、为社会主义事业服务、为人民服务的本领。要对得起自己的使命，不辜负党组织和国家的信任。只有认清当前的基本国情与世界形势，才能做好一切工作。毛泽东指出："认清中国的国情，乃是认清一切革命问题的基本的根据。"[①] 因此，在新形势下要充分分析国际国内发展所面临的各种情况，结合党和国家的大政方针，充分考虑新的时代形势，将忠德的学习纳入社会主义事业建设的全过程，不断与时俱进，努力使中华传统美德得到创造性转化和创新性发展，如此方能抵御各种错误思潮的侵蚀。

在新的历史条件下，更要引导广大人民群众忠于国家、忠于人民。每一种文化都不是只存在单一方面的，春秋时期忠是君主与臣子之间的双向互动关系，如今，忠也应保留其双向性，人民始终保持对国家的热爱，用实际行动去诠释爱国真谛，同时国家也要赋予人民合法合理的权力，尽其所能保护

---

① 毛泽东.毛泽东选集（第2卷）[M].北京：人民出版社，1991：633.

本国的人民，不断发展壮大，为成为繁荣富强的国家而努力。

我们的人民迫切需要新的忠诚，同时新的忠德也在吸收养分不断成长起来，一个符合社会发展需要的伦理道德框架正在被建构。青年的德目教育更要结合现有国情，不断丰富内容，提高教育水平，增强教育的针对性。面对当前社会思潮多元化的状况，要结合实际更新教育内容，尤其是当前部分群众价值观念出现偏颇，对于现实没有正确的认识，因此在爱国问题上出现了一些偏激行为，就很容易走向误区。在这种情况下要与时俱进地更新宣扬热爱国家的忠德教育，使广大人民群众认识到要充满理性地爱国，使爱国主义具有大局观、全局观，不为国家和民族抹黑，采取正确合法的方式应对阻碍国家进步的邪恶势力。

### 4. 运用多种途径与多样化载体促进"忠"德发展

对于广大人民群众而言，忠德实践要落实到实处，就要以人民大众喜闻乐见的方式加强忠德思想的宣传。要借用真实可信的爱国人物事例，不同时期爱国精神表现不同，要充分发挥新时代的爱国事例教育作用，赋予忠诚新的时代内涵，激发起人们爱国忠国、立志成才的热情；同时要加强理论知识的宣传教育工作，让群众懂历史，懂知识，在学习理论知识的过程中被传统德目所感染，提高其对理论知识的掌握水平。要加强民众的忠诚教育、爱国主义教育以及传统文化教育，使广大人民能做到自觉维护国家尊严，自觉承担社会责任，增强自身的主人翁意识，形成崇高的民族气节。

通过展现忠德精神的爱国主义人物相关事例介绍与历史故居的探访，使忠德精神的宣传教育更加有血有肉，更加生动形象，让人能够身临其境，切身体会忠德意蕴，使公民增强对忠德的心理认同，让忠德观内化于心，外化于行。引进更多名家讲堂，带领大家阅读经典名著，感悟美德道理，认真梳理忠德的古今发展脉络，学习先辈的忠德品质。同时可以在系列学习之后进行集中讨论，注重学习感悟的交流互动，强化对忠诚观念的培养，加强学习深度，使每一次的交流都能够成为对灵魂的洗礼。

扩展忠德教育的载体，不仅是要运用传统的课堂、讲座等形式，也要不断扩展忠德教育的文化载体，借助新兴工具，把符合当代价值的忠德观融入影视作品和文学艺术当中，让人民群众在娱乐休闲中也能接受到忠德潜移默化的影响，在全社会营造一种诚信、爱国、积极向上的文化氛围，充分做好忠德的教育实践工作。

近些年来，随着科学技术水平的不断提高，网络成为一种普遍又便捷的生活工具，对忠德的传播和发展发挥着独一无二的作用，同时，忠德的进一步弘扬也能够帮助形成良好的网络空间。因此要辩证看待两者的作用，更要重视网络新媒体的重要作用。网络作为一种现代通信方式，已经融入人们生活、学习的各个方面，成为人们表达思想、接触新闻的重要工具，但面对网络上众说纷纭又数量庞大的信息，不少人也会迷失其中。曾有网友发表言论，指出抹黑民族英雄所谓的历史真相，严重破坏了国家形象，影响了广大青年正确价值观的树立。这样的事件表明，必须加强网络生态文明的建设和管理，建立监督制约机制，营造一个风清气正的网络空间，既保护公民的言论自由，也让那些藏匿于网络背后的黑恶势力受到应有的处罚。因此，务必要打造一个符合社会主义核心价值观，符合人民大众需求的忠德教育网站，让人民在网络空间中也能拥有一个集学习娱乐于一体的良性空间。要加大对这些平台的管理力度，确保平台的文化输出都是带有正面取向的内容，同时借之讲好忠德故事、弘扬好忠德精神，讴歌中华民族自古以来仁人志士的忠德实践，通过图文并茂的宣传方式，激发广大人民的学习热情，更好地弘扬忠的良好品质。

网络的另外一个作用就是充分利用大数据、运用云计算功能精准找出人民的文化偏好，有针对性地开展忠德教育。在信息化条件下，传统的文化传播媒介与网络相连接，可以借助新形式的宣传工具，如微博、微信、各类小程序、App等，提高宣传教育的广泛性，让权威发声，使忠德教育更加普及。同时加之以风趣的漫画、音乐、影像等，为其增添更多的趣味性，降低学习难度，提高人民的学习热情。要最大限度地使先进文化占据网络空间，使主流思想始终占据主导地位。通过网络宣传主旋律和正能量，传播党的最新理论知识和大政方针，加强公民的忠德观教育，建立起一个高雅、积极向上的网络空间，让广大人民成为忠德文化的传播者和自觉践行者，在互联网中建立起一个美好的精神家园。

### 5. 逐步将忠德道德要求制度化、法律化

罗尔斯说："正义是社会制度的首要价值，正像真理是思想体系的首要价值一样。一种理论，无论它怎么精致和简洁，只要它不真实，就必须加以拒绝或修正；同样，某些法律和制度，不管它们如何有效率和有条理，只要它不正义，就必须加以改造或废除。"[1] 因此，忠德的养成也需要用完善的社

---

[1]　约翰·罗尔斯.正义论[M].何怀宏译.北京：中国社会科学出版社，1998：1.

会制度来做保障，有了相应的奖励和惩罚制度，忠德的具体践行才会更加真实有效。

　　"一旦中国抛弃社会主义，就要回到半殖民地半封建社会，不要说小康，就连温饱也没有保证。所以，了解历史很重要。青年人不了解这些历史，我们要用历史教育青年，教育人民。"① 青年是社会发展的主力军，对青年的教育培养主要是在学校中、在工作中。为此，学校教育可以不断强化对青年政治忠诚度的培养，加强品德教育，更多地朝素质教育的方向转变。将学生的道德品质纳入课业考评之中，重视基本的社会礼仪、仪式感教育，将民族节日、纪念日等时间点作为培养青年政治忠诚的关键节点，在此期间可以通过升国旗、奏国歌等仪式强化青年政治认同，在南京大屠杀纪念日、国家公祭日等特殊时间点通过鸣钟、默哀、降半旗等仪式教育青年勿忘国耻，让其真实感受到历史带来的沉重感。同时可以多样化地开展社会实践活动，让青年自觉结合自身的专业、特长参与到社会建设、理论宣讲等活动中去，再将其社会实践的表现作为日常学校考核的重要标准之一，从而使其真切地感受爱国文化的熏陶，自觉投身忠诚实践。在社会工作中亦是如此，整个社会要营造一种敬业诚信的氛围，同时用人单位可以将敬业精神纳入绩效考评体系之中，将工作态度、敬业程度加以量化，使其成为员工绩效的测量标准，从而帮助员工更好地树立敬业理念。

　　另外，要加强忠德观念的法治支撑，用法律做保障，对其进行正确的引导和规范。要建立健全道德舆论监督制约机制，通过正确的舆论引导和舆论评价制度来规范人们的行为，各部门要加快构建覆盖全社会的征信体系，要建立健全守信联合激励和失信联合惩戒机制，引导人们自觉践行忠德，使人们切实培养起良好的忠德观，在社会上进行忠德实践的道德模范评比活动，对那些积极践行忠德实践的个人给予一定的物质奖励与表彰，激励人们自觉学习和践行传统道德实践，在全社会营造一种诚信光荣、失信可耻的社会氛围。将忠德考察纳入干部年度考核工作，使广大党员与领导干部能够更好地发挥表率作用，自觉接受考核机制的监督，培养公民的独立人格，充分发扬忠德的积极价值。忠德要进行有价值的当代转化，就需要开放性的发展，要将其诚信、爱国的品质与当今的社会环境与国家体制相融合。

---

① 　邓小平.邓小平文选（第3卷）[M].北京：人民出版社，1993：206.

# 第四篇 中华传统"信"德的历史底蕴与现代弘扬

"信"德作为中华民族数千年来所遵循的重要伦理道德规范和行为准则，为大家所熟知，是中华民族优良传统美德的重要组成部分。其基本内涵是言思一致、言为心声，言行一致、行必践言，守言行诺、恪守诺言，取信于人、互信无忌，涉及了言、思、行三层面之间的相互关系，以及践行信以形成人际交往中不兴猜忌、相互信任的良好互动氛围的问题，对于个人立世修身、协调人际关系、社会行业繁荣以及治国理政等均具有深刻意义。自原始社会时期开始以潜在观念意识萌芽至中国特色社会主义进入新时代的今天，"信"德所蕴含的文化底蕴不断丰富发展，追求向善至善的闪光点仍然熠熠生辉。然而随着时代发展与社会变迁、社会物质财富的不断积累和价值观念的日益多元等，社会各方面"信"德缺失现象日渐增多，对信德的忽略、漠视甚至鄙夷愈演愈烈。习近平总书记指出："对历史文化特别是先人传承下来的道德规范，要坚持古为今用、推陈出新，有鉴别地加以对待，有扬弃地予以继承。"① 在当今时代，研究并汲取传统"信"德所蕴含的具有恒远意义的精粹，并与时俱进赋予其新的价值内涵，做到知信、讲信、践信，对弘扬传统"信"德，推动现代诚信社会建设具有重要现实意义。

## 一、"信"德的起源和历史流变

恩格斯曾说："在历史上出现的一切社会关系和国家关系，一切宗教制度和法律制度，一切理论观点，只有理解了每一个与之相适应的时代的物质生活条件，并且从这些物质生活条件中被引申出来的时候，才能理解。"② 不论何种思想观念、道德规范，其必然都与自身所处的具体的社会实践发展水平息息相关，是由当时的社会物质生活条件所决定并且与之相适应的。因而，中华传统"信"德自原始先民们的社会生产、生活中源起，并随着时代交替，社会经济、政治以及文化条件的变迁等使自身概念涵养逐步拓展与发

① 习近平.习近平谈治国理政 [M].北京：外文出版社，2014：164.
② 中共中央马克思恩格斯列宁斯大林著作编译局.马克思恩格斯选集（第2卷）[M].北京：人民出版社，1995：38.

扬，最终成为一套完整的伦理道德观念体系，并慢慢内化为中华民族的传统美德，作为中华传统的重要德目之一为现今的人们所信守和实践。

### （一）"信"德的起源

早在"信"字以成文的道德形式出现之前，其就已作为一种潜在社会观念意识而出现，在人们日常生产及生活中一定程度上扮演着维护规则、秩序的隐性契约的角色。探讨信德观念的源起必然要追溯至人类社会的开端。信德是原始部落、氏族公社时期为了维系群体关系、规范群体中个体行为活动而产生的伦理道德观念。马克思将原始社会中的个人形容为"人的生产能力只是在狭小的范围内和孤立的地点上发展着"①，由于人自身各方面能力发展的有限，绝大部分个体无法凭借自身获得其所必需的物质资料，因而不得不相互依附，形成一定的共同体，进行集体性的物质生产活动。这些共同体，如氏族、公社等，本身团结稳固的正常维系就需要内部各成员之间遵循一定的约定和秩序。除此之外，共同体内的成员之间、共同体内所组织的活动，如集体狩猎、物物交换等，也需要规则制约。"信"的最早起源，正是出于约束这些共同体内部成员的言行所需，以使人们能够自觉守诺履约等。依赖于"信"的维系，共同体内的成员之间形成强制性或非强制性的契约关系，彼此形成相互依赖的情感联结，由此而巩固了氏族、公社等的内部团结。

值得注意的是，早期的"信"并非以显性的观念意识为先民所察觉及遵循。作为一种维系共同体内人与人关系以及活动的社会潜意识，它以一种更为显性的方式被人们应用于人神关系中，用于表示人对于鬼神虔诚尊崇的态度。这是基于当时条件下人们对自然和自身所处境况的难以掌控性。他们往往将超乎自身的异己力量归结为宗教神灵，对待鬼神秉持以"信"的敬畏、虔诚态度，以期与神灵达成互信状态从而获得其庇佑，反之则会因亵渎而受到其惩戒。《左传·桓公六年》云："所谓道，忠于民而信于神也。"② 所谓治国之道应是忠于百姓而敬信于神明。《尚书》中也多有记载信者祭祀的实施，在《尚书·商书·太甲下》上便有记载："鬼神无常享，享于克诚。"③ 意指在对神灵祖先进行祭告、供奉时，外至所陈设祭品、内至祭祀者内心想法都应坚持诚信、不欺、守信，只有这样鬼神才会享受其祭祀，为其提供庇佑。

---

① 中共中央马克思恩格斯列宁斯大林著作编译局.马克思恩格斯全集（第46卷上）[M].北京：人民出版社，1979：104.

② 陈戍国校注.春秋左传[M].长沙：岳麓书社，2019：54.

③ 王世舜，王翠叶译注.尚书[M].北京：中华书局，2012：405.

## （二）"信"德的历史流变

### 1. 夏商周及春秋之前

夏商周时期，"信"开始以文字的形式出现，实现了从非成文的经验型社会意识形态向理论型意识形态的转变，实现了从较多的聚焦于对鬼神、强调对神明的尊崇、企图通过崇信神明获得庇护到更多关注人本身的转变。其最早以金文字体出现，被篆刻在青铜器上，中山王鼎上就刻有"余知其忠韵信也"的字样。"信"字首次在文献典籍中出现在《尚书》中，此时其含义已经明确为诚实不欺、守言行诺之意。在早期，"信"意也有通过其他的字眼来传达的，如允、孚、亶等，这些字眼均有诚信、不欺、守信的含义。"允恭克让"①中的"允"便意为"相信、信任"，此处用来形容帝尧恭敬、谦和并且注重诚信。《尚书·尧典》记载帝尧正是因其"钦、明、文、思、安安，允恭克让，光被四表，格于上下"②，从而得以实现"百姓昭明，协和万邦。黎民于变时雍"③。而后，他在选人任用方面也坚持以"信"来作为衡量依据，并以此否决了放齐、欢兜等的提议。在尧看来，启说话虚妄不实，共工花言巧语、阳奉阴违、表里不一。尧以谦让、恭敬、诚信等品质为依据任命当时贫困无势的舜治理水患并因他的"温恭允塞"④之质而将王位禅让与他。从其中可见，这一时期的"信"对于"人"本身的关注，在当时为人诚实重信已经成为统治者所必备的一种道德品质，具备"信"品质是实现治国安邦、取得民众信任与拥戴的必要条件之一。这一时期的"信"德已经作为一种成文的道德观念而初具雏形，并且开始初步应用于个人品行、官员选拔、君主治国等具体情境中，但是其尚未能形成系统完整的道德观念体系。

### 2. 春秋战国时期

春秋战国时期礼崩乐坏，纷争不断，社会各方面、各阶层道德品行缺失现象严重，系统的道德规范体系亟待建立。正是在这一社会动荡不安时期，诸子百家竞相争鸣以期改变这一境况，社会各思想观念交流碰撞，思想文化空前繁荣。这一时期也是"信"德得以正式形成并形成体系的重要时期。其

① 王世舜，王翠叶译注. 尚书 [M]. 北京：中华书局，2012：5.
② 王世舜，王翠叶译注. 尚书 [M]. 北京：中华书局，2012：5.
③ 王世舜，王翠叶译注. 尚书 [M]. 北京：中华书局，2012：6.
④ 王世舜，王翠叶译注. 尚书 [M]. 北京：中华书局，2012：10.

间涌现出了一大批学者先贤，他们对"信"德进行了进一步的阐释和宣扬。"信"得以从春秋以前崇尚神明的浓重宗教色彩中逐步摆脱出来，作为成文的道德规范明确下来，开始进一步应用于社会诸多领域，形成具有普遍意义的道德观念体系。

孔子作为儒家学派的创始人，十分重视"信"德。记录孔子及其弟子言行的《论语》中关于"信"德的相关记载已知的即有38处，其对于信含义的进一步阐释和发扬为信德成为普遍适用的伦理道德准则起到了重要的推动作用。在《论语·为政》中孔子将"信"归为诠释"仁"的要义之一，曰："恭、宽、信、敏、惠。恭则不侮，宽则得众，信则人任焉，敏则有功，惠则足以使人。"[1] 在孔子看来，待人以恭敬之态就不会招致彼此间的不尊重，为人以包容、宽厚之态就会获得他人的喜爱与拥护，言行以坚守诚信之姿就会得到别人的信任、任用，遇事以勤敏、聪敏之姿就会获得实效与功绩，为人以慈惠善良之心就能够获得他人支持。待人恭敬、包容宽恕、诚实守信、勤敏聪敏、慈惠善良这五种道德品质是成"仁"的必然，诚实守信之美德作为实现"仁"的重要基础之一应受到相应的重视。孔子已然将信作为道德行为规范较多地诉诸于个人立身求仁和治国安邦之中。他在个人为人修身方面指出"人而无信，不知其可也"[2]，强调要做到言忠信、行笃敬。不论身在异乡还是故地，所言所行皆是自己形象的映照，均要讲求诚信守诺、严谨可靠。在治国为政方面，孔子道出"道千乘之国，敬事而信，节用而爱人，使民以时"[3]。治理"千乘"规模的国家，对待国家政务应当要谨慎负责，同时为政行为也要讲求信用；君主要勤俭节约并且关怀爱护臣民；在不违背农时的情况下合理征用民力。越是身居高位也就愈加应该以诚信为德，同时，身居高位者讲信求信也会对百姓起到表率作用。此外，孔子在人际交友方面亦追求"朋友信之"。

孟子在继承了孔子"信"德思想的基础之上，对"信"德大致做了以下三方面的发展。其一，孟子对"诚"以及"诚"与"信"的关系做了阐释，更强调诚信的意义与作用。诚是信的基础和内在核心，有诚之人方能自觉恪守自身言行而合乎于信。同样，信不仅是诚的外化表现，信的实现也反过来给予了诚以正面反馈与强化。其二，孟子将"朋友有信"纳入了"五伦"之中，父与子之间相处要相互亲近爱护，君主与臣子之间要遵循礼义之道，丈

---

① 杨伯峻译注.论语[M].北京：中华书局，2006：206.

② 杨伯峻译注.论语[M].北京：中华书局，2006：22.

③ 杨伯峻译注.论语[M].北京：中华书局，2006：4.

夫与妻子之间在主事方面要有内外之别，长辈与晚辈之间要尊卑有序，朋友之间在交往过程中也应当恪守诚信。他强调了人伦关系中恪守诚信之道的重要性，夯实了"信"德在中国传统伦理道德体系中的重要地位。其三，孟子提出"信"的价值标准问题，即"信"不是绝对的，它作为一种道德规范是有其评判标准的。这个标准便是"义"，信要服从于义。孟子言"大人者，言不必信，行不必果，惟义所在"①，意在表明"信"的终极价值所在应是合乎于义。脱离具体情境而片面追求行必践言、行必达果正是孔子所不耻的固执己见的表现，最后只会沦为不问是非黑白只贯彻自己言行的小人。义与不义是衡量践行"信"观念的重要标准，不只体现在动机方面，已经说出去的话在后来发现不符合道义也是可以反悔的，这种反悔并不是失信的行为。同样的，已经开始做的事情，如果后来发现是不符合道义的，那么也可以及时止损，这并不是失信的举动。此外，孟子还推动了"信"在政治层面的发展，他在性善论的基础上期许统治者能在政治层面施行"仁政"，就其施行而言"取信于民"是非常必要的。

到了荀子所处的时代——战国后期，社会动荡加剧，各诸侯国在日趋大一统的局势中为了获得优势地位、争夺霸权而纷纷对外征战，长期大规模的战乱给社会财富、社会秩序以及社会道德所带来的影响是巨大的，社稷崩坏、宗法衰退、民不聊生之景为人所习以为常。在这种战火纷飞、民不聊生的背景下，荀子对"信"的内涵进行了进一步的剖析，他对"信"的解读与发扬更侧重国家层面，注重从政治以及军事方面来探讨信德。首先，基于当时的社会背景，荀子在有选择地继承儒家先贤观点的同时也借鉴吸收了法家、道家、墨家等思想。他不支持孟子"人皆有恻隐之心"的论断，主张"性恶善伪"。在他的观点中，人生而天性为恶，好利好妒好食色，人实现向性善的转变不可能是自发自觉的，必然要经过后天的教育和影响，要特别注重教化和环境的熏陶。荀子关于"信"的思想理论正是建立在其"性恶论"的基础之上。个人不是生而便具有知信、向信之心，要想实现社会个人崇信求信，社会整体诚信蔚然成风，需要"礼法并用"，依靠后天的培养，广泛实行相应的法度、政策、教育等，做好教化，发挥好环境熏陶作用。其次，荀子在国家政治方面提出官吏人才的选拔要选贤举能，不被血缘情感等次要因素所束缚，尤其是要把是否有诚信作为先决条件之一。君主、政府处理国家事务以及面对百姓时仅仅倾向于依赖权谋术法是本末倒置、舍本逐末，君

---

① 杨伯峻译注.孟子[M].北京：中华书局，2013：173.

主、政府只有不欺骗愚弄百姓，务实推行有利于民众的政策才能做到政治清朗，取信于民。最后，在诚信教育方面，他强调要加强诚信道德教育，注重社会诚信氛围的熏陶、上位者践信的榜样模范等，并且要采取一些惩戒手段来辅助诚信道德教育。在军事外交诚信方面，抨击战国时期的不义战争，认为取胜于天下要靠昌明的政治而非不合乎道义的侵略战争和诡谲的权谋战术，在军事攻战上也要留有讲求诚信的空间。

道家学者所主张的理论观点同儒家所一直倡导奉行的积极入世思想不同，其主张要遵循自然法则。在道家看来，自然状态就是最好的状态。"道生之，道畜之，物形之，势成之，是以万物莫不尊道而贵德。道之尊，德之贵，夫莫之命常自然。"① 因此，其主张在顺应自然的情境下有作为而又不妄为，强调无为而治，无为而无不为。"道"是老子思想的核心和精髓，老子关于信的思想论点正是建立在"道"的基础之上。"道之为物，惟恍惟惚。惚兮恍兮，其中有象；恍兮惚兮，其中有物。窈兮冥兮，其中有精，其精甚真，其中有信。自古及今，其名不去，以阅众甫。"② 道虚无缥缈而又真实存在，万物都由其所产生，各种德行也是由其所衍生与支配的，"信"亦是如此。了解、遵从、探索"道"亦是获得"信"的必然要求。老子同样认为信是为人处世、人际交往和治国安邦所必要的准则之一，不通过外在条件所赋予的约束力宣扬信，更强调个体以己信而养信。为人处世、人际方面要求言善信，平时说话发声要严谨可信，不妄言妄语。为君治国要"信不足焉，有不信焉"③，不守信用的君主自然不会受到臣民的信赖。老子《道德经》中记载的"圣人无常心，以百姓心为心。善者，吾善之；不善者，吾亦善之；德善。信者，吾信之；不信者，吾亦信之；德信"④，表现出了其对于社会良好风尚形成的意义。所谓圣人是不会为世俗的偏见而影响自己的观念和判断的，他们愿意从百姓的视角出发，设身处地地体恤他们的处境，聆听他们的意愿。善良的人——"我"会以同样的善良对待他，回馈他的善意；不善良的人——"我"也同样报以善良之姿，这样社会就会有更多的善意，善德得以在社会中发扬得更好。同样，诚信的人——"我"会同样讲求诚信，对于不讲求信者，"我"也以诚信的态度来对待他，这样以信养信，让更多人讲信守信，信德能够有更大的可能在社会蔚然成风。

---

① 饶尚宽译注.老子[M].北京：中华书局，2006：127.
② 饶尚宽译注.老子[M].北京：中华书局，2006：53.
③ 熊笋译注.老子[M].武汉：崇文书局，2019：37.
④ 熊笋译注.老子[M].武汉：崇文书局，2019：103.

　　庄子是道家的另一主要代表人物，他承袭老子无为而治、顺应自然的思想，更追求无拘束的洒脱逍遥。庄子认为"无行则不信，不信则不任，不任则不利"①，旨在说明践信是同自身利益有着密切联系的，不践行信的人必然不能获得他人信赖，而他人的不信赖最终必然导致对自身的损害，"信"德对于为人正直具有重要意义。

　　法家推崇法制，主张依法条律令治理国家，即以法治国。漠视、违背法令必然引起社会动荡。法家强调"法"是治理国家必不可少的关键手段，能否正确地运用好法会直接影响社会和谐与国家安危。同时，法家也否定道德的功效，在法家眼中，道德的约束力更为松散，他们认为法条律令的硬性约束更有效用。在关于"信"德方面，法家先哲把"信"与法相联系，主张以刑罚律令来规范"信"，而后再以刑罚律令规范下的"信"作为维护秩序、强国利民的手段来加以推行至社会各领域。商鞅作为法家代表人物之一，提出"国之所以治者三：一曰法，二曰信，三曰权。法者，君臣之所共操也；信者，君臣之所共立也；权者，君之所独制也"②。他认为治理国家的关键在于三点，一是法律，二是守信，三是主导权。法度需要君主同其臣子共同运用，信用需要君主与臣子共同梳理，至于权力则需要君主独自掌握，以上三点正是实施法治的关键。"民信其赏，则事功成；信其刑，则奸无端。惟明主爱权重信，而不以私害法"③，唯有贤明的君主才会在重视权力的同时注重守信，有信德的君主才能获得百姓的尊重，民众信任君主才会相信他所承诺的赏赐，也会敬畏他所定下的惩罚。商鞅关于"信"德的观点对韩非子产生了深刻的影响。他崇信扬信，多次在著作中宣扬信德。如在《韩非子·外储说左上》中就有记载，晋文公攻打原国时，因先前曾与众大夫定下约定——要在十日内攻下原国，而在即将获得胜利曙光时退军离开，即使身边群臣劝阻称原国已穷途末路，最多只能撑下三天，晋文公仍然遵守了同大夫们的十日约定。这一举止获得了原国百姓的信任与赞扬，意外促成了原国百姓归顺于晋国。除此之外，在《韩非子·难一》中也有记载，晋文公在与楚君作战时问计于雍季与舅犯，晋文公作战时采用了舅犯之策却在获得胜利后先封赏雍季而后封赏舅犯，雍季的讲求诚信、反对用欺诈来面对民众的做法更符合长远利益。

　　墨家主张"兼爱""非攻"，讲求功利主义，强调"仁人之士者，必务

---

① 方勇译注.庄子[M].北京：中华书局，2015：517.

② 石磊译注.商君书[M].北京：中华书局，2018：105.

③ 石磊译注.商君书[M].北京：中华书局，2018：105.

求兴天下之利，除天下之害"①。在宣扬"信"德方面，墨家主张通过奖善惩恶之法来推动"信"的发展。墨家认为国家中的忠实守信之人应受到奖励，不忠信之士必会得到相应的惩戒。此外，其功利主义倾向也体现在对言必达信、行必有果的追求上。所谓"言必行，行必果，使言行之合，犹合符节也，无言而不行也"②，就是认为说出口的话要表达内心真实的想法，说出口的话也要身体力行，通过实际行动履行。

春秋战国时期，诸子们对于"信"德的理解与诠释各有不同。儒家倡导个人修养，强调树立并巩固其为社会常规伦理规范之一；法家主张无为而无不为，以信养信；法家强调以刑罚律令立"信"又以"信"作为治国安邦之重要手段；墨家追求功利主义，强调身体力行，言必行，行必果，注重"信"德实际效用。除此之外还有诸多百家争鸣时期的先贤学者对"信"德做出多样化的阐释与发展，"信"理念的内涵得以进一步丰富及发展。

### 3. 秦汉时期

公元前 221 年秦统一六国，结束了春秋以来诸侯割据、相互混战的局面。秦始皇在实现大一统后，焚书坑儒，大力推崇法家思想。因而这一时期的"信"德既传承于先秦法家人物对信理念的理解，同时又吸取杂糅先秦各家观点，主张"信"德的推行，社会各界的立信树信必要时辅之以刑罚律令。秦相吕不韦就在《吕氏春秋·离俗览》中云："七曰：凡人主必信，信而又信，谁人不亲？"③认为能够做到诚信的君主才能受到百姓的钦慕与敬畏。"君臣不信，则百姓诽谤，社稷不宁。处官不信，则少不畏长，贵贱相轻。赏罚不信，则民易犯法，不可使令。交友不信，则离散郁怨，不能相亲。百工不信，则器械苦伪，丹漆染色不贞。夫可与为始，可与为终，可与尊通，可与卑穷者，其唯信乎！"④在为君、为臣、为官、为工、为匠，施行法令、人际交友等方面，不达信则必会致使自身修养不善，他人轻慢以待。同样，天地自然运行也要遵守相应的规则规律，不信则必有异处，"故信之为功大矣"⑤。

汉武帝时期，随着统治者推行董仲舒"罢黜百家，独尊儒术"之政策，

---

① 方勇译注. 墨子 [M]. 北京：中华书局，2015：134.
② 方勇译注. 墨子 [M]. 北京：中华书局，2015：141.
③ 陆玖译注. 吕氏春秋 [M]. 北京：中华书局，2014：722.
④ 陆玖译注. 吕氏春秋 [M]. 北京：中华书局，2014：723.
⑤ 陆玖译注. 吕氏春秋 [M]. 北京：中华书局，2014：541.

儒家思想成为统治者所推崇的官方正统思想。儒家关于"信"德的思想理论重新被予以重视，得到进一步继承与发扬。董仲舒言："夫仁、义、礼、智、信五常之道，王者所修饬也，王者修饬，故受天之佑而享鬼神之灵，德施于方外，延及群生也。"① 仁、义、礼、智、信是五种恒久不变的治国之道，君主应当重视整饬，如果能够培养整顿好这五者，那么就能够受到老天的庇佑、鬼神的保护，其恩德能够从国内普及到国外，普及到众生。

董仲舒把"信"同仁、义、礼、智一并纳为"五常"，形成了一套"三纲五常"的封建伦理道德规范并为统治者所推行。这是对"信"德地位的又一次巩固。"三纲五常"伦理体系的建立是基于维护统治阶级的既得利益，在巩固封建统治的基础上提出的，因而比起个人道德修养、人际交友等，此时"信"德的政治功能更加突出，更聚焦于君臣之间、君民关系之间的诚信品质，尤为强调臣对君、民对君的忠厚诚信。值得注意的是，董仲舒还认为"好为大夫者，宜厚其忠信，敦其礼仪"②，强调要以"礼"来约束"信"。时至东汉，许慎在其《说文解字》中强调了"诚"同"信"的联结，他如是表述"诚"与"信"之关系："诚者，信也"③，"信者，诚也"④，"两者可互训也"⑤。在汉代，"信"已然作为"三纲五常"的一部分为促进社会秩序维护、民主生活和谐等做出了自身的贡献，成为统治者维护统治的上层建筑。其作为规范道德伦常的正统主流思想地位自此得以确立，并在此后长达数千年里深刻地影响了中华民族的气质倾向。

### 4. 唐宋时期

自东汉之后再到三国、两晋及南北朝这长达 300 余年的时间中，彼时汉武帝所推崇的作为正统主流思想的儒家思想受佛、道两家思想的冲击，地位逐渐消落。"信"作为儒家所推崇的封建伦理道德规范之一，直至隋唐时期才得以重新受到系统的宣扬。隋唐以降，儒、道、佛三家的思想仍然在进一步冲撞与融合之中，随着佛教在唐代愈来愈盛行，信徒的日益增多、寺院道观的增加也给政府带来了沉重负担，众多过度的崇佛奉佛行为消耗了许多国家资源。韩愈强调儒道，是当时佛教的坚定反对者，他创立的心性论观点以

① 魏文华.董仲舒传 [M].北京：新华出版社，2003：51.
② 董仲舒.春秋繁露（卷十）[M].北京：中华书局，2016：430.
③ 许慎.说文解字 [M].北京：中华书局，2013：476.
④ 许慎.说文解字 [M].北京：中华书局，2013：476.
⑤ 许慎.说文解字 [M].北京：中华书局，2013：476.

及所提出的儒家"道统"思想等不仅体现了其复兴儒家之道的主张，也对复兴"信"德有极大的推动。在韩愈的观点里，仁、义、礼、智、信此五德为"性"，这种"性"是人与生俱来的。他与李翱都对《大学》《中庸》中以"诚"来表现"信"的内容进行了阐释与发扬，将《大学》中的"诚意正心"与《中庸》的"至诚"相结合。李翱追随韩愈，承袭了《中庸》中关于诚信的观念思想，认为诚是天与人所共同具有的性情。他指出，"圣人，至诚而已矣"，即"信"需要通过"诚"来表现，它是人要达到至善的圣人之境所必须的。此外，李翱的心性论观点也有吸收借鉴佛教、道家心性论思想中的闪光点。在达到"至诚"之境方面，他所强调的"复性"先是摈弃因外界干扰而产生的思虑，再是摒弃因思虑而引起的诸如喜、怒、爱、恶等的各种情感以"正心"。然而这种没有思虑只是一种相对的静止，只有实现了把各种思虑和情感当作体外之物，所有思想达到真正的静才是达到"至静"的境界，才是实现了复性，即所谓的"知本无有思，动静皆离，寂然不动者，是至诚也"。这里的"诚"正是实现了超脱般"静"的含义。总之，在唐代儒、道、佛三教并流的背景下，倾向于复兴儒学之道的诸多思想家都对"诚"的内涵和意义进行了又一次的丰富与拓展，而关于"信"的观念承袭了《中庸》等著作，多用为人以"诚"来表现，并在儒家之道的复兴中进一步发展。但是其多关注哲学上的探讨与诠释，使本来源起于人们日常生产生活的"信"德观念更为抽象化。

到了宋朝，传统儒学得到新的发展。新儒学，即理学得以发扬，诚信思想也随之而进一步受到重视并再一次得到发扬。宋朝时期的"信"思想较之唐朝时期，其所蕴含的哲理性倾向更为突出，更多人看到了"信"与"诚"之间的联结，当时的一部分学者已将两者等同起来，谓之"诚则信矣，信则诚矣"[①]。周敦颐也是在承袭了《中庸》中关于诚的观点后，以"诚"为中心建立起了一整套的理学思想体系，他认为"诚"既是万物最高本体也是善之本源，"诚"是真实无妄，是源于内心的，是不妄言不欺骗的。程颢、程颐认为"诚"是伦理道德最高标准，"诚者天之道，敬者人事之本"[②]。朱熹更是把诚信作为思想伦理体系中最重要的核心部分，把诚信置于五常之基的地位，强调其在封建伦理道德规范中的重要地位。他认为诚意真实不欺，不妄言不欺骗，发自内心且全心全意才能推动心中的意念落实成真。"信"德经由

---

① 朱熹.河南程氏遗书[M].北京：商务印书馆，1935：350.

② 程颢，程颐.二程集[M].北京：中华书局，1981：137.

宋朝的发展，作为封建社会主流伦理道德思想，它的地位愈加受到重视并得以巩固。"诚"与"信"之间的关系，"诚信"观念进一步得以延伸与拓展。这一时期，学者们承袭了唐朝部分思想家的研究倾向，坚持在哲学层面对"诚信"进行阐释与探讨，诚信逐步具有了伦理道德和哲学思辨两重属性。

### 5. 明清时期

明清时期，政治上中央集权日益加剧，君主专制达到巅峰。作为维护封建专制统治的"三纲五常"伦理道规范的政治色彩更为浓重，愈加为统治者所推行并通过各种教化手段内化于民众之中，以期维护自身的封建专制统治。此外，这一时期随着社会经济的发展、商品经济的愈加繁荣，在当时中国封建社会内部的一些地区，资本主义萌芽得以初步产生。例如，当时苏杭等地所开办的一些带有资本主义性质的手工工场、农业中开始出现的佃农雇工经营模式等。在商业经济繁荣的背景下，人们对于道德品质的要求更为客观化、实用化，"信"德的发展也更加表现出经世致用化的倾向。王夫之认为，"夫诚者，实有者也，前有所始，后有所终也。实有者，天下之公有，有目所共见，有耳所共闻也。"[①] 意指"诚"是实有的，是实用的。有"诚"才能够实现修身向善，达到天人合一的境界。他认为诚信具有推动个人道德修养得到进一步涵养的实践性意义。除了思想理论上，"信"德的实用化倾向更为明显地体现在明清时期的经济生活领域。商业领域受"信"德思想的影响尤为明显，讲信修信某种程度上成为从商的默认行业规范之一。拥有良好诚信、良好信誉的经商者更能获得他人的信赖，同时也更易于占据商业领域的优势地位和获得更多的商业收益。例如，明清时期较为闻名的徽商、晋商群体大多奉行传统的儒家传统诚信观点，交易贸易之时，必要讲求诚信，把"义"字立于"利"字之前。清代商人李大皓曾告诫后人，为人的道义也是徽商经商的道义，财富的取得必然是从履行道义、讲求诚信开始的，要时刻把"义"先于"利"铭记于心、严于律己。利欲熏心、唯利是图，不讲求交易和交流时的平等信实而积累的财富是以失信背约为代价的，失信背约所获得的收益是牺牲长远发展和收益的利益，必然不能使行为主体长期获益。除却明清时期的商业领域重视诚信外，诚信也随着市民经济的发展而融入当时的文娱作品之中。经济的发展使得市民社会不断发展，明清市民生活日益充实，文艺作品同样日趋丰富多彩。诚信作为伦理道德规范之一也开始普遍

---

① 王夫之. 尚书引义 [M]. 长沙：岳麓书社，1996：353.

地在这一时期的文娱作品中出现。它通过各种戏曲、小说等形式展现自身魅力与价值。各种错综复杂、跌宕起伏、缠绵悱恻的故事情节中所蕴含的诚信、信德观念也通过这些文娱作品向市民潜移默化地传递着"信"德价值观念。如明代短篇小说集《警世通言》某一卷中的角色吕大郎在外出经商期间阴差阳错地拾得了两百两银子，他秉持拾金不昧、诚信以对之态，在拾得银子的地方立告示等待丢失银子的失主出现，虽然当时并未寻得失主，但也在故事情节中的种种机缘巧合之下最终得以将拾得的东西交还给失主。由此可见，诚信守信的价值观念已然普遍地存在文艺作品中，透过人物角色的言行得到当时市民们的认同与称赞。

### 6. 晚清至民国时期

晚清时期，清政府统治愈加腐朽专制，西方资本主义列强对中国的侵略自鸦片战争开始也愈演愈烈，社会动荡不安，民众在经历了一次次的改良、改革及革命运动，面对封建等级制度、封建伦理道德规范的压迫日益觉醒。谭嗣同就在其《仁学》一文中表示过当下的"三纲五常"伦理道德规范是维护封建统治阶级利益的工具，经由统治阶级通过教化手段宣扬的君臣之间、父子之间、夫妻之间等的交往准则本质上是不平等的人际交往准则，与自由、平等等思想相悖。但他肯定了朋友之间的交往需要以诚信为准则，认为朋友之间讲求诚实互信是人平等、自由的体现，是没有盲从于封建伦理道德中主张的附属或者不平等关系的体现，即其所说的不会丧失为人之自主权。梁启超也主张道德革命，认为根深蒂固于人们心中的旧的伦理道德规范是封建专制统治得以苟延残喘所攀附的一大靠山之一。新的变法与改良的失败也一定程度上是受到了封建旧道德的影响。他呼吁以资产阶级新道德替代传统旧道德。这一时期，传统儒家信德作为维护封建等级制度和封建政治统治的伦常思想之一，也遭受到了中国当时主张救亡图存的一批进步人士的批判。但是，传统"信"德观念总体上所反映的人与人诚信以待的交往准则，与当代自由、平等思想也有着一定的联通之处。与人交往过程中内心真诚、言行诚恳折射出的是人与人之间彼此的尊重，一定程度上体现了对人格与自由的尊重。摒弃掉传统信德观念中为封建反动势力提供思想庇护的糟粕部分，推动中华传统信德切合近代中国救亡图存之需慢慢成了当时"信"德发展的一大重要任务。

综上所述，"信"德思想最早源起于原始先民生产、生活实践活动中，是巩固人与人之间群体情感联结的潜意识观念之一。随着人类社会物质生活条件的不断发展变化，由最初的宗教色彩浓重的社会潜意识形态向社会显性意识形态逐步转变。以商周时期"信"字首次以成文形式出现于金文之中为始，"信"德实现了由经验型向理论型的转变。在春秋战国时期，"信"的观念逐步褪去崇敬于鬼神、神明的浓重宗教迷信思想。随着先秦诸子们对于"信""诚信"观念的阐释、解读与发扬，其内涵进一步丰富。它开始作为成文道德规范于社会诸多具体情境中运用，形成一种较为系统完整的道德观念体系。直至汉朝，随着传统儒家思想被作为正统主流思想所推行，儒家诚信观念作为封建伦理纲常的一部分被用来维护封建统治者的阶级统治及既得利益。在其后的唐宋、明清等朝代中，"信"德观念理论体系不断随着时代政治经济及文化等条件的变化而进一步得到阐释与发展。一方面其作为维护中国古代封建统治的工具，政治属性进一步强化，维护巩固封建君主专制统治的性质不断加强；另一方面"信"德自身理论体系不断发展完善，逐渐通过教化等手段内化成为中华民族的传统美德之一。

### （三）"信"德的基本内涵

时至今日，中华传统德目中的精粹依然熠熠生辉，给予当代社会中的人以道德上、思想上的正向回馈。只有在对"信"德的内涵有全面而又正确的理解和把握后，才能从中挖掘出即便是在今天也仍具有积极意义的诸多闪光点，为社会主义现代化强国建设、实现中华民族伟大复兴提供坚实的文化道德支撑。东汉许慎在《说文解字》中对"信"的解释是："信，诚也。从人从言，会意。"[①] 单从字形上看，"信"字由"身"与"言"两个部分所构成，字形上的"信"象征人说话，出口之言与内心思虑、身体力行息息相关。对"信"德内涵的理解与把握不仅要考虑到言语、行动要符合诚信原则，也要考虑到内心的动机、想法是否处于真诚善良的本意，如此，才能对"信"的基本含义做出正确的解读。结合前述对"信"德的起源和历史流变的阐释，其基本含义应内含以下几方面。

### 1. 言为心声，实事求是

墨子曾对"信"做出如下解释："信，言合于意也。"[②] 个人的出口之言必定是内心想法与意志在一定程度上的体现。所以墨子认为的"信"是一个人

---

① 许慎.说文解字[M].北京：中华书局，2013：476.
② 方勇译注.墨子[M].北京：中华书局，2015：326.

言语同内心想法无异，不因外因所迫而违背真心，对自己的语言加以矫饰，甚至编撰谎言。不夸大、不妄语，真实地通过语言来表达出心声，即言思一致，言为心声。心口如一是言语可信的一个必要部分，是言语可信的先决因素。言思一致、言为心声既是不用虚言妄语来欺骗自己，也是不以花言巧语来蒙蔽他人。如若所言频繁因为自己私欲和外界干扰而不表达自己内心，言语里充斥不诚与谎言，又何谈付诸行动去践行自己所说的话？何谈付诸行动履行诺言去获得他人信赖呢？但是并非所有与内心意志相符合的发言都是践行信德的表现。"信"既与言语有关，又关乎内心。《说文解字》中许慎就如是表述过"诚"与"信"的关系，谓"诚者，信也"①，"信者，诚也"②。也就是诚即是信，信也是诚。诚是信的基础和内在核心，内诚于心才能自觉要求自身言行合乎于信、诚信不欺，有真诚善良的本意才能引导个人在面对自己、面对他人的时候不自欺、不欺人，以真诚之态发言、行事。同样，信也不仅是诚的外化表现。表里如一、真诚待人、信守诺言的言行获得的正向反馈也反过来使诚信意志得到正面强化。总之，内心真诚善良、符合正义的本意是信之初衷和本性，先做到内诚于心才能做到心口如一、言为心声。失去了真诚善良的初衷，就算能够做到言为心声，也是蒙蔽他人虚伪的"诚信"，同样是表里不一的人。言出于诚又合乎于意才是信的表现之一。

### 2. 恪守诚信，守言行诺

"信"既要做到心口如一，也要做到言行一致。是否真实做到践行诚信不能仅凭真实善良的初衷和与内心意志相符的言语。所说之话语，所做之承诺还需要以实际行动来践行。诚信意志与德性的衡量需要以实践作为标准进行。孔子曾说道："信近于义，一言可复也。"③此处的"复"即指要兑现践行所做出的承诺要以真实的行动践行。此外，值得注意的是，君子"耻其言而过其行"④，"敏于事而慎于言"⑤。践行诚信也要言语可靠，勤于恪守诚信践行诺言，不夸夸其谈信口开河。个人承诺的践行还与所说之话、所做承诺是否与客观实际相符、是否是自身在当下或在未来一定时间段内有望实现的休戚相关。也就是所说之话要真实可靠、所做之承诺要力所能及。墨子在《墨

① 【汉】许慎. 说文解字 [M]. 北京：中华书局，2013：476.
② 【汉】许慎. 说文解字 [M]. 北京：中华书局，2013：476.
③ 杨伯峻译注. 论语 [M]. 北京：中华书局，2006：9.
④ 杨伯峻译注. 论语 [M]. 北京：中华书局，2006：44.
⑤ 杨伯峻译注. 论语 [M]. 北京：中华书局，2006：44.

子·贵义篇》中就曾提出过"言足以迁行者，常之；不足以迁行者，勿常。不足以迁行而常之，是荡口也"[①]的观点。在他看来，如果自身完全能够把所说之话、所做的承诺兑现践行，那么这些话就可以经常说；如果自身不具备把所说之话、所做的承诺兑现践行的能力，那么就尽量不要说这些话，也不要做相应的承诺。轻诺必寡信，如果常常把自己不能做到、不能践行的话挂在嘴边，随意许下承诺，那么他的话就算是他自身意志的真实体现，也是背离事实经不起实践检验的空话，他的言辞是不可靠的，所做出的承诺也是在信口开河。

### 3. 取信于人，互信无忌

诚信不仅仅是一种个人应当具备的道德品质和应当遵循与践行的伦理道德规范，也是人与人之间交往所应当秉持的原则。它有对待他人予以真诚信任，彼此间相互信任、不猜忌不欺瞒之意。曾子把反省自身作为每日必须要完成的任务。"与朋友交而不信乎"是他在同朋友的交往过程中对自己是否践行"信"的反省。此处的"信"不仅有真实诚信、不欺瞒、不背叛之意，也指在与朋友的相处过程中彼此之间是否相互信任，不怀疑、不猜忌。友人关系不同于血缘、亲缘等关系，血缘、亲缘关系可以依靠血亲关系来联结，友人关系则不然。因而对于基本不为任何强制或半强制性所羁绊的朋友之间的交往来说，真实诚信、不欺瞒、不背叛是维系这种友人群体的关系基础。其本质也即是实现彼此之间的相互信任、不生疑不猜忌，并借此实现这种非血缘、亲缘关系的良性稳定状态。除却友人关系外，君臣、父子、夫妇等其他关系也需要诚信维系。君臣、父子、夫妇等关系的长期稳定、和谐发展很大程度上是建立在地缘、血缘、亲缘等关系的维系下而产生的熟悉感、可靠感和信任感。但是其也不全然仅靠这种关系来维系，纵使是在彼此最为亲密的家庭关系中，每个个体对于家庭中他人的信任也是基于家人间的诚信以待。总之，相互信任、互信无忌的人际交往氛围是在诚心正意的态度基础上产生的。而这种对交往方的信任也反过来推动了彼此在交往过程中的诚信以待、相互信任，形成了一种确定的信任感与安全感。人际关系与社会氛围也在这种个体对于社会的高度归属感与安全感之下，不断向着良性的方向发展。

---

① 　方勇译注.墨子[M].北京：中华书局，2015：415.

## 二、传统"信"德的历史作用

诚信经过中华民族众多先民先贤的阐释与发展，逐渐成为较为系统、完整的伦理道德观念，在中华传统德目中一直占据着举足轻重的地位。它之所以能够随着时代发展以及社会变迁而仍能够为人们所不断重视与探究，与其所内含的丰富道德底蕴密切相关。"信"德对个人立世修身、协调人际关系、社会行业繁荣以及治国理政等的积极意义仍然在历史长河中熠熠生辉。在中国特色社会主义进入新时代的今天，对"信"德需要有进一步深刻的认知，了解其在历史上曾对中华文明所发挥的重要作用，对于汲取先人的智慧经验、更好地为现实服务有重要的意义。

### （一）个人立身修身的道德要求

怎样的人才能称为真正的人呢？孔子曾道："人而无信，不知其可也。"①同时他还以牛车和马车为例来比喻人，认为不讲诚信的人就如同牛车没有用来连接车身与牲畜的车辕和活销，马车没有用以联结前段横木的销钉。失去了活销和销钉的牛车和马车也就失去了驱动的关键因素，是无法使用的废车，"其何以行哉"②。同样，不具备诚信道德品质的人也是不具备完整人格的人，这种不完整的人格往往使其难以获得他人的认可和尊重，难以在社会中生存立足。可见在他的观念中，他把诚信作为衡量人之所以为人所不可或缺的道德基准。为人诚信也是个人得以在社会中立足必不可少的道德要求，这足以见得诚信对于个人立世立身的重要意义。

历史上，诚信之所以在某种意义上对个人修身立世起到先决作用，与当时条件下其所具有的封闭性特征有着密切联系。不论是原始社会、奴隶社会还是封建社会，不发达的生产发展状况限制着人口在更大范围内的流动。社会关系总是局限于一定范围内并且拓展缓慢，再加之中华民族数千年来的自给自足的农耕劳作形式，依山靠海，聚族而居的特性，人们之间的社会关系往往多聚焦于血缘、地缘等。多数人基本上只能在较为狭小的范围内进行生产生活，这种较为狭小的交际范围也日趋形成稳定的交际圈。圈内的人们彼此之间多以互识的身份进行沟通交流。人与人之间的信任多基于这种已知的血缘、地缘关系等，因而更容易对熟悉者产生信任。古代诚信是更倾向于熟

① 杨伯峻译注.论语[M].北京：中华书局，2006：22.
② 杨伯峻译注.论语[M].北京：中华书局，2006：22..

人社会的诚信。在这种早期的熟人社会中，社会成员个体之间的熟悉使得传统诚信的价值更加趋显。然而这也使得个人不讲信德、失信于人的行为更容易在这种小范围的熟人圈之间传播。一旦失信，失信者就会受到家人亲友、街坊邻里的指责惩戒，在熟人社会中的生存发展将举步维艰。孔子就在《论语·卫灵公篇》中道："言忠信，行笃敬，虽蛮貊之邦，行矣。言不忠信，行不笃敬，虽州里，行乎哉？立则见其参于前也，在舆则见其倚于衡也，夫然后行。"① 他认为言行不忠信、不真诚对于个人立身处世的影响毋庸置疑是极大的。即使是在古代这种本乡本土彼此熟悉的熟人社会中，言不忠、行不笃也无法得到他人的尊重、认可和信任，狭隘的地域范围和固定的社交圈子甚至还会加剧不诚信的负面后果。同样，说话忠实可信、行为真诚敦厚，即使是在陌生的南蛮北狄之地也能够使人立身立足。秦末时期有楚地人季布正直善良、足智多谋，在生活中一直恪守诚信、信守诺言，因而赢得了很高的声誉。楚地还一度流传着"得黄金百斤，不如得季布一诺"② 这样的话语赞誉他守言行诺的德性。他信守诺言的品质使他获得了朋友的认可、尊重与信任，也使其在秦末的社会政治变动中得以幸免于难。西楚霸王项羽败北自刎于乌江后，一直效力于项羽的季布被汉高祖刘邦通缉。在他逃亡的过程中，昔日诸位旧友都不惜冒极大的风险来帮助他隐匿逃脱，更有友人为他会见、劝导当时的汝阴侯夏侯婴。最后季布得以获得了刘邦的赦免且日后还被刘邦任命为郎中。季布一直以来正直仗义、诚实有信的为处世作风是他获得他人尊重、信任、支持的重要前提。也正是基于他自身的诚信素养，他才能够结交到一众肝胆相照的良友，帮助他得以在当时复杂的政治洪流中幸免于难、立身于世。古人常常将讲信修信作为行动的原则和处事的座右铭。以诚信来规范自己的言行才能够获得他人的尊重与认可，成为真正能够在社会立身的人，这也正是孟子所强调的"诚者人之道"③。

《礼记·大学》中有提及，想要在天下弘扬光明公正的道德品质的人必然要以能够有效地治理好自己的国家为前提。切实有效地治理好国家是以能够有效地经营管理好自己的家庭和家族为前提的。想要有效地经营管理好自己的家庭和家族则需要齐家之人有良好道德修养、有强健身体素养。大多数古人也多以"修身"来作为自己的人生追求与理想，期许以更完善的自身修养品性来更好地为家庭和睦、国家治国贡献绵薄之力。因而尊崇更为高尚

---

① 杨伯峻译注.论语[M].北京：中华书局，2006：183.

② 甘宏伟，江俊伟译注.史记[M].北京：中华书局，2009：1883.

③ 胡瀚译注.大学·中庸[M].长春：吉林文史出版社，2006：216.

的人生境界、注重自身道德修养以及个人道德品质一直是中华民族自古至今不懈的追求。诚信作为个人在古代社会立身处世的必要条件，作为封建伦理道德之一，不仅起到衡量个人品行、规范言行的作用，同时也是个人提升自身道德修养所必备的道德品质。对于"信"德的追求勉励着个人注重自身道德修养，在约束自身言行的同时向着更理想的状态和境界不断发展与完善自身，提升自身道德素养。正如《论语·卫灵公篇》所提及的，"君子义以为质，礼以行之，孙以出之，信以成之。君子哉"①。可以称之为"君子"的人，必定是讲求道德并步步践行道德的人。君子必定以遵循道义良心、做事适宜符合天道作为自己为人的根本；君子必定以礼序为标准来审事行事，以此规范约束自身的言行；君子必定要秉持谦逊之心，不以傲慢姿态待人待物，切忌出言不逊；君子必定内诚于心，外信于行，坚持以诚信的态度来为人处事。此篇是孔子对于何以为君子问题的回答，"义""礼""孙""信"也是他对君子所提出的四点要求。"信以成之"意在强调诚信道德品质对于个人修身向善的重要意义。真实无欺、意诚心正，不论是在古时还是在当今，都是人们所普遍追求的品性。先民先哲们对于提升自我修养的注重和"齐家""平天下"的人生追求等推动了人们对于诚信品性的追求与自觉履行践行。反过来，信德以及诚信品性的推崇与践行也为个人修身向善、齐家治国夯实了基础。

### （二）人际交往维系的内在纽带

"人的本质不是单个人所固有的抽象物，在其现实性上，它是一切社会关系的总和"②，具体的现实的社会生活中的人不是孤立的，他在自身与他人的交往中逐渐使自身的社会本质不断丰富，每个人都是无法割裂自己与周围人的关系的，与他人不断地交往交际无可避免。人与人之间的交往以及关系的维系亦离不开人们对于诚信道德准则的遵循与践行。诚信自其产生伊始便与部落、氏族公社等共同体内部团结稳定的维系相关。在原始社会中，诚信通过规范成员彼此交往过程中的言行来巩固氏族、公社内部的稳定团结，扮演着规则及秩序的捍卫者、群体内部关系的维系者的角色。在随后的夏商周、春秋战国以及其后朝代，人们也亦是注重在人际交往过程中将诚信作为人际交往的维系纽带，强调要真实无欺、意诚心正，凡提及交往必定讲求正

---

① 杨伯峻译注.论语[M].北京：中华书局，2006：187.

② 中共中央马克思恩格斯列宁斯大林编译局.马克思恩格斯选集（第1卷）[M].北京：人民出版社，2002：56.

心诚意、重信。

孔子把诚信作为人际交往所必定要遵循的准则之一，强调在与他人的交往过程中，要以诚信的态度待人。与他人交友要做到内诚于心、真诚相待、言语守信、行为践信。与朋友交往却不真诚忠信，那么哪怕可以交到朋友也是一时的，而且也容易结交到虚伪附势的表面朋友。曾子也强调诚信的重要性，认为在与朋友的相处过程中诚实守信是必须的，并且他还时常反省自己在每日与友人的交往过程中是否做到了"交而有信"。北宋周敦颐也曾说："相比之道，以诚信为本。"① 友人关系不同于血缘、情缘关系等可以依靠亲缘关系来联结，因而对于基本不为任何强制或半强制性所羁绊的朋友之间的交往来说，真实诚信、不欺瞒、不背叛是维系这种友人群体的显要核心。交友不信、失于诚信、欺瞒和背叛最后必如《吕氏春秋》所言"离散郁怨，不能相亲"②，与朋友渐行渐远，不复亲近。品性高尚之人不仅遵循礼义、谦逊友好，为人真诚、待人以诚信示之也是其高尚品性的重要体现。除了怎样结交朋友外，结交怎样的朋友也是至关重要的。诚信不仅是个人在交友过程中对自己的自我要求和应当遵循的规范，也同样是个人在选择结交对象时应当参考的必要衡量标准之一。孔子言："益者三友，损者三友。友直，友谅，友多闻，益矣。友便辟，友善柔，友便佞，损矣。"③ 在他的观点中，他认为值得人结交的是益友。益友有三种，即"友直，友谅，友多闻"④。其中的"友谅"就是指真诚、诚信的人。刚正不阿的人、真诚守诺的人、知识广博的人都是值得结交的朋友，和这些人交往也可以使自己在耳濡目染下不断进步，而和花言巧语、虚伪谄媚、阿谀逢迎的人交往势必对自己百害而无一利。益友于自己有益，而结交损友则不仅会对自己造成损害，也容易在损友营造的不良交际氛围下迷失自我、随波逐流。因此在交友时也要审慎而行，明辨其是非、曲直、好坏以及善恶，与有德性、待自己真诚的人交往。

诚信不仅仅是交友的基本原则与基础、维系友人群体的纽带，同时也是君臣、父子、夫妇等其他基本人伦关系中应当恪守的准则。以血缘关系为纽带而联结在一起的家庭是人们最初所接触的小型社会群体。诚然，血缘、亲情本身就能够给这个小群体内部带来较为稳定的情感联结，但家庭内的父子、夫妇等亲眷关系的维系除了血缘关系外，也同样需要彼此之间的真诚相

---

① 王孝鱼点注 . 二程集 [M]. 北京：中华书局，1981：792.

② 陆玖译注 . 吕氏春秋 [M]. 北京：中华书局，2014：723.

③ 杨伯峻译注 . 论语 [M]. 北京：中华书局，2006：197.

④ 杨伯峻译注 . 论语 [M]. 北京：中华书局，2006：197.

待、相互信任。父子、夫妇之间彼此以信相待、讲诚守信对于家庭稳定和睦的作用不容小觑。家庭成员中的父辈只有信任子辈，不猜忌、不狐疑子辈，以真诚之态来养育、教诲孩子才能获得孩子的信任与亲近。子辈以信侍父母，对父母讲孝守孝才能得到父母的信任与慰藉，父子之间彼此信任扶持，彼此之间有血缘关系的长幼辈或是其他亲眷亦是如此。至于夫妻关系，虽然我国封建社会时期的婚姻制度大多并非一夫一妻制，而是不合理的一夫多妻制，但是联结为夫妻的两性也要遵循以诚相待、以信相示的原则。夫妻之间自彼此以夫妻之名相联结之后，在家庭关系、夫妻关系内部对伴侣真诚、关爱、信任、忠贞互信也是必须的。共同承担起经营家庭、抚育子女等义务与责任是维系长久稳定夫妻关系的关键之一，也是家庭关系和睦有爱的必要条件。以血缘、亲缘关系为纽带而联结在一起的家庭，不论父子、夫妻，长幼亦或是其他亲眷，彼此间也要坚持以诚信为交往准则。遵循信德规范，讲诚守信，不猜忌、不背叛是一个家庭、家族得以稳定维系、团结友爱、幸福美满的必要条件。亲人之间以诚守信、讲信修睦得以形成家庭间应有的父慈子孝、夫妻和睦、兄友弟恭的良好氛围，而良好家风的培育和维系也推动了家庭内、家族内成员之间的对诚信道德规范的进一步自觉遵循与遵守。和睦的家庭、家族关系也得以在这种相互反馈的讲诚守信的良性循环中稳定发展。家和方能万事兴，"家齐而后国治，国治而后天下平"①。"诚信家风"在不同朝代、不同族群之间以其特定的历史方式消减、克服了欺诈弃义所带来的各种社会不稳定因素。② 总之，幸福和睦的家庭、家族关系是个人能够安身立命、克己修身之基，家庭、家族的和睦也是国家安定兴盛、天下和平和谐之基。

### （三）社会行业繁荣的重要基石

信德不仅是个人立身处世、人际交往之必要条件，对个人立业从业也具有重要的影响。古人将其视为进德修业之本，君子要忠信、要意诚，而后才能达到进德修业的目的。管子曾提道："非诚贾不得食于贾，非诚工不得食于工，非诚农不得食于农，非信士不得立于朝。"③ 在他看来，不论从事何种行业何种职业，诚信都尤为重要。不遵循诚信道德品质的人便不应当从事商

① 胡瀚译注.大学·中庸[M].长春：吉林文史出版社，2006：5.

② 王明志，况志华.中国传统诚信思想的演变及其当代启示[J].思想政治教育研究，2019，35（5）：145-148.

③ 李山，轩新丽译注.管子[M].北京：中华书局，2019：89.

业活动，不以真诚之态从事手工业的工匠不能继续在这个行业谋生，不真诚务农的农民不应当以耕种为生，不恪守诚性的臣子不配在朝堂之上为国家治理献计献策。"百工忠信而不楛，则器用巧便而财不匮矣"①，"耆艾而信，可以为师"②，不论从商、务农、为师、做工亦或是其他工种，诚心正意、恪守诚信都是个人从业立业之必须，没有诚信的人对待自己的工作，对待自己所应当承担的责任和义务也必定是无法端正自己的心意，做不到公正无私、尽职尽责的。总之，"言非信则百世不满也"③，言而无信、行而不诚的人不论委身于何种行业都必然难有一番作为。

历史上诚信在促进社会各行业的兴盛发展，尤其是在经济领域促进商业发展、经济繁荣方面的作用也同样受到先人的高度重视。从商业方面来看，诚信总是与商业信誉挂钩，而商业信誉作为经商者的无形资产，往往与商业利益挂钩。"诚贾""良贾"在中国古代一直受到尊重与推崇。拥有良好诚信、良好信誉的从商者更能够获得他人的信赖。这种良好的信誉作为一种无形的资产也帮助着守言守信、恪守诚信的商业从业者占据更加优势的商业地位和获得更多的商业收益。讲信修信一直是商业自产生时便攸关性命的行业道德准则之一。在其后漫长的商贸发展过程中，诚信也愈来愈显示出其在商业领域、经济领域的重要性，经商人纷纷将遵循诚信作为其默认的行业规范。如果说经济利益是把商人、顾客以及合作伙伴三者联系起来的桥梁的话，那么诚信就起到了加强这座桥梁稳固的功效。商人商贩、顾客以及合作伙伴之间在自我经营、相互交易、相互合作的过程中彼此忠厚、真诚、不期瞒，保障了三者关系得以维系长期的稳定状态，推动了商业发展、经济繁荣，国家也得以更加富足。孔子曰："富与贵，是人之所欲也，不以其道得之，不处也。"④从商经营目的是谋生获利，追求利欲是人之常情，但要以遵循道义的方式、以正当的手段为自己谋利益才是合乎道德规范的。妥善处理好利与义之间的关系，公正合理、货真价实、不虚伪欺瞒是古今商业之道的共识。荀子便看到了这一点，他认为"贾敦悫无诈，则商旅安，货财通，而国求给矣"⑤。他特地提及从商者，认为从商者们诚信经营不欺诈欺瞒，那么商业贸易就会安全顺利地进行，货物以及钱财的流通也会顺利通畅，市场秩

---

① 方勇，李波译注．荀子[M]．北京：中华书局，2015：187．

② 方勇，李波译注．荀子[M]．北京：中华书局，2015：225．

③ 陆玖译注．吕氏春秋[M]．北京：中华书局，20154：722．

④ 杨伯峻译注．论语[M]．北京：中华书局，2006：39．

⑤ 方勇，李波译注．荀子[M]．北京：中华书局，2015：187．

序稳定有序，经济繁荣稳定，国家的物质财富得以满足国家自身的需求，国家得以安定富裕、殷实富足，这也是对诚信在商业贸易、经济领域正面积极作用的肯定。

在春秋末期，范蠡作为闻名于后世的著名商业家在协助越王勾践灭吴称霸后便于官场隐退，他先后三次改变定居之地，最后移居至齐国陶邑并改名为朱公。在定居陶邑期间，范蠡基于陶邑"天下之中"而通达的交通条件，再依据当地的地理、气候、风俗、民情等诸多条件重新操持相关商业。除了遵循市场规律、坚持农末俱利等外，他也讲义守信，恪守诚信。虽然同所有经商者一样在买卖交易时讲求贵出贱取，但是他在囤积货物时也注重讲求信誉。所囤积之物必定要"务完物"，也就是说囤积的货物一定要保证质量完好，不贮藏缺斤少两质量低下之物、不囤积腐败腐朽之物，更不应当将缺斤少两、腐朽破败之物高价售卖给顾客。这不仅是因为囤积易腐易蚀的货品容易因为货物腐蚀腐败而受到亏损，也是对将腐败腐朽亦或是质量不佳的货品出卖给顾客这种唯利是图行为的坚决抵制与批判。如此做到货真价实、物美价廉，才能够在短期内多次于商业上立足脚跟，积聚财富。

明清时期商场上赫赫有名、繁盛达百年的徽商、晋商商帮群体得以兴起与他们自身的精神品质休戚相关。他们不单单时刻铭记吃苦耐劳、自强不息，同时也在儒家文化思想的熏陶下时刻以仁、义、礼、智、信作为自己办事行事之准则。他们立"义"字于"利"字之前，坚信以"诚信为本""信义为先"来从商经营。明代徽州茶商朱文炽曾道："职虽为利，非义不可取也。"在从商的几十余年内他也始终以此为自己的经商准则。有一次他携带大批茶叶去珠江贩茶，但由于对路程的长度和行程艰难程度没有做足够的预判，到达珠江的时间超出了原计划，而应当出售的新茶也错过了最佳售卖时期，被耽搁成了陈茶，新茶与陈茶之间又存在着巨大的价差。但朱文炽却始终坚持为贾应当有信，即使是冒着遭受较大损失，在珠江牙侩以及手下员工的不断劝阻下，他仍然坚持守信无怨悔，不赚欺瞒他人的不义之财，主动实在地在这批过了最佳贩卖日期的茶叶前标注出"陈茶"二字。朱文炽这种恪守诚信的精神造就了他在商界的良好声誉，也促使他在几十年的从商生涯中得以成功，成为远近闻名的大茶商。清代商人李大皓曾告诫后人，为人的道义也是徽商经商的道义，财富的取得必然需要恪守道义，不背信不期瞒是为商所不能触及的底线，要时刻将"义"先于"利"铭记于心、严于律己。不讲求交易和交流时的平等信实所积累的财富是失信背约所获得的收益，是通过卑劣手段所获得的收益，是牺牲长远发展和收益的利益，必然不能长期获益。

### （四）国家社会和谐的必然要义

信德也在国家内部治理方面、在邦国彼此交往过程中发挥其效用。在一国疆域内，诚信规范、限制着统治者治理国家内部的举措，协调着君、臣、民三者之间的关系。在古代多个邦国之间的相处交往中，诚信在道义上约束各邦国的行为，帮助各邦国实现睦邻友好。在我国诸多的文献典籍中都有对诚信于国家治理以及社会安定具有重要价值的观点。《礼记·礼运》中曾记载着先民们心中对理想的国家社会状态的期许，即是想创造一个"天下为公，选贤与能，讲信修睦"①的理想"大同"社会。在这样一个古人所描绘的理想"大同"世界中，大道是作为社会的衡量准则的，天下是所有人所共有的，不再独独为王权贵胄所占有，民众也不必受到统治阶级的支配，有才智能干的人、贤德高尚的人能够被选拔任用到适合他们的岗位，整个社会推崇诚信、恪守诚信，讲求和睦和谐。可见，在我国古代早已有先人肯定了诚信对国家和社会治理的重要性，并把"讲信修睦"作为理想社会蓝图构建中不可或缺的重要组成部分。和谐的国家必然是举国上下所有民众互相诚信以待、相互信任的。社会成员彼此之间因诚信相待而形成的信任氛围也使他们对于彼此、对于整个团体的归属感和安全感得以加强。人际关系和社会氛围在这种个体对整个社会的高度归属感与安全感之下，不断向着积极良好的方向转变。

在《论语·颜渊》中，面对子贡所提出的"如何为政以有效治理国家"的提问，孔子的回答是，一要有充足的粮食，二要有精干的军队，三要有民众对于政府以及统治者的信任。如果说要在这三者之中进行取舍的话，充足的粮食和精干的军队对于国家治理来说都应当置于民众对于政府以及统治者的信任之后。"君子信而后劳其民；未信，则以为厉也。"②君主要取信于民，注重以道德来教化他的百姓。政令政策、法律律令的制定要为民谋利，政令政策、法律律令的施行要谨慎踏实，不能随意逾越、违背或更改。一方面，获得了百姓所认可与信任的君主能够为百姓所拥护，使百姓愿意身体力行认同君主颁布实施的政策法令并为其劳作；另一方面，对政府和君主报以信任的百姓经由上行下效，不仅孝、悌、忠、礼、义、廉、耻等道德规范更为人重视推崇，诚信也能够逐步在国家范围内得以普及，举国上下共同推崇优良

---

①　平生，张萌译注.论语[M].北京：中华书局，2017：419.

②　杨伯峻译注.论语[M].北京：中华书局，2006：226.

德性，更能推动和谐积极的社会氛围的培养与最终形成。无法获得百姓的认可与爱戴的统治者、缺失了民众信任感的国家，不需要多余的干涉就会失去国家的凝聚力和向心力，最终难以维系、日趋衰败。同样，君主不只是要言行守信来取得百姓的信任与支持，这样做还能获得臣子的拥护与信赖，维系和谐的君臣上下级关系也能够为有效治理国家以及稳定社会秩序注入强心剂。荀子就曾强调为人君者要注重在君臣关系中践行礼、义、忠、信，只有拥有并践行了这些德性才能够称作具备了为他人之上的君主的根本，也才能获得臣子由衷的支持与拥护。另外，不只需要以诚信来严于律己，对手下之人也要真诚以待，委以信任，构建彼此信任的君臣关系。

除了实现国家社会内部的有效治理、营造和谐社会氛围需要君主讲信外，古代各诸侯、邦国之间的交往行为也需要信德来规范约束。春秋战国时期秦国有意讨伐齐国，但是当时齐国与楚国之间却有结盟互助的邦约。秦王忌惮于此便派张仪前去楚国，以秦国六百里地和美女妾婢等为条件来讨好楚王以达到离间齐楚关系、瓦解齐楚互助联盟的目的。楚王不顾陈轸等人的劝诫，与齐国撕毁了条约，最后导致了齐楚之间关系的崩裂，秦国转而与齐国交好，从而导致楚国与秦国于丹阳交战之际孤立无援，大败于秦军，最后不得已以割让土地等为条件向秦国投降。

## 三、"信"德的当代价值分析

作为中华民族传统美德的"信"德，自原始社会时期以观念意识形式萌芽至今，经过数千年来的历史历练与洗涤，其本身所蕴含的深厚文化底蕴仍然在不断丰富发展，其闪烁的鲜明道德光彩仍然熠熠生辉。党的十八大将诚信作为对公民个人价值层面的要求纳入社会主义核心价值观之中。党的十九大以来习近平总书记发表了一系列重要讲话，强调要重视、推进诚信建设，把社会主义核心价值观中的诚信观念融入社会生活的方方面面，推动社会诚信体系的建立与完善。在新时代，诚信作为中华传统德目对于个人、国家、社会等不同主体层面都具有重大意义，在经济、政治、文化等不同社会生活领域之中仍在发挥其价值功用。

### （一）是提高个人德行素养、维护公序良俗的必然要求

个人诚信是个体自身对诚信这一伦理道德观念意识的理解、认知以及在现实社会生活中对诚信道德原则的遵循、践行与维护。它是个体的人在认知和行动上对诚信伦理道德规范的统一把握。诚信于个人而言，既是衡量个

人道德素养和思想境界所不可或缺的重要指标之一，也是个人作为整个社会系统的最小组成单位所应当遵循的潜在准则。早在古代，先贤先哲们就已把"信"作为修身的重要标准。如孔子便将心目中的君子所应具备的基本要求概括为"义""礼""孙"①"信"。"信以成之"意在强调诚信道德品质对于个人修身向善的重要意义。时至今日，诚信作为中华民族承载了数千年的优良传统美德仍然是个人素养提升和健全人格的构建过程中所不可缺少的品质，仍然受到了高度重视。《公民道德建设实施纲要》明确将"明礼诚信"作为公民基本道德规范，此后党的多次重大会议中也强调指出诚信意识增强、诚信建设的重要性。党的十八大报告把"诚信"作为道德建设的核心突出、作为社会主义核心价值观中对公民个人价值层面上的要求着重提了出来。

诚信对于个人的作用，一方面是其作为一种道德品质，聚焦于其对个人德行素养的提升所起到的作用。诚信是提升个人德行素养的价值基础之一。在日常生活中树立诚信意识、贯彻诚信原则也就是对自己、对他人都以诚相待、诚实守信、守言行诺。这体现的正是对真实无欺、意诚心正的道德修养境界的追求。这种观念意识在日常生活中或多或少地对个人的言行起到约束和制约的作用。这种约束与制约继而又通过在日常生活中的不断重复，潜移默化地为个人在思维和行为上的习惯。除此以外，对诚信原则的推崇与追求也同样勉励着个人不断提升自身德性修养，在约束自身言行的同时向着更理想的状态和境界不断完善自身。另一方面，诚信对于个人的作用则是以作为道德规范促进个体遵循、认可、维护社会公序良俗的形式来表现的。个人是社会的初级细胞，是组成社会的最小单位，是社会诚信体系建设中最活跃的因素。个人诚信与否会直接影响其周围的社会关系并进一步影响到整个社会的团结稳定与发展。蔡元培在《戒失信》中就指出，个人信守约言对于社会秩序维系以及社会稳定十分重要。"人与人之关系，所以能预计将来，而一一不失其秩序者，恃有约言。约而不践，则秩序为之紊乱，而猜疑之心滋矣。"②诚信通过促进个人在日常生活、吃穿住行中自觉遵循社会既成风俗和秩序而推动社会正常秩序的维系以及社会的稳定发展。诚信意识与诚信原则也增强了个人对社会的归属感以及社会成员个人对社会法律规章、风俗民约的责任感、义务感。个人的诚信道德水平越高，整体德行素养越高，越是会对维系社会秩序以保持社会内部团结稳定的各种规范产生认同感，越是会对

---

① "孙"同"逊"，意为谦让、谦逊。

② 蔡元培.中国人的修养[M].北京：中国长安出版社，2014：164.

社会公序良俗的维护产生认同感。

### （二）是保持政府良性运行、维护社会公正的重要保障

政务诚信是指政府及其公务人员在管理处理国家事务、社会公共事务的过程中能够做到依法行政、为民谋利、恪守信用，摒弃不作为观念、坚定不妄为意识，忠实践行自身对人民群众所许下的各种承诺的行为模式。除此之外，还有民众基于政府及其公务人员的行为及其效用，所做出的对政府的评价和对政府的信任信赖程度。它既包含政府及其公职人员在涉及政务时对诚信意识的贯彻和诚信原则的践行，也包含着民众所给予政府机关的信任信赖和政府在民众中的信誉度，是政府诚信理念、诚信规范、诚信原则等的综合。诚信是打造为民、务实、清廉、高效政府的重要保证。政务诚信是首要的诚信，推进政务诚信建设是社会主义诚信体系建设的首要和关键，在执政行政过程中对诚信的践行问题更是关乎政府权威和民心向背的重大问题。古罗马历史学家塔西佗曾提出"塔西佗陷阱论"，指出当公权力失去公信力时，无论发表什么言论、无论做什么事，社会都会给以负面评价。政府诚信流失所带来的不仅是政府权威下降，对政府运行也会造成沉重的打击，致使自身滑入"塔西佗陷阱"，丧失良好信誉度的政府也会容易诱发其他社会组织和个体的虚假失信行为蔓延，直接影响整个社会诚信水平的提升。

"政府诚信能力是政府诚信体系有效运行并发挥作用的保障"①，诚信是保持政府良好运行状态、维护社会公平正义的重要保障。行政机关在进行社会管理和执法活动的过程中践行诚信原则，首先，有利于提高工作效率、提升执政能力以及服务能力。政府有良好的政务诚信能力，就能够更加精准地把握自身作为人民公仆的角色定位，更有效地履行自身责任，行使政府经济、政治、文化等职能，在诸如提供社会公共服务、提供公共产品、协调各阶层利益等方面的行为中做到实事求是，尊重规律，尊重科学，达到更加符合社会公众期望的目的。其次，有利于政府权威的树立和政府公信力的提升。习近平总书记指出："政府无信，则权威不立。"② 诚信是政府机关及其公职人员所不可或缺的，有权威的政府必定是讲求诚信、取信于民的政府。在政府的具体工作过程中，政府及其部门贯彻诚信原则，坚持依法行政，推进政务公开，保持政务信息公开透明，自觉接受社会监督等带来的不仅是执政

---

① 李艳.政务诚信建设的本质、价值取向及其实现路径[J].求索，2014（5）：22-25.

② 习近平.之江新语[M].杭州：浙江人民出版社，2007：18.

能力和效率的提升。行政机关也因其行为达到或超出预定目标以及公众预期，在社会公众及社会组织中树立更加良好的信誉形象，从而提升自身权威与公信力，在群众中树立有效的公信力，得到群众的支持、配合和信赖。获得民众认可与信任的政府在履行责任、行使职能的过程中更易于让民众产生凝聚力与向心力，其政策的实施更易于在社会公众中推行，实现不令而行。

中国政府是人民的政府，政府加强政务诚信，提升政府公信一定绕不开为人民服务、对人民负责的宗旨与原则。中国共产党、人民政府和广大人民群众利益的根本一致性，决定了政务诚信的真实性。[①] 政府机关在行使自身职权的过程中对政务诚信的注重与践行也正是把最广大人民群众的根本利益摆在最高位的真实反映。政府在当下与未来的发展过程中，必须坚持贯彻全心全意为人民服务的根本宗旨，从每一个具体的工作细节中抓起，进一步提升各级人民政府的服务水平，强化服务意识，调整完善服务方式，提高服务能力与本领，在此基础上进一步贯彻政务诚信，增强政府公信力。

### （三）是构建现代市场体系、促进经济繁荣的必要条件

商务诚信是在商务领域之中、商务主体之间秉持真诚守信、恪守诚信的理念，遵循诚信商业道德，从事各种各样的经济活动，以及各商务主体之间由于对诚实守信原则的遵循与贯彻而连接成的相互信任的状态。不同于政务诚信，商务诚信的主体更加多元，其中包括参与经济活动中的自然人、法人以及其他各种组织等，这些主体之间也多是以彼此相互平等的身份进行交际交往的。

社会经济的有效健康发展以及良好规范运行都离不开诚信。商务诚信是构建现代市场体系、社会主义市场经济繁荣的必要条件。一方面，商务诚信作为一种道德品质可加强商务领域中各主体的诚信意识，塑造其诚信品格，从而促进社会经济的繁荣发展。辟如对于企业而言，诚信是一种经过长期的积累和沉淀而形成的无形资产，帮助守言守信、可守诚信的企业与商家占据更加优势的商业地位并获得更多的商业收益。经济活动之中，商务诚信一直是企业的核心竞争力之一。习近平总书记在《之江新语》中指出，"企业无信，则难求发展"[②]，强调了信用是现代市场经济中各类主体长期稳定经营发展的关键一招。要通过多种形式、多样载体来推动诚信文化的宣传，加强对

---

① 张尚宇，王新刚.社会主义核心价值体系引领社会诚信建设 [M].北京：人民出版社，2014：28.

② 习近平.之江新语 [M].杭州：浙江人民出版社，2007：18.

各类企业的诚信道德教育，增强各类企业的诚信观念、信用意识以及社会责任感。企业及商家在发展经营过程中要积极培育诚信经商理念，贯彻诚信商德。把"信用"打造成自己的经营优势与品牌优势，只有这样才能够以更为长久稳定的方式在现代市场经济体系中得以发展。除却企业外，在市场体系中的其他主体，辟如劳动者、消费者等，也能在参与经济活动时以诚信来规范自身的言行，真诚以待，减少彼此间的各种猜疑，促进社会主义市场经济中各主体之间的信任关系，有效减少社会公共领域的各种矛盾和摩擦，降低社会运行成本，促进市场经济的良好运行。另一方面，商务诚信作为一种伦理道德规范成了现代化市场经济体系建设的重要环节。通过制度与诚信价值意识和理念的结合，构建市场诚信管理制度、市场诚信监督机制等，制度化的诚信价值观念作为一种硬性约束机制通过制度约束以及加大执法力度等对各市场主体的诚信践行状况进行监督，对各市场主体的失信行为进行警告、惩罚。通过这一系列的机制从外部来推动商务活动主体严格遵循诚信道德规范，提升商务道德自觉，为现代化市场体系的构建提供讲信守信环境，促进良好商务金融秩序的建立，维系经济健康发展，推动社会主义市场经济欣欣向荣。

### （四）是提高社会道德水平、推动社会和谐发展的前提

社会诚信中的"社会"并非包含政治、经济、生态等广义上的社会，而是指公共社会生活领域。它是一个社会在教育、就业、医疗、社会管理、社会保障等领域上所整体呈现出的诚信原则具体践行状态，是人们在社会公共生活中对诚信道德观念的认知，对诚信原则的遵循、践行、倡导、维护等的总体体现，因此社会诚信不单单将目光落在个人诚信方面，也不是笼统地指代包含政治、经济、生态等广义层面的社会整体诚信践行。此处的社会诚信更着眼于人与人、人与社会以及人与自然的关系上，通过其在社会公共生活不同领域中的整体诚信意识、诚信信念、诚信行为状态等来体现。

在新时代，社会建设愈来愈凸显出其对人们幸福安康的实现与维持的重要作用。党和国家以保障和改善民生为重点，积极在推进教育事业发展、改善就业整体情况、坚持脱贫攻坚战略推进、完善社会保障体系构建等方面付之努力，各项社会事业不断取得新进展，但社会诚信道德水平仍与当前各社会事业的发展状况不匹配。诚信道德理念在当今时代已然得到了新的发展和新的意义，作为社会主义核心价值观的不可或缺的重要组成部分，它对社会整体道德水平的提高和社会和谐的创造与构建的价值与功用不可忽视。诚信

是和谐社会的重要组成部分，信任是社会稳定团结的润滑剂，拥有良好诚信道德水平和信任水平才能保障社会的长期稳定发展和良性运行。一个社会如果诚信意识不断流失，社会成员间的相处就必然更易触及伦理道德底线，造成相互猜忌，尔虞我诈，社会生活和社会秩序将处于混沌状态。

习近平总书记指出，要让诚信建设"内化为精神追求，做到明大德、守公德、严私德"①。每个人在社会公共生活的不同领域中扮演着不同的角色，在公共领域扮演公民身份，在职场领域扮演对应的职业角色，在家庭邻里关系中扮演亲人友邻身份。要发挥诚信建设的真正作用，就要让它融入人民群众的生活中，有效规范各个阶层、各个社会团体的行为。让个人在不同的公共生活领域都能够做到正心诚意、诚信待人、信守承诺，推动社会公德、职业道德、家庭美德与个人品德的全面提升，提升思想道德素养。个人作为组成社会系统最基本的单位，也是社会诚信和道德系统的最基本单位，人与人之间真诚以待，相互在言行中践行诚信，彼此建立诚信关系，既推动了自身思想道德素质的提升又反过来促进了良好道德环境的营造、诚实不欺社会环境的建设，为社会和谐发展构建良好的环境。

### （五）是维护我国司法权威、推进依法治国的必要环节

司法是国家司法机关以及司法人员依据《宪法》和法律所授予的职权，按照《宪法》和法律所规定的程序，根据具体情况来运用相关法律处理社会生活中各式各样案件的活动。总之，司法是对法律的适用，具有中立性、独立性、公开性、统一性、专业性、权威性等特点。司法公信正是司法权在社会生活过程中所体现出的自身权威性、影响力。这种权威性是基于其中立性、独立性、公开性、统一性、专业性而产生的。在司法运行过程中，保持司法的独立、中立以及专业性等对于司法公信力的维持至关重要。司法公信一方面是要司法机关以及司法人员内心坚持法治、公平、正义的价值理念，严格严谨执行法律所规定的职权和程序。这一点是司法公信力建设的关键。另一方面也要认识到司法公信同时也是司法运行中司法主体与社会公众之间的信任关系。正如拉德布鲁赫所言："司法依赖于人民的信赖而生存。"② 社会公众不仅要能在司法实践中切身体会、认识到司法行为的公平正义，对司

---

① 习近平.把培育和弘扬社会主义核心价值观作为凝魂聚气强基固本的基础工程[N].人民日报，2014-02-25（02）.

② 拉德布鲁赫.法学导论[M].米健，朱林，译.北京：中国大百科全书出版社，1997：119.

法运行产生尊重、认同以及信服感，也要把对司法活动、司法裁判等的正确认识贯彻到日常生活中，当遇到纠纷、陷入困境时会自觉信任法律、信任司法机关，依靠法律途径和法律手段解决，信任通过司法渠道所获得的评判、裁决。

司法公信的本质要求即在于"信"本身。不论是社会公众对司法公信力的信服、认同还是公众在日常生活中对司法的信任与自觉运用，这两者都离不开各司法主体在司法运行过程中对公平正义理念的坚持和诚信原则的贯彻。培根讲过："一次不公正的裁判，其恶果甚至超过十次犯罪。因为犯罪虽是无视法律，好比污染了水，而不公正的审判则毁坏了法律，好比污染了水源。"① 司法机关所审判处理的每一桩每一件案件都至关重要，每一位当事人的权益都不可忽视。要努力让人民群众在每一个司法案件中都感受到公平正义是司法建设的关键。诚信道德规范在司法领域的践行，一方面推动了每一位司法人在各司法过程中坚守贯彻公平正义的核心价值理念，承担应尽的职责，履行相应的义务，严格依据法定程序行使职能，努力为每位求助于司法渠道的当事人提供司法保障，推动司法诚信的进一步落实，进一步促进整个社会公平正义的实现。司法主体诚信意识的缺失必然会造成其自身对司法公平正义理解的偏颇以及司法过程公正的侵损。另一方面，习近平总书记指出："对我国的司法机制进行改革，通过司法的公正确保法治的公平，进而切实保护公民的合法权益，使所有的社会成员都能够享有法律上的公平。"② 他强调司法体制机制改革和司法公正的坚持维护，最后仍要落实到维护社会公众的合法权益，实现最广大人民群众的根本利益上来。司法诚信的贯彻也是整个司法系统对"全心全意为人民服务"的宗旨以及"司法为民"的价值理念有待进一步贯彻落实的体现。司法诚信也推动了司法系统内部分人员将"司法为民"理念落实到具体工作之中，有力推动了一支自觉维护广大人民群众的利益以及自觉接受人民群众的监督，既具有足够水平的法律素养与能力、精通业务，政治坚定，纪律严明，又有坚定的"以人为本"价值理念的司法队伍的构建。总之，政务诚信既推动了公正司法，提高了司法公信力，又改善了司法作风，促进了廉政建设，推动了全面依法治国政策的贯彻与落实。

① 博登海默. 法理学：法律哲学与法律方法 [M]. 邓正来，译. 北京：中国政法大学出版社，1999：293.

② 习近平. 在首都各界纪念现行宪法公布施行 30 周年大会上的讲话 [EB/OL]. (2012-12-05)，http://politics.people.cn.cn/n/2012/1205/c1024-19793282.html.

## 四、"信"德价值现代弘扬的现实路径

当前，我国正处于社会转型的关键期，不稳定、不平衡的社会道德状况都在不断向我们昭示社会道德建设的新秩序与道德价值弘扬的新机制亟待建立。其中，弘扬传统"信"德价值、推动现代诚信社会建设是我国社会道德建设绕不开的重要话题。作为中华传统美德重要组成部分的"信"德，其所蕴含的丰富文化底蕴和鲜明道德光彩在当今仍历久弥新、熠熠生辉，但基于社会多方面因素的综合作用，诚信道德建设的现实困境也是不容回避的问题。推动传统"信"德价值的现代弘扬，我们必须多措并举，精准发力，坚持实事求是、继承创新并重，德治法治兼顾，形成多方参与、齐抓共建的社会诚信建设合力，推动形成尚信重诺的良好社会氛围和健全的社会诚信体系。

### （一）坚持实事求是，务实而坚定地推进我国社会诚信体系建设

自中华人民共和国成立至今，社会主义发展和建设取得了辉煌成就。我们正在稳步朝着中华民族伟大复兴"中国梦"的实现而前进，对今天的中国来说，"中国梦"的实现已不再是遥不可及的梦想。但我们也应当深刻而清醒地认识到，中国仍然是一个人口众多的发展中国家，一个发展速度较快但尚不平衡、尚不全面的后发展国家。正如党的十九大报告中指出的，"我国仍处于并将长期处于社会主义初级阶段的基本国情没有变，我国是世界最大发展中国家的国际地位没有变"①，我们必须始终围绕当前的国情实际，对社会整体诚信状况与诚信环境做出清晰冷静的判断。中国的社会诚信状况随着新中国不同发展阶段的变化也在不断地发生变化。从社会结构角度来说，市场经济取代了原先高度集中的指令式的计划经济，释放的社会活力带来了广泛的人口流动，也带来了收入的高度分化，社会正不可避免地承受着"现代化"和"城市化"带来的阵痛和随之而来的种种矛盾冲突；就制度规范而言，符合中国特色社会主义市场经济的信用体系和信用观念尚在发展当中，但社会转型期带来的种种变化已经打破了"熟人社会"的环境，市场经济蓬勃发展之余，监管的缺位和规则的模糊使社会的失信行为日益频繁，无论是通过法律法规来保障的硬性约束手段，还是以道德乃至舆论作为手段的

---

① 习近平 . 决胜全面建成小康社会夺取新时代中国特色社会主义伟大胜利 [N]. 人民日报，2017–10–28（05）.

软性约束方式，在当前状况下都出现了相应的不足和缺失，亟须进行完善和加强；就国民心理和思想而言，社会结构带来的利益格局的重构无疑对他们的心理造成了巨大的冲击，使得传统的诚信观念不足以应付现代社会的复杂状况。站在中国新的历史起点上，探索传统"信"德价值现代弘扬的现实路径，既不能妄自菲薄，片面强调社会诚信建设中的历史包袱和薄弱环节，只看到问题的复杂性和艰巨性，也不能带着盲目的乐观和自负，停留在诚信问题的表面。为在新时代寻求弘扬"信"价值的现实路径，我们必须深刻把握现实状况，始终坚持实事求是，客观剖析我国基本国情及发展现状，在具体的社会实践中认识和解决社会诚信建设中存在的问题，务实而坚定地推进我国社会诚信体系建设。唯有如此，才能真正将诚信熔铸成全社会共同奉行遵从的道德规范。

坚定而务实地推进社会诚信体系建设，必须要以完善的信用法律体系、行政规章和行业自律规则等为坚实的后盾力量，发挥其作为法律法规的强制力来对失信主体进行惩戒、对失信现象进行整治惩处，为社会诚信建设、社会秩序稳定提供有力保障，避免社会各诚信主体逾越法律底线，在法律法规禁止的范围伺机而动。一方面，不仅要做到有法可依，更要做到有良法可依。要确保在制定诚信相关法律、丰富完善诚信法律法规时特别注重立法的科学性，做到信用法律体系、行政规章和行业自律规则内容既明确、清晰和严谨，又具有针对性，能够同诚信原则落实、社会诚信建设主体相呼应。另一方面，在法律执行过程中要做到权责明确，坚持公平正义、不偏不倚，确保诚信相关法律在现实生活中能够严格地贯彻落实。

坚定而务实地推进社会诚信体系建设必须要加快社会信用管理和服务系统建设，主要是由各社会主体单位，包括行政机关、企事业单位内部的信用管理系统和社会专业机构承担的资信调查、联合征信、信用评级、信用管理咨询等社会专业服务系统。这里以社会信用信息系统为例，要在社会诸多行业及领域，面向企业、个人等广泛收集诚信信用记录，构建并完善涉及领域广泛、信息监管严格的信用信息系统。既要确保每个个体的诚信信用践行都能以信息形式被记录，实现"让个人信用报告成为公民的第二身份证"，又要在采集、保管、整理和提供广大公众的个人信用信息时注重对各征信信息的保护，杜绝信息滥用、信息泄露、信息非法出售等现象。坚定而务实地推进社会诚信体系建设还需要监督与惩戒机制发挥其效用。英国学者哈耶克认为，"一切道德体系都在教诲向别人行善，但问题在于如何做到这一点，光有良好的愿望是不够的"①，诚信道德建设需要构建相应的监督机制来对社会信用活动进行监管。此外构建并完善守信失信的相关奖惩制度，也对社会诚信体系建设起到补充作用。对守信者报以适当有效的奖励措施，有助于对守信者产生鼓励；对失信者则要根据失信的具体情况，对失信主体予以或经济上，或司法上的惩处。形成让践行诚信者因其诚信行为而受益、让违背诚信者因其失信行为而受惩的正向价值引导功能。在奖惩制度的落实中，让人们更深刻体会到诚信的价值与意义，在日常行为选择中表现出更为诚信的倾向。

### （二）继承创新并重，坚持批判继承基础上推进诚信创新发展

诚信是中华民族数千年来所遵循的一种重要伦理道德规范和行为准则，是中华优良传统美德的重要组成部分，对于个人立世修身、协调人际关系、社会行业繁荣以及治国理政等均具有深刻意义。然而时至今日，随着我国改革开放深化以及社会主义市场经济的发展，在社会物质财富不断积累、人民生活水平日益提高的同时，社会内部各主体间的关系以及利益构成等都在变得日趋多元化、复杂化。传统诚信文化扎根成长、发挥价值功用的社会土壤已然改变，越来越呈现出同我国当前的发展境遇和态势不匹配的状态。但是这并不意味着在新时代传统诚信文化就完全失去了存在的空间与意义。传统诚信观念的意义与价值是我们所不能否认的，它其中所蕴含的诚信精神以及真诚友善的价值追求仍然是宝贵的精神文化资源。因此，要时刻把继承与弘扬、发展与创新作为诚信文化建设的重要原则之一，"对历史文化特别是先人传承下来的道德规范，要坚持古为今用、推陈出新，有鉴别地加以对待，有扬弃地予以继承"②，推动中华传统文化向着适应我国发展要求的现代诚信转变。

习近平总书记曾明确指出，"不忘本来才能开辟未来，善于继承才能更好创新"③，坚持对传统诚信文化进行批判继承是当代诚信弘扬的原则基础。一方面，我们要正视传统诚信文化的地位及作用。中华优秀传统文化形成于中华民族过去数千年来的实践积累，形成于中华民族过去所处的特定自然地

---

① 弗里德里希·奥古斯特·冯·哈耶克.致命的自负：社会主义的谬误[M].冯克利，胡晋华，译.北京：中国社会科学出版社，2000.

② 习近平.习近平谈治国理政[M].北京：外文出版社，2014：164.

③ 习近平.把培育和弘扬社会主义核心价值观作为凝魂聚气强基固本的基础工程[N].人民日报，2014-2-26（01）.

理环境、政治经济状况以及社会结构条件下，是中华民族的精神基石，是中华民族的"根"与"魂"。传统诚信文化，作为中华优秀传统文化的重要组成部分，其所蕴含的精神品质和价值资源也应当被予以相应的尊重、重视。以冷漠、漠视甚至鄙夷之态来对待传统诚信文化，无疑是对我们先哲先贤在过去数千年来的诚信实践与诚信积累的全盘否定，滑入了历史虚无主义的泥淖。传统诚信文化的地位与意义需要被尊重与认可，但这并不意味着要把其束之高阁，当作容不得质疑批判的权威，不加辨别其内容组成，不客观分析其合理性、适用性来盲目认同、践行。因此，在另一方面，我们以辩证的眼光看待传统诚信文化，全方位对其进行剖析，有鉴别地对待传统诚信文化的各种内容。要在全面正确剖析传统诚信观念的基础上坚持去粗取精、去伪存真，取其精华、去其糟粕。传统诚信文化因其数千年来所面对的社会背景而深受封建专制制度和宗法思想等影响，具有明显的阶级局限性、时代局限性等，对此我们要剔除其中落后腐朽的糟粕，摒弃其中的落后成分。至于传统诚信文化中传承至今仍然具有意义与价值的资源和精髓，我们则应当系统梳理、保留继承。

推动中华传统诚信向着适应我国发展要求的现代诚信转变，仅仅依靠批判继承是不够的。诚然，传统诚信文化中仍具有意义与价值的精髓和资源应当为我们所重视与继承，但是这一部分内容却往往以旧有的形式表现出来，缺乏对社会现实以及时代现状的深刻认知，时常同社会现实之间产生矛盾与摩擦。我们要清醒认识任何理论观点、思想文化都是从现实中产生并依托于现实而发挥其作用的，不脱离时代与实践，并随着时代和社会的发展而不断更新进步才是其自身价值得以真正传承和发扬的制胜关键。习近平总书记曾深刻指出，"努力实现传统文化的创造性转化、创新性发展，使之与现代文化相融相通，共同服务以文化人的时代任务"①，社会诚信建设还需要在批判继承的基础上创新发展，不能简单复制粘贴、如法炮制传统诚信文化。在保留继承传统诚信文化精髓的同时，我们还要坚持实事求是，在认清我国现实国情的基础上，改变其旧有的表现形式，拓展完善其内容与价值，赋予中华传统诚信新的时代内涵，让传统诚信以新的时代表现形式呈现，推动中华传统诚信文化向着适应时代发展进步要求、满足中国特色社会主义现代化建设要求的方向转化与发展。

---

① 习近平.在纪念孔子诞辰2565周年国际学术研讨会暨国际儒学联合会第五届会员大会开幕会上的讲话[N].人民日报，2014-9-25（02）.

### （三）德治法治兼顾，坚持诚信道德教育与诚信法治建设并举

在中国特色社会主义进入新时代的今天，推进社会诚信建设仍是一个系统化的工程，既需要道德主体的身心坚持"自律"，又要求道德环境发挥好"他律"效用。形成道德与制度相辅相成、德治与法治相得益彰的社会诚信建设体系，推动诚信建设软硬约束机制相平衡协调已经成为诚信建设绕不开的话题。

人是构成社会的最微小细胞，同样也是构建社会诚信的最基本单位。个人诚信认知增强、诚信情感提高、诚信意志坚定、提高诚信自觉自律性才是诚信建设最基础和最根本的环节。因而，诚信建设毫无疑问要构筑好诚信建设的道德屏障，通过加强诚信教育，让社会成员不断提高自身诚信道德修养，推进社会成员诚信道德品质的形成和诚信道德人格的塑造，使诚信成为人们共同的价值追求。

诚信教育首先要正确认识到我们需要的是合乎时代发展要求和中国特色社会主义建设的社会主义诚信观念，培育广大人民群众树立社会主义诚信观。旧有的诚信观念多受到封建君主专制统治以及宗法等级思想的影响，自身有许多局限性。时至今日，它们仍然对我们的思想观念、价值取向、行为选择等产生消极影响。对此，我们必须要通过教育引导等推动诚信观念克服其旧有的局限性，不断赋予其时代内涵与意义，推动传统诚信观向着适应我国社会主义现代化建设的方向转型，树立适应市场经济价值准则的基于平等的普遍性诚信。在培育树立好社会主义诚信观念的基础上，诚信教育的开展还要以诚信文化弘扬、诚信活动实践等手段，以家庭、学校、社会为三大主渠道，推进全民诚信教育，提高社会整体的诚信意识。在家庭教育方面，家庭是人一生中最主要的生活场所，它对于社会成员价值观念和人格塑造起到最初、最直接的影响，家庭教育也是诚信教育的基础以及重要组成部分。在家庭领域中推动诚信道德观念的树立与诚信教育首要的是处理好家庭成员之间的关系。父慈子孝、夫妻和睦的和谐家庭关系有利于良好家庭氛围的形成，而和睦融洽的家庭邻里环境有利于其成员良好素养和诚信道德品质的养成。除了和谐家庭氛围的创设，家庭成员，尤其是其中的长辈也要对诚信给予足够的重视，在培养诚信道德品质时注重言传身教，以日常生活中的守信行为来为其他成员树立榜样，在诚信行为的潜移默化中推动诚信人格的塑造。在学校教育方面，学校是社会诚信教育的最主要渠道，它通过教育教学内容、教育工作者和学生同辈群体交往以及校园氛围构建等推动诚信道德教育。学校要坚持知识教育与道德教育并举，在进行文化知识传授的同时，也要关注学生三观与道德的成长发展，认识到德育的重要作用。学校还应避免形式僵化单一的教条式传授方法，注重教育教学中运用多样化的手段和方法推进道德教育。教师是教书育人者，除了在德育课程中对学生进行诚信道德教育外，还应当身体力行，践行诚信道德原则，让自己成为诚信教育最生动直观的正面教材。良好校园诚信氛围的构建对于学校诚信道德教育来说是不可或缺的。学校可以通过组织开展各式各样的以诚信为主题的活动，如主题班会、黑板报制作、辩论赛、调查访谈等，让诚信教育内容可以这些实践活动为载体，让参与的学生在各种具体活动中感知诚信道德的魅力与价值，在潜移默化中推动自身诚信人格的塑造。在社会诚信教育方面，要逐步实现全民诚信道德意识的提高，对于从事不同职业、来自不同阶层的广大民众，要坚持以点带面，有规划、有重点地推进公民诚信教育。在进行宣传教育时，尽可能采取人民大众喜闻乐见的方式进行诚信道德宣传，把诚信道德的意义与价值通过戏剧演出、文艺比赛、展览等形式展现出来，以更加生动直观的方式帮助广大社会成员感受诚信的意义与价值，接受诚信文化的熏陶。利用好新闻媒体、广播、电视、互联网络等多样化手段途径，推动诚信道德教育在全社会的宣传与普及。

通过诚信道德教育来提升公民诚信自觉、诚信自律是必要的也是根本的，但对于社会诚信建设而言，规则、法律、制度等的约束与保障也同样是必不可少的。"一切道德体系都在教诲向别人行善，但问题在于如何做到这一点。光有良好的愿望是不够的"[①]，在社会整体环境都已发生巨大的变化，社会内部利益及各社会关系日趋复杂化、多元化的背景下，社会诚信建设仅依靠公民"自律"在应对社会诚信新状态上仍缺乏足够约束力。构筑好诚信建设的法制屏障，以规则、法律、制度等外在约束来规范社会主体行为，应对社会诚信缺失，在促进社会诚信建设中发挥着不可或缺的作用。

社会诚信法治的推进，核心在于法律。当社会主体失信行为、社会失信现象触及法律底线时，法律以其强制力对失信主体进行惩戒，对失信现象进行整治惩处，为社会诚信建设、社会秩序稳定提供有力保障。完善诚信相关法律法规、推动诚信法律落实是推进诚信法治建设绕不开的关键话题。一方面，要在一定科学水平的基础上推动诚信相关法律的出台与完善，做到有

---

① 弗里德里希·奥古斯特·冯·哈耶克.致命的自负：社会主义的谬误 [M].冯克利，胡晋华，译.北京：中国社会科学出版社，2000：164.

良法可依。当前我国涉及诚信的相关法律条款绝大部分属于外围法律，辟如《中华人民共和国民法通则》《中华人民共和国刑法》《中华人民共和国合同法》等。但真正对落实诚信原则、保障社会诚信方面有针对性的法律法规仍处于缺失状态。要在法律制定过程中明确将诚信原则作为社会活动之所必须，出台于诚信建设、诚信原则落实来说具有针对性的法律法规。在制定诚信相关法律、丰富完善诚信法律法规的同时，也要保证立法的科学性。立法与完善相关规则、通则的过程要坚持明确、清晰和严谨，坚决杜绝相关规定限制与界定出现含糊不清，彼此之间出现冲突矛盾，具体法条、细则难以落实的现象。另一方面，在诚信法律法规的落实上，要把相关法律责任的归属分清楚、弄透彻，避免发生权责问题后出现各部分相互"踢皮球"的现象。在司法和执行上要坚持公平正义、不偏不倚，确保诚信相关法律能够在现实生活中严格实施，严格依法惩处社会失信行为，做到违法必究。加强司法队伍建设，为成型法律法规的落实组建一支专业知识与素养完备、坚持为人民服务、作风廉洁、严于律己的司法队伍。

对于当代社会诚信建设而言，除了发挥法律在推进社会诚信建设法治化上的核心作用外，建立并完善社会诚信监督保障体系也尤为重要。各相关的制度保障体系与法律一同构筑好诚信建设的法治屏障才能够持续推进社会诚信建设。

首先，要建立健全社会诚信监督机制，促进诚信法治建设。一来，这一监督机制的建立完善要取得法律上的协调支持，包括从立法、执法、司法等方面来确立和强化对社会诚信的监督保障作用。二来，要构建信息畅通的监督平台、形成全员参与的监督合力，让诚信监督体系的信息获取与汇报工作更为透明与通畅，调动全民的监督积极性，在保障个人的基本权利隐私不被轻易侵犯外，运用网络优势，努力做好各相关区域、部门、行业、单位的信息岛之间信息互联互通机制的科学设置，为社会各方提供必要的监督条件保障。

其次，构建有效的诚信评价与反馈机制。科学的评价与真实的反馈能够帮助行为主体获得清晰的自我认知并做出合理的调整举措。推进诚信建设的进一步发展也需要构建有效的诚信评价与反馈机制。辟如革新诚信建设评价体系，确保评价标准科学、合理，评价主体独立、多元，从不同地方、不同行业的诚信现状、诚信建设基础出发，对诚信现状有更清晰的把握才能在推进社会诚信建设方面抓得更准，行得更稳。再辟如针对全民诚信状况，构建涉及领域广泛、信息监管严格的信用信息系统，在社会各行业、领域，面向企业、个人等广泛收集诚信信用记录，完善诚信档案管理制度，建立健全社会信用信息系统，使每个个体的诚信信用践行都能以信息形式被记录，失信者的消极背德行为将以不良记录的形式记录其中，实现"让个人信用报告成为公民的第二身份证"，个人信用行为能够通过其来反馈于本人、反馈于社会。

最后，要创新完善诚信奖惩机制。在一定程度上，对失信行为惩罚的不严肃以及对守信行为认可度的不够都加剧了当代信德缺失的状况。因此，要创新完善诚信奖惩机制，对积极践行诚信、有良好信誉者要予以正向反馈，保障其应有权益得到维护。对失信行为则要严肃处理，加大打击力度。依据涉及的相关法律法规，根据失信的具体情况，对失信主体予以或经济上或司法上的惩处。总之，要通过奖惩制度的落实让人们更深刻体会到诚信的价值与意义，在日常行为选择中表现出更为诚信的倾向。

### （四）多方主体协力，坚持推动形成尚信重诺的良好社会氛围

中国特色社会主义诚信建设的根本在于通过社会道德建设来为广大人民群众谋取更多切身利益，为社会主义事业的成功建设打下夯实的思想道德基础，这是一项涉及经济、政治、文化、教育、医疗等诸多社会领域的系统工程。因而，社会诚信道德水平的提高离不开社会各层面主体的努力。只有凝聚起最广大人民群众的共识，调动社会公众共同参与到社会诚信建设之中，推动政府机关、社会企事业单位以及社会公众等多方共同学习中国特色社会主义诚信观、认同中国特色社会主义诚信观、践行中国特色社会主义诚信观，才能为社会诚信建设创设友好环境，为同我国社会主义现代化建设相适应的诚信道德观念成为全民共同追求的价值目标和共同遵循的行为规范提供重要保障。这也就要求我们必须要将分散的各方社会力量凝聚整合、统筹优化，形成强大的合力，构建起党和政府主导、社会多方齐抓共建、人民群众广泛参与的社会诚信建设格局，推进诚信建设的步伐。

#### 1. 政府主导作用的发挥

全面的社会诚信建设格局离不开政府的主导。政府作为社会公共权力的代表，对社会多项公共事业起到了统筹协调的重要作用。首先，各级人民政府要加强自身诚信建设。政府失信直接影响的是人民群众对社会诚信建设的信心。不断推进诚信政府建设，要贯彻落实职务公开透明、民主决策、政府廉政队伍建设，巩固政府与人民群众的互信关系，提升政府公信力。其次，

要切实提高政府诚信建设的领导与组织能力。坚持实事求是，从各地社会发展的现实情况出发，拟定出台具有科学性、针对性、可行性的诚信建设方案、规划及相关政策。最后，各级人民政府要严格依法履行政府职能，加快推进自身向服务型政府转变，为社会诚信建设提供切实的服务，承担起相应的责任。同时还应不忘协调各方面利益关系，在推动地方经济社会发展进步的同时，推动各领域社会诚信建设，促进文化繁荣与社会和谐。

### 2. 社会分散力量的凝聚

全面的社会诚信建设格局也不能忽视诸如社会企事业单位、经济组织、社会组织、新闻媒体等分散的社会力量。推动社会诚信建设友好环境的创设、推动社会主义诚信道德观念内化为全民共同追求的价值目标和共同遵循的行为规范还需要整合各项社会资源，凝聚好上述多方社会分散力量，让社会各组织遵循诚信相关的法律与制度安排，同时也推动各社会组织、各社会机构等内部从业人员讲信守信，践行诚信原则。实现社会多方齐抓共治，推动形成对诚信建设友好的社会大环境和氛围。这既便于减轻政府诚信建设与诚信治理的负担，降低对经济组织、行业协会、中介机构等的管理成本，又能够通过对这些社会力量的凝聚促进社会良好诚信氛围的构建，并通过这种社会环境潜移默化地促进个人诚信意识与诚信道德素养的提升。

### 3. 社会成员的广泛参与

社会成员的广泛参与是全面的社会诚信建设格局创建中最关键的一环。人民群众是社会历史的主体，是社会历史的创造者。社会道德建设的主体是最为广大的人民群众，社会诚信建设的全面推进必须要以人民群众为依靠。充分考虑人民群众在转型期间复杂的社会心态、充分发挥作为社会道德建设主体的人民群众的作用，调动广泛的力量参与社会诚信道德建设才是社会诚信道德建设取得持续的、长足的发展的真意。调动最广大人民群众参与诚信建设的积极性，实现人民大众将诚信意识内化于心、诚信原则践行于行，才能夯实社会诚信发展的基础。首先，在思想上，每个社会成员要积极接受诚信教育，对被赋予新时代内涵与价值的中国特色社会主义诚信观念有一定认知与理解，实现自身诚信意识的觉解与发展，真正做到把诚信铭记于心。其次，在行动上，要把诚信原则贯彻于社会生活实践中。一来作为公民要做到遵纪守法、守法践约，履行好法治社会公民最基本的义务与职责，不逾越法律所规定的最基本道德底线；二来要真诚待人、诚信友善、诚实守信、守言行诺，把诚信作为自身价值追求，提升自身道德素养与人格魅力，谋求更高的道德境界。最后，社会成员不仅要努力把诚信道德规范内化于心、外化于行，让自身成为社会诚信支持者、践行者，还要做社会诚信建设的监督者、守护者，当面对违约失信、弄虚作假、投机取巧等违信背德行为时，不忽视不放纵，坚决抵制，及时检举。

总之，要努力汇集凝聚、整合协调社会各领域的分散力量与资源，在社会诚信建设过程中坚持政府主导，努力推动各社会组织、团体齐抓共建，广大人民群众积极广泛参与，构建全面的社会诚信建设格局，为社会诚信建设创设友好环境，推进诚信建设的步伐，为当代诚信的弘扬与发展凝神蓄力。

# 第五篇　中华传统"勇"德的历史底蕴与现代弘扬

"勇"德是中华民族的传统道德，拥有深厚的历史文化底蕴。在古代，"勇"德对构成理想人格、涵养民族精神以及守护人间正义起着独特的作用；在当代，在国民精神素质特别是青少年的人格品质的培育中，强调要继承和弘扬传统"勇"德，这既是对伟大民族精神的传承和发展，也是社会主义现代新人格培育的现实吁求。随着时代的发展进步，当代青少年成长的社会环境条件也发生了巨大的变化，由于教育、环境、生活条件的改变等众多因素的影响，在当代青少年人格素质的发展中，在充分肯定其胜于前人的众多新的品格素质的积极一面的同时，也可以发现在这一群体（尤其是男孩）中，越来越多地出现了勇武阳刚之气不足、尚文少勇的倾向。对这样的现象无疑需要引起高度重视，并立足于民族素质的长远未来，认真研究探讨在传承中华民族传统"勇"德的基础上予以现代弘扬的路径和举措。

## 一、"勇"德的起源与内涵历史流变

道德，从根本上来说，无疑源于人类社会自身发展过程中，源于社会分工的出现、社会关系的形成、生产生活实践的现实需要。"勇"德是我国传统道德中形成最早、传播最久、内涵最为丰富且最具有代表性的美德之一，其内涵随着社会历史的发展而不断趋于丰富深化。

### （一）"勇"德的起源

#### 1."勇"字释义

"勇"，从其字形演变来看，常见的写法有"勈""戜""恿"三种形式。从力甬声作"勈"，从戈甬声作"戜"，强调勇的力大敢为、英勇无畏的外在力量；从心甬声作"恿"，强调其内在胆大无惧的精神。我国古代第一部字典《说文解字·力部》中对"勇"字的定义为"勈，气也。从力，甬声"①。

---

① 许慎.说文解字附检字[M].北京：中华书局，1963：292.

段玉裁在《说文解字注》中对"勇"的解释为"气，云气也，引申为人充体之气之称；力者，筋也；勇者，气也；气之所至，力亦至焉；心之所至，气乃至焉。故古文勇从心"。在《左传·庄公十年》中有"夫战，勇气也"之说，在《诗经·小雅·巧言》中有"无拳无勇"之说。所以，在最原始的含义上，"勇"字就是用来表示人的一般心理特质或行为的，或者说只被认为是在某种情况下激发人产生某种行为的气，并未体现出道德的意义。

### 2."勇"德的源起

原始社会初期，在人类与自然的对抗中，"勇敢"这种品质的重要性逐渐凸显。由于社会生产力低、生态环境恶劣，先民们要想获得日常生活所需食物，只能不断增强自身的力量。面对残酷的自然灾害和飞禽猛兽的攻击，他们需要竭尽全力才能维持生活。原始社会人们的思维处于较低水平，他们勇敢的品质本质上只是在面对危机时的一种本能反应。然而这些本能的反应渐渐让人们认识到了自身的强大力量。女娲补天、精卫填海、盘古开天辟地等神话故事，不仅表明了人们对改造自然的渴望，也是人们生活经验的智慧结晶，体现了人类自身的强大与内心的勇敢。

原始社会后期，生产力不断发展，随着私有财产概念的出现，阶级斗争愈发明显，部落中首领权力逐渐扩大。部落之间争土地、掠财富，导致战争不断。人们从最初因生命受到威胁被迫反抗到现在为了部落的利益主动争夺，在"昔者尧攻丛枝、胥、敖，禹攻有扈，国为虚厉，身为刑戮"[1] 等表述中都有所体现。这一时期广为人知的英雄人物如尧、舜、禹、黄帝、炎帝等，有着共同的特点，那就是坚忍、勇敢与智慧。《夏本纪》中曾记载："禹伤先人父鲧功之不成受诛，乃劳身焦思，居外十三年，过家门不敢入。"[2] 部落首领坚韧不拔的行为特质被广泛认可，"勇"渐渐成了人们评价他人的重要依据。

夏商时期，国家建立政权，军队和监狱的出现加剧了阶级矛盾，战争成了国家的大事。为增强军队作战能力，统治者不仅将射击和御术作为学校教育的一项重要内容，还将奖惩作为一种重要的激励手段。战士们在战场上奋勇杀敌、英勇无畏，渐渐地"勇"成了军队的代名词。文献曾记载："夏桀、

---

① 初清华.关于期刊《人间世》的几点思考[J].新文学史料，2003（02）：201-208.
② 徐兴海.夏本纪[M].西安：西北大学出版社，2019：7.

殷纣手搏豺狼，足追四马，勇非微也。"① 那一时期的将领，普遍都具有大智大勇、勇猛有力的特点。

夏商凭借勇武赢得了战争，但野蛮的压迫和残酷的战争也引起了人们的反抗，导致夏商最终走向灭亡。无"德"导致一个朝代陨落，于是人们开始思考"德"的重要性。文献中也有这样的记载："桀不务德而武伤百姓，百姓弗堪。"② 在战争中，汤武遵循天意、顺应民心，赢得了战争，建立了新王朝。"汤修德，诸侯皆归汤，汤遂率兵以伐夏桀"③，"武王载斾，有虔秉钺。如火烈烈，则莫我敢曷"④。德，是国家得以强盛和长治久安的根基，也是百姓安居乐业、人民幸福安康的根基。汤武革命不仅是朝代更迭的胜利，也是对勇武的一种反思。这一反思进一步加深了人们对"德"的理解。

"德"的概念起源于殷周时期。西周时期，礼乐文化兴盛，社会繁荣和谐，人们对勇武的尊崇逐渐弱化，开始思考人与价值观的关系。随着"道德"的概念逐渐成熟，它成为协调伦理关系的准则，也为"勇"作为传统美德的后续发展提供了重要的前提条件。

作为中华传统美德之一的"勇"德，并非一开始就成为一种德性，其内涵也非恒定不变，而是在经过漫长的发展历程，在剔除了"私利"和"鲁莽"意涵因素之后才成为德，逐渐发展成为"勇"德。

### （二）"勇"德的基本内涵

"勇"与"勇德"之间既有联系又有区别。"勇"既内含中性的作为自然特质的含义，也蕴含贬义的冲动、莽撞，但更多指的是一种美好的道德品质。作为一种道德品质的"勇"德，在实践中发展延伸出以下几方面的含义。

#### 1. 血气之"勇"

所谓血气之"勇"，是指当人们遭遇困境或危险的时候，不畏缩、不畏惧、不沮丧、勇往直前，表现出勇敢面对、临危不惧的强大气魄。"勇力抚世，守之以怯。"⑤ 扶持国家需要勇力，掌管国家需要怯弱。"知死不辟，勇

---

① 谷杰．从放马滩秦简《律书》再论《吕氏春秋》生律次序 [J]．音乐研究，2005（03）：29-34.

② 徐兴海．夏本纪 [M]．西安：西北大学出版社，2019：11.

③ 徐兴海．夏本纪 [M]．西安：西北大学出版社，2019：12.

④ 启晟．诗经 [M]．北京：东方出版社，2019：567.

⑤ 楼宇烈．荀子新注 [M]．北京：中华书局，2018：619.

也。"① 那意味着你知道你快要死了，但你并没有避免它。这是"血气之勇"的体现。

### 2. 义礼之"勇"

所谓义礼之"勇"，强调"勇"的公正、合理与适当。"死而不义，非勇也"②、"率义之谓勇"③、"见义不为，无勇也"④，这些话表明，儒家学者认为"勇"与"义"是相互联结的。"勇"被视为一种普遍的道德规范，"勇"的基本道德要求是引导人们树立"勇"的价值观。君子应当尚"勇"，"勇"是成功成德的关键。有"勇"德之人一看到应该做的事就应该去做，如果不这样做，他们就会胆怯，说明实现"勇"德需要付诸实践。如此，"勇"被赋予道德属性后，视为"勇"德。

儒家文化提倡"非礼勿视，非礼勿听，非礼勿言，非礼勿动"，把"礼"视为核心与做事原则，提倡"勇"与"礼"的结合。卫国因国力衰弱，在寻求与齐国一起对抗晋国时，稍有不慎可能还要忍受齐国的羞辱，子夏临危不惧、以"礼"力争，用实际行动维护了卫国的尊严，践行了儒家"勇"德。儒家的"勇"不单靠武力，而是要以"礼"为道德规范，体现"勇"与"礼"的有效结合，这才是真正意义上的"勇"。

### 3. 仁德之"勇"

所谓仁德之"勇"，特别强调"勇"德是以"仁"为出发点的。孔子曰："好勇疾贫，乱也。人而不仁，疾之已甚，乱也。"⑤ 换句话说，一个勇敢的人如果缺乏"仁慈"，会给他人和社会造成混乱甚至更大的伤害。"勇"是出于"仁"的动机，"勇"的前提是不伤害他人。孔子又曰："有德者必有言，有言者不必有德。仁者必有勇，勇者不必有仁。"⑥ 孔子认为单单只有"勇"并不总是一种美德，只有将"勇"与"仁"结合起来，才能达到"德"的层次。换言之，仁慈有德的人一定是勇敢的。因此，仁德之"勇"成为"勇"德的关键特征之一。

---

① 陈戍国.春秋左传[M].长沙：岳麓书社，2019：350.
② 陈戍国.春秋左传[M].长沙：岳麓书社，2019：274.
③ 陈戍国.春秋左传[M].长沙：岳麓书社，2019：1112.
④ 杨伯峻.论语译注[M].北京：中华书局，2015：23.
⑤ 杨伯峻.论语译注[M].北京：中华书局，2015：93.
⑥ 杨伯峻.论语译注[M].北京：中华书局，2015：164..

### 4. 知耻之"勇"

所谓知耻之"勇",乃指个体在经历苦难或打击之后,面对困难不气馁、不退缩、不自暴自弃,而是勇往直前、迎难而上。人在知耻后,才能拥有忍辱负重、奋发图强的勇气和决心,才能准确认识到自己的缺点与不足,如果一味固执地抱残守缺,则很难获得成功。全面正确认识自己是战胜自己的基础和前提,知己知彼方能百战不殆。没有无缘无故的失败,就像没有无缘无故的胜利一样。万事万物都有一个螺旋式上升、波浪式前进的过程。输了没关系,重要的是不服输的勇气;错了没关系,重要的是勇于承认错误与知错能改的勇气。

越王勾践在吴国被俘后,给阖闾看坟,给夫差喂马,虽受尽嘲笑和羞辱,但为复国大计他选择卧薪尝胆、忍辱负重;岳飞不忘"靖康之耻",率军上战场,献身报国,立下汗马功劳,久负盛名;秦穆公三次败给晋军,但他从未服输,重整旗鼓,奋力拼搏,最终击败晋军;清朝期间,蒲松龄科举考试屡次名落孙山,饱受他人嘲笑,但他并未气馁,矢志不渝,最终写下《聊斋》,世代广为流传。此外,儒家强调"智""仁""勇"的理想品格。"知耻"也是勇敢的一种表现,"知耻近于勇""知耻而后勇"。能够知道自己的缺点与不足,正视自己的失败,也是一种勇敢。

### (三)"勇"德思想的历史流变

中国传统"勇"德思想,从古代儒家"勇"德思想的产生到"勇"德思想的近现代演变,再到"勇"德思想的当代拓展,经历了一个长期的历史流变过程。

### 1. 中国古代传统"勇"德思想

儒家"勇"德思想的产生,主要是在我国由传统奴隶制社会向封建主义社会转变、整个社会以战争为主导的历史时期。在这样的社会背景下,儒家"勇"德思想的形成,无论价值取向还是理想特征,都离不开时代和社会的制约。因此,其历史背景与战国时期的政治、经济、文化等方面密切相关。

(1)以孔孟为代表的儒家"勇"德思想

以孔孟为代表的儒家"勇"德思想有"礼""仁""智""勇""中庸"五种基本含义。其中,"礼"为规范,"仁"为核心,"智"为前提,"勇"为标准,"中庸"为目标。随着春秋战国时期社会阶层的变化,原本属于贵族阶层的道德观念逐渐开始渗透到整个社会。因此，"勇气"的道德观念逐渐从缺乏整体认知转变为具有一系列世俗化进化论的统一认知标准。不过此时人们对"勇"与道德关系的认识还比较模糊，但注意到了单一的"勇"的危害，认为"勇"还需具备相关伦理约束。这进一步说明了拥有"智、仁、勇"这三种品质的重要性。孟子提倡仁政、知语、正义，这也是对"智、仁、勇"的发展和传承。儒家思想体系一直是相互包容、相互关联的规范体系。该体系强调以"仁义"为思想核心，同时兼顾"仁、义、礼、智、信"等完整的儒家道德体系。有了这样完备的道德基础，"勇"的道德就有了儒家的规范基础，将"勇"的行为限制在了合理的范围内。在《中庸》中，将"智、仁、勇"进一步概括为"三达德"，指出"知（智）、仁、勇三者，天下之达德也"①。总之，"智、仁、勇"是世界上最基本的人类美德。《中庸》中也有记载，"好学近乎知，力行近乎仁，知耻近乎勇"②。这就是说，君子要努力学习，要有知识，才能了解天下大事，这就是"智慧"。君子一定要学以致用，以致于言行一致，这就是"勇敢"。从这段话中，我们可以看出，"智、仁、勇"的有机结合，可以使人逐渐达到一个没有迷惑、没有忧虑、没有恐惧的精神境界。"勇"德通过将内在的"仁"与外在的"礼"联系起来，将主客观"勇"的道德行为作为实践过程合理性的表达，避免盲目问题的发生，形成有意义的形态。孟子曰："好勇斗狠，以危父母，五不孝也。"③"勇敢"的道德不是指打架或无情的行为，不顾父母的安全。反之，"勇于不伤害他人的勇气"和"勇敢的道德"必然要求以道德为目的而不伤害他人。为此，先秦儒家将一套道德规范和标准融入其"勇"的道德思想中，使"勇"德首先成为一种道德规范，用来规范引导人们的行为。

（2）以孙子为代表的兵家"勇"德思想

与儒家不同，以孙子为代表的"勇"德思想始于先秦时期，该思想主要用于军事领域，代表人物有张良、孙膑、孙武等。将军事思想运用到军队中时，也需要军事智慧。军事家的"勇"德，需要强调胜利既需要勇气，也需要机智。作为军事家的主要代表人物之一，孙膑在齐魏之战中，以英勇兼备的思想打赢了桂陵海战。同时，军事家的"勇"德需要关注其实际效果，在战争中运用"勇"德的基本原则是不战而胜。它具有强烈的目的性，与儒家讲求的"中庸"有很大的不同。

① 于述胜.《中庸》通解 [M]. 北京：社会科学文献出版社，2020：58.
② 于述胜.《中庸》通解 [M]. 北京：社会科学文献出版社，2020：57.
③ 南怀瑾.孟子与离娄 [M]. 上海：复旦大学出版社，2017：35.

（3）以韩非子为代表的法家"勇"德思想

法家思想主张用完整的法律体系来强制控制一个国家的政治、道德等方面的问题。这种社会统治的强制手段在历代王朝中一直用来辅助统治，对现代法律制度的演进产生了重大影响。法家提倡克制，个人和集体的勇气都需要压制。法律的作用是遏制人们的行为、惩罚违法行为。这种做法强调"勇"的范围需要在法律框架内。你不能指望每个人都好，也不能让每个人都变坏。在社会和个人道德问题上，法家主张"善恶"。换句话说，只要有利益，就有很多人避恶求利。因此，需要将人性和国家富强有机地结合在一起，只有国家富强了，个人才能富强。不过，在这一演变过程中，由于社会环境的变化，人们的道德标准也会发生一系列的变化，不能像儒家思想那样对道德观念永远保持一致，需要随着历史的发展而不断发展，这一做法在当今社会具有极其重要的理论意义。

总之，儒家"勇"德思想是中国传统"勇"德思想的主流思想，并且在中国的社会发展历史中保持了长久的生命力，主要得益于其思想体系随着时代的发展在不断丰富和完善。儒家"勇"德思想所表现出来的"尚勇"精神是中华优秀传统文化的组成部分，构成了中华民族精神的重要渊源。即便是到了十九世纪中期，中华民族遭受西方工业文明的强大侵凌，中华文明遭受毁灭性摧残，仁人志士们也从未因此丧失抗御外侮、奋发图强的勇气，其精神源头皆由此来。

2. "勇"德思想的近现代演变

1912年，中华民国临时政府成立后，全国各地军阀争斗不断。很多有识之士在求学救国的同时，也有很多关于传统国学的疑问。除了外来文化的入侵，许多人开始寻求中西的融合文化，从中探求救国救民之道。那段时间，中国的民族救亡运动接踵而至。中国传统"勇"德思想是国学的组成部分。由于国学与西学观念上的巨大差异，部分国人受崇洋媚外思想的影响，传统"勇"德思想在一定程度上受到了冷落。新文化运动于1919年爆发，是一场以新学为主导的文化革命，在一定程度上促进了现代科学的传播和发展，但由于全面肯定西学和盲目批判否定中国传统文化，造成了我国优秀传统文化的流失。

（1）以严复、梁启超为代表的维新派"勇"德思想

作为我国最早走向西方的中国思想家，严复的思想主要是弘扬西方民主和科学，弘扬西方哲学、社会学等理论。针对当时社会提倡的"三纲五常"

道德体系，他提出要从根本上消除中外道德差距。我国的许多问题，要从根本上做到"体用一致"。关于"勇"德，严复提倡西方的实践精神，强调道德必须受制度支配，"勇"不能超越制度。康有为是维新派的代表人物之一，主张宪法治国。这种观点的提出影响了当时君主霸权的主流意识形态，这也是一种"勇敢"的表现，但在当时，由于君权至上，他的这种观点遭到了强烈反对。

梁启超的"勇"德理念更多地体现在自由、平等、博爱等人权主义方面，宣扬"天下之大勇，孰有过我孔子者乎"①。但由于受到封建残留思想的影响，梁启超没有能将传统的勇武主义思想应用到维新主义思想中。在戊戌变法失败后，梁启超仍然提倡以平和的方式实行君主立宪制，但显然，这一做法由于缺乏相应的手段，在中国已经经历了两千多年封建社会的统治模式下很难取得成功，其最终结果必然遭至失败。在道德方面，梁启超虽然反对传统的封建伦理道德，但他也并不完全赞同西方文化中的道德观念，他在社会道德上提倡"西学为体，中学为用"的观点，没有突破当时已经落后于时代先进性的"勇"德观念。

（2）以孙中山、胡适为代表的革命派"勇"德思想

以孙中山为代表的革命派，不仅在"勇"德的观念上主张"勇"德需要勇，而且对"勇"德的基本表现和表达方式进行了论述。资产阶级革命后期，军人是革命运动的主体，其"勇"德观关系到革命运动最终能否成功。孙中山提出"勇"的定义是"不害怕"。他还区分了"勇"的类型，他把"勇"分为"大勇"和"小勇"两类。他所称的"小勇"包括一时冲动式的"发狂之勇"、一触即发式的"血气之勇"、螳臂挡车式的"无知之勇"等三种情形，②孙中山将其视为人类盲目、肤浅的勇，对其完全否定。孙中山指的"大勇"是一种有目的、有原则、有知识的"勇"。他指出："军人之勇，是在夫成仁取义，为世界上之大勇。"③他还透露了它的内在本质：军人的勇气必须是有道德、有目的、有学识的。换句话说，军人的勇气必须具有高尚的道德和正义。违背这种"道义"原则，只是"逞一时之意气，勇于私斗，

---

① 梁启超.中国之武士道 [M].北京：中国档案出版社，2006：25.
② 中山大学历史系孙中山研究室.孙中山全集（第六卷）[M].北京：中华书局，1985：30.
③ 中山大学历史系孙中山研究室.孙中山全集（第六卷）[M].北京：中华书局，1985：30.

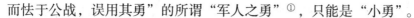

而怯于公战，误用其勇"的所谓"军人之勇"①，只能是"小勇"。

胡适是新文化运动的主将，他主要在思想道德领域提倡"勇"德思想。胡适认为，人权和条约是实现社会改革的基础。在这个过程中，整个社会需要鼓起勇气，消除贫困、腐败等社会落后现象。从道德的角度来看，胡适致力于新的文化理念，批判中国传统的道德观念，并结合西方的一些道德观念加以改进和弘扬。

（3）中国共产党在革命战争年代对革命英雄主义的培塑

在中国共产党的百年非凡奋斗历程中，一代又一代中国共产党人顽强拼搏、前赴后继，涌现了一大批视死如归的革命烈士、一大批顽强奋斗的英雄人物，他们"为国家民族人民的自由解放幸福，抛头颅、洒热血，坚毅抗争、不惧牺牲，从挫折失败中奋起，这份血性和不懈坚持，深深感染和激励着中国人民"②。

中国共产党在独立领导武装斗争之前，就非常重视英雄主义精神的培育。在中国民主革命先行者孙中山创立的黄埔军校，不仅聘请苏联的军事顾问，而且也邀请了许多共产党员担任黄埔军校的政治教官和其他领导。虽然主要以三民主义为教育内容，但共产党员们都竭尽全力地向学员进行"马克思主义"教育和英雄主义精神的培育，获得了良好效果。以黄埔学生为干部骨干创立的国民革命军，凭借着对"英雄主义"的坚定信念，在东征北伐中屡战屡胜，立于不败之地。

中国共产党在参加北伐和领导南昌、秋收起义等运动中初示革命英雄主义。叶挺独立团是中国共产党直接领导的军队力量。独立团成立了党支部，正副队长和党代表都是共产党员。由于有大量共产党员作为各级骨干，他们向官兵们进行马克思列宁主义、党的章程和宗旨的教育，在共产党员的带动下，整个独立团全面提高思想觉悟，明确了自己的历史责任，训练的士气和热情空前高涨。在北伐战争中，独立团奋勇拼搏、所向披靡、战无不胜，展现了铁军的实力。虽然由于战事频繁，部队中军阀作风依然明显，但其英勇表现已初步显示出革命英雄主义的特点。南昌、秋收、平江等起义军都有类似"叶挺独立团"这样党领导的军队，为革命英雄主义的形成和发展奠定了坚实的基础。

① 中山大学历史系孙中山研究室.孙中山全集（第六卷）[M].北京：中华书局，1985：30.

② 陈正良，舒英，王珂.中国共产党对国民精神素质的百年重塑[J].宁波大学学报（教育科学版），2021，43（04）：1-9.

毛泽东曾指出："必须团结一切可以团结的阶级、阶层和社会集团，要把武装斗争作为主要斗争形式，一切形式的斗争都需要从思想上勇于进行动员与实践。"① 中国共产党最初成立于1921年，采用的纲领原则就是通过革命手段推翻旧政权。1927年，中国共产党发动了反对新军阀的革命武装起义，毛泽东根据当时的革命斗争形势提出了以军事实力为基础的建议。在独立领导武装斗争时期，毛泽东的军事思想不断完善，强调把群众作为革命战争的基础，提出只有依靠群众、发动群众，才能取得革命战争的胜利。

毛泽东的军事思想也强调"勇"。在中国革命的长期实践中，毛泽东创立了一整套符合中国实际、具有中国特色的战术，它是人民军队在军事力量上我弱敌强、武器装备上我劣敌优的艰苦条件下仍然能够战胜敌人的法宝。秋收起义后，毛泽东领导的秋收起义部队攻打长沙失败，面临前后都有追兵的困境，但毛泽东并没有气馁与放弃，他组织革命队伍进入井冈山区，形成了农村包围城市、武装夺取政权的军事思想和中国革命道路模式。在随后的抗日战争和解放战争中，毛泽东主张在加强思想建设的基础上，进一步扩大军队的实力，不拘泥于一城一池的得失，而是必须要以长远发展的眼光看待问题。毛泽东始终强调，军队必须坚持将思想建设放在领先位置。这一理念在国共内战、抗日战争和解放战争中，都得到了成功的印证，为军队培养了一批又一批优秀的人才。同时，毛泽东军事思想在"勇"德方面实现了突破，首次将道德摆在重要位置，倡导革命的英雄主义，这也是新民主主义革命最终取得胜利的重要因素。

由于党对军队的绝对领导权的确立，军事英雄主义具有了真正的革命性。我军诞生于各种起义力量，这些部队具有共产党领导的无产阶级军队的特点，但部队内部构成复杂，军阀作风严重，官兵意识普遍偏低。以毛泽东为代表的共产党人非常重视对这些旧部队的改造。通过三湾整编，特别是在古田会议上，明确了红军的性质、宗旨和使命，确立了党对军队的绝对领导原则，对军队进行了马克思列宁主义以及党的路线教育。经过系统地教育、改革和斗争，官兵们终于明白了为谁而战的道理。在战争的洗礼和正面斗争的磨砺中，我军逐渐成为一支新型的人民军队。他们在革命信仰的鼓舞下，不畏强敌，机智敏捷，在四次反"围剿"中取得胜利。在红军两万五千里长征中，共产党员在"冲锋在前，退却在后，吃苦在前，享受在后"奉献精神的影响下，涌现出像大渡河十七勇士这样的无数战斗英雄，创造了包括爬雪

---

① 毛泽东.毛泽东军事文集（第二卷）[M].北京：中央文献出版社，1993：789.

山、过草地在内的无数军事史上的奇迹。

朱德对"新英雄主义"作过科学阐释，即以"立功"为特征的革命英雄主义在理论和实践上的不断成熟和发展。1944年7月，朱德在《解放日报》上发表题为《八路军新四军的英雄主义》的文章，为军队的革命英雄教育提供了理论基础。在大反击中，各部队展开大规模杀敌运动，创造了辉煌战绩。抗日战争结束后，党中央立即在全军开展"诉苦、复仇、立功"运动，激发士兵的阶级意识。在刘邓大军强渡汝河的故事中，我军发扬勇往直前的大无畏精神，在人数多于我方数十倍的敌人中杀出一条血路。在解放战争三大战役中，我军势如破竹，歼灭国民党主力150万余人。渡江战役以及其他战场，我军以英勇持续的战斗作风威震敌方，让敌人闻风丧胆、丢盔卸甲，为取得全国胜利和中华人民共和国的建立奠定基础。

战争中形成的革命英雄主义是中国共产党优良的传统和宝贵的财富。其主要内容如下：第一，勇敢顽强的战斗风格。它表现为不畏艰险、不屈不挠、勇往直前，敢于蔑视敌人，对我军的胜利始终充满信心，敢于保持坚强的斗志。第二，勇于奉献的高尚品格。表现为不怕苦、不怕死，为了国家和人民的利益，在危难中能够不计个人得失，愿意付出一切甚至是生命的代价。第三，坚定不移的革命精神。体现在对党和人民坚定不移的忠诚，对共产主义事业坚定不移的信念，不仅能经得住子弹的考验，还能经得住金钱和美貌的诱惑，保持坚定的革命道德。

### 3."勇"德思想的当代拓展

#### （1）作为一种民族传统品德

中国共产党在领导中国革命和建设的过程中，培育了许多优秀的革命精神，如井冈山精神、长征精神、延安精神、伟大抗日精神、抗美援朝精神等。从某种意义上讲，这些精神与民族传统"勇"德精神具有许多相同的内涵与价值，是不同时空条件下民族传统"勇"德精神的不同表现。

新中国成立后，中国人民在建设国家、保卫国家的伟大实践中，承继了传统"勇"德精神，并形成了爱护、拥护军人以当兵为荣的社会氛围。全国人民积极支持和参与国防建设，适龄青年积极参军。他们为报效祖国而自豪，形成了敬仰军人的社会氛围。军人具有崇高的社会地位，是新时代"最可爱的人"。

1978年，我国开始进入改革开放新的历史时期，在随后的40余年间，经过全国各族人民的共同努力，取得了举世瞩目的社会主义建设伟大成就。

中国特色社会主义事业的开创首先是从改革入手的。在经历了此前社会主义建设所遭遇的曲折和"文化大革命"带来的惨痛教训，要不要改革、如何进行改革是当时讨论的一个重要论题。以邓小平同志为核心的党的第二代领导集体创造性地提出，中国要发展就必须改革，从而引领发展新的时代。改革不是纸上谈兵，而是要大刀阔斧地实践，需要很大的勇气。20 世纪 80 年代，我国顶住各种压力，冒着各种风险，率先在沿海城市发展经济特区和实行沿海港口城市开放制度。由于中国的社会主义现代化建设是在中国国情条件下的低起点中起步的，发展过程中出现的许多问题，无先例可循。因此，在寻求解决的具体措施上，必须要具有敢于探索、不惧失败的改革勇气。事实证明，正是由于改革过程中中国共产党所表现出的勇于探索、敢于创新的勇气，我国经济社会才能在短时期内取得如此惊人的发展成就。

中国特色社会主义建设不仅要在经济、政治方面进行不懈的改革发展，同样，还需要在社会主义文化建设上同步取得发展进步。而在建设中国特色社会主义新文化的实践中，要与时俱进推进文化建设发展，就必须对传统思想文化进行"取其精华，去其糟粕"的扬弃，从而推进社会主义思想道德体系建设，其中就包括对传统"勇"德思想的扬弃。传统"勇"德在一段时间里，确实也受到市场经济法则消极面带来的影响，尤其是功利主义、拜金主义的盛行，对"勇"德的现实实践带来了很大的消极影响。客观地看，我国社会确实在一定程度上存在着"勇"德退化现象。"见义不为"、社会一部分成员出现"道德冷漠症"等一系列问题，确实需要我们在道德建设上就如何返本开新、如何对包括传统"勇"德在内的民族传统优秀道德文化进行创新性继承、创造性转化提出思考探索的要求。

（2）作为一种党和军队精神作风

军人象征着勇敢。新时代，习近平强军思想已成为军队建设的重要指导思想。党中央决定实施科技兴军战略。国防科技和武器装备建设实现了从跟跑向领跑的重大转变，有效维护了国家主权和安全。无数的壮举，支撑了国家的强盛和军队的强大，坚定了中华民族的自信心和自豪感。技术领域，神舟飞天、蛟龙入海、北斗卫星导航系统等取得重大突破；军事领域，南海、钓鱼岛维权常态巡航，东海设立防空识别区，参与国际维和行动，设立吉布提海外保障基地等。面对各种风险挑战，为维护国家安全，党中央适时提出了"总体国家安全观"，并对改善国家安全环境的一系列问题进行了创新性探索，为中华民族伟大复兴构建更可靠的安全屏障。

中国还通过加快法治进程，为弘扬勇武精神提供制度保障。2014 年通过立法增设三个国家纪念日：9月3日增设为中国人民抗日战争胜利纪念日；9月30日增设为中国烈士纪念日；12月13日增设为南京大屠杀死难者国家公祭日。2018年4月27日，习近平总书记签署主席令，公布《中华人民共和国英雄烈士保护法》，5月1日起正式实施，以此加强对英雄烈士合法权益的司法保护，依法惩处亵渎英雄烈士形象等违法犯罪行为。同年，为保护军人军属合法权益，中国政府还组建退役军人管理保障机构，致力于让军人成为全社会尊崇的职业。

（3）作为一种国民素质要求

"勇"德思想是一种国民精神素质要求。中国共产党人以实现中国人民的自由解放和中华民族的伟大复兴为己任，长期以来，在致力于从根本上改变落后的社会制度和统治秩序的同时，奋力疗治并清除国民精神的沉疴积弊，不断为民族精神注入新的思想精神元素，使中华民族获得浴火重生，重现生机和活力。习近平总书记指出："人无精神则不立，国无精神则不强。精神是一个民族赖以长久生存的灵魂，唯有精神上达到一定的高度，这个民族才能在历史的洪流中屹立不倒、奋勇向前。"[1]正是国民精神素质在中国共产党领导下所获得的颠覆性的塑造改变，使中国人民重新找回自近代以来曾经丢失的自信和力量，焕发出了强大的改变现实、创造新生活的力量，让百年以来百病丛生、如入膏肓的中国社会得以疗救新生，多灾多难的民族能够走出近代以来的屈辱，自立于世界民族之林，并迈上光明的复兴之途，华夏儿女得以在今日以一份坦然、自信、乐观面对世界、面向未来。[2]

"勇"德作为一种国民精神素质，随着时代的发展也被赋予了新的时代内涵。它伴随着中国人民在中国共产党的领导下，战胜一个又一个困难，开创一个又一个奇迹。无论是面对洪水、地震、SARS疫情，还是遭遇金融危机、贸易摩擦，中国共产党始终带领全国人民一往无前，不懈奋斗，战胜了一个又一个困难，创造了一个又一个奇迹。五千多年的中华民族经历过无数次大风大浪而不倒，濒临绝境而不亡，反而愈发强大，缘何？答案就在万众一心勇往直前。以2020年新冠肺炎疫情爆发后抗疫斗争为例，疫情发生后，近80岁的老党员、北京小汤山医院的设计者黄锡璆主动请缨赴鄂支援建设。湖南近300名医务人员踏上援鄂征途，许多人在"请战书"里写下同

① 中共中央党史和文献研究院.十八大以来重要文献选编（下）[M].北京：中央文献出版社，2018：395-396.
② 陈正良，舒英，王珂.中国共产党对国民精神素质的百年重塑[J].宁波大学学报（教育科学版），2021，43（04）：1-9.

一个理由："我是共产党员"……面对突如其来的挑战，有一群斗士心怀大爱，慷慨请战，逆行而上，报名去抗疫一线："我自愿报名参加医疗救助团队""我执行过抗击非典、援非抗埃任务，经过实战考验，我申请加入防控疫情队伍""我在感染科工作10年了，可以胜任呼吸道病毒感染患者的护理工作"……放弃和亲人团聚的时光，无惧被病毒感染的风险，冲锋奋战在疫情防控第一线，不计报酬，不畏生死，不讲条件，这些闪烁着人性光辉、奋战在抗疫战场上的忙碌身影，会聚成了攻无不克、战无不胜的中国力量！

伴随着奥运会的落幕，东京奥运会顺利结束，中国梦之队以88枚奖牌的好成绩凯旋，其中包含38枚金牌、32枚银牌、18枚铜牌，位列金牌榜和奖牌榜第二，38枚金牌也追平中国代表团海外奥运最佳战绩。勇攀高峰是体育精神的最佳解读，它集中体现了国人在精神层面上由内而外的一种进取精神。不断攀登，不仅是个人能力的提升，也是内在自信的成长，是时代风貌的生动写照，为中华民族伟大复兴提供了凝心聚气的强大精神和身体力量。拼搏和坚持是体育精神的精髓。运动健儿为了更高的目标不断挑战、超越自我。顽强拼搏只有起点没有终点，只有进行时没有完成时。只有努力，坚持不懈地努力，用汗水、泪水浇灌才能获得最终的胜利。这种精神风貌会深深感动并感染到每个人，成为融入国人血液与基因的时代精神。

2021年2月20日，习近平总书记在党史学习教育动员大会上指出：在一百年的非凡奋斗历程中，一代又一代中国共产党人顽强拼搏、不懈奋斗，涌现了一大批视死如归的革命烈士、一大批顽强奋斗的英雄人物、一大批忘我奉献的先进模范，形成了一系列伟大精神，构筑起了中国共产党人的精神谱系，为我们立党兴党强党提供了丰厚滋养。近年来，习近平总书记还提到了一系列伟大精神：伟大抗战精神、伟大抗疫精神、伟大抗美援朝精神、西迁精神、科学家精神、特区精神、劳模精神、劳动精神、工匠精神、中国载人深潜精神、探月精神、脱贫攻坚精神……所有这些在改造变革中国社会的伟大实践中形成的不同历史条件下的"时代精神"，都伴随着这一伟大实践进程的不断向前推进，最终都转化为当代中国人精神素质成长的丰富养料，沉积为中国人的精神品格。①

所有这些都可视为中华传统"勇"德在当代的承继与发展。

---

① 陈正良，舒英，王珂.中国共产党对国民精神素质的百年重塑[J].宁波大学学报（教育科学版），2021，43（04）：1-9.

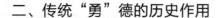

## 二、传统"勇"德的历史作用

中华传统"勇"德思想贯穿于中国历史发展的始终，在数千年的中国历程中更是起到了重要的推动作用，综合体现在对社会成员道德人格的塑造、民族精神的涵养、社会正义的维护等都具有积极意义。

### （一）儒家"三达德"理想人格素质的重要构成

从"勇"的历史沿革来看，"勇"的精神不仅在战争、内政、外交等重大国家事务中发挥着重要作用，而且对个人行为和道德发展具有重大意义。孔子把"勇"作为儒家道德的重要原则，是儒家追求的理想人格之一。后来，随着时间的发展，"勇"在儒家思想道德体系中的地位进一步提升，与"仁""知"并列称为"三达德"。

"勇"被视为儒家理想人格之一。由于时代风气的影响、社会的实际情况以及个人的特殊境况，孔子认识到"勇"对于国家事务和个人发展的重要性。久而久之，孔子逐渐形成"尚勇"思想。之后，孔子又将"勇"与"礼""知""仁"等道德准则紧密结合，用于个人修养和生活行动中，从而使"勇"成为儒家所追求的理想人格之一。孔子在众弟子面前曾如此谈及理想人格问题：

子路问成人。子曰："若臧武仲之知，公绰之不欲，卞庄子之勇，冉求之艺，文之以礼乐，亦可以为成人矣。"曰："今之成人者何必然？见利思义，见危授命，久要不忘平生之言，亦可以为成人矣。"[1]

子曰："有德者必有言。有言者不必有德。仁者必有勇，勇者不必有仁。"[2]

子曰："君子道者三，我无能焉：仁者不忧，知者不惑，勇者不惧。"[3]

从以上三个来源可以看出，孔子将他的理想人格分为成人型、仁爱型和君子型三种。这三种理想人格可以分为不同的层次。"成人"对应"圣人"，地位最高；"仁"位居第二；"君子"是三者中等级最低的。仔细研究这三则材料，可以发现孔子的三个理想人格都包涵"勇"的品质。

第一则材料中的成人之勇就是卞庄子之勇，卞庄子的勇气不是盲目冲动的勇气，而是结合了"忠""孝"等道德原则的"勇"。卞庄子在他的母亲

① 程树德.论语集释[M].北京：中华书局，1990：969-972.

② 程树德.论语集释[M].北京：中华书局，1990：951.

③ 程树德.论语集释[M].北京：中华书局，1990：955.

还活着的时候，为照顾母亲，甘于忍辱负重。母亲去世后，卞庄子在战场上英勇无畏，不惜血本杀敌，洗去往日耻辱。卞庄子如此勇猛的行为并不是为了个人私利，而是为了国家大义。所以，这种"勇"是一种德性之勇。

第二则材料说"仁者必有勇"。换言之，一个真正的"仁者"必须具备"勇"的品质。"仁"是儒家道德所追求的终极目标，其他美德原则最终也指向"仁"。将"勇"与"仁"联系起来，就为"勇"增添了道德因素，使"勇"成为一种美德。所以，仁者之勇，也是一种美德之勇。

第三则材料说君子必须做三件事，"仁"方不愁，"知"方不惑，"勇"方不惧。这里虽只谈到了君子如何做到"知""仁""勇"，但从侧面来看，它反映了"知""仁""勇"是君子的三大基本道德品质。因此，这里的"勇"也属于美德的范畴。

事实证明，上述三个来源的"勇"与"忠""孝""仁"等其他道德品质有关，并非是"勇"的单一品质。孔子认为"勇"是儒家理想人格的基本要素，"勇"是儒家所追求的理想人格之一。

### （二）涵养民族精神的重要源泉

"勇"德，从古至今都是中华民族的优良传统美德。传统"勇"德提倡"持节不恐，谓之勇"。不论生活多么贫苦，或是面对眼前的利益诱惑，都要坚守住初心，坚守道义，勇于将私欲遏制在摇篮里，秉持"富贵不能淫，贫贱不能移，威武不能屈"的高尚品格。这种"节"是一种美好的道德品质，是勇者要坚持的立场和原则，要坚守道德底线，把"节"付诸实践，需要莫大的勇气。古往今来有多少人为了守"节"而前赴后继、勇往直前，海瑞罢官、包拯断案等便是典型的例子。

无论哪一个历史时期，"勇"德都需付诸实际的行动实践之中。面对鸦片对中国人的摧残，面对清政府的软弱无能，林则徐孤身一人，以大无畏的奋勇精神发起禁烟运动——虎门销烟，全然不顾自己的安危；抗战时期，无数爱国将士、平民百姓为反对侵略、驱除强敌而前赴后继；抗美援朝时期，百万中华儿女为保家卫国，深入异国他乡，舍生忘死，不惜牺牲生命；改革开放初期，邓小平带领中国人民积极探索社会主义建设新道路，在改革过程中也面临国内国际各种阻挠与干扰，但最终以逢山开路、遇水架桥的开拓创新精神，克服种种困难阻碍，取得了改革开放的一个个辉煌成就。现如今，我们虽然身处和平稳定的社会，国泰民安，国富民强，但"勇"德依然存在，当自然灾害发生时，当危险发生时，总会有人挺身而出，勇于奉献。

这样的典型案例数不胜数：地震发生时，还在上课的教师用自己的生命护学生安全；火灾发生时，消防员冲进熊熊燃烧的大火中，只为了能多解救任何一个可能存活的生命，全然不顾自己的安危；有人落水时，陌生人不顾河水的湍急，奋不顾身救下落水者。他们是平凡的人，但他们毫无疑问都是勇敢的人。无数个平凡而又勇敢的人用实际行动诠释了中华民族传统"勇"德精神。因此，"勇"德不仅是个人创造生命辉煌的指路明灯，更是中华民族实现伟大复兴中国梦的力量源泉。

### （三）守护人间正道公义的美好品德

"勇"德作为中华传统道德的重要组成部分，是中华民族强盛不衰的动力源泉之一。正义、忠勇是"勇"德精神的体现，深深根植于中国人民的内心深处，在中国的历史长河中延绵不绝，会聚起中国人民自强奋进的凝聚力。正因如此，在各种危机考验降临的时候，广大人民能够坚守正义、自强奋进，在党的领导下，勇于担当、克服困难，为战胜各种困难贡献自己的力量，也让建功立业新时代的使命深深烙在中国人民的心中。

中国在过去的几千年，经历了无数天灾人祸与内忧外患的磨难，终于迎来了从站起来、富起来到强起来的伟大飞跃。近代，无数仁人志士在国家危亡之际展现出奋勇无畏的民族大义精神；到现代，在抗震救灾、抗洪抢险中，中国人民表现出一方有难、八方支援的团结奋进。中国无论在哪个历史时期，总有一批埋头苦干的人、拼命硬干的人、为民请命的人、舍身求法的人……他们都是中国的脊梁，是最勇敢的中国人。中华民族历经千年而不衰，屹立于世界民族之林，原因是多方面的，其中之一便是得益于传统"勇"德精神所蕴含的勇担正义、兼济天下。中国人民深受"勇"德精神的洗礼，勇于担当、披荆斩棘，"苟利国家生死以，岂因祸福避趋之"是勇于担当的中国人的真实写照。也正因此，在面对突如其来而又凶险万分的新冠肺炎疫情时，无数的医护人员、解放军战士、党员干部、青年志愿者等主动请缨，战"疫"一线。国家的强大是人民坚强的后盾，但也正是这些舍生忘死的勇敢的人们，为祖国的发展提供了强大的力量，中华民族才能不断奋勇前进。正所谓人无精神则不立，国无精神则不强。精神的力量是无穷的，包括"勇"德在内的优秀中华民族传统美德在当代被承续与弘扬，必将凝聚起磅礴的精神力量，为时代的发展、民族的进步、中国梦的实现提供强大的动力支持和道德支撑。

### 三、传统"勇"德现代弘扬的价值分析

作为一种精神品格，无论在古代还是当代，"勇"都具有非常重要的价值。时代在发展，社会在前行，但在今天这个时代对"勇"德的需求丝毫不亚于任何时代。因为不管时代怎么变，人类生活在本质上不会变，仍然需要一种有道德的生活。"勇"德作为一种道德品质和人的精神素质、要求，在今天的现实生活中，无论对国家治理、社会伦理道德建设还是个体的道德完善，必将发挥非常重要的作用，为社会主义荣辱观的发展与弘扬、社会主义核心价值观的培育与践行提供强大精神支撑。

#### （一）有利于继承民族尚勇尚武的优良传统

中华民族素有爱国尚武的优良传统。秦始皇虽在历史上颇受争议，但其用虎狼之师一统天下，可谓不世之功；汉武帝重视武备，开疆拓土，奠定中华基本疆域；唐太宗文治武功，东征西讨，开创大唐盛世；成吉思汗弯弓射大雕，开创了元朝空前的辽阔疆域；中国共产党领导人民军队，坚持"枪杆子里出政权"，经历二十余年的浴血奋战，终于建立了新中国。纵观中华民族这些辉煌的历史时刻，不难理解，爱国尚武精神是国家强盛的主要因素。

新的历史阶段，在市场经济的形势下，人们价值观趋向多样化，国防观念和忧患意识日益淡弱，尚武精神逐渐衰退。战争年代那种米做军粮、布做军装，男儿上战场的感人画面，已经越来越模糊。对此，确实到了需要警醒一下的时候了。因为当前中国所面临的安全威胁的多变性、复杂性日益加大，牵一发而动全身。每一个中国人都必须居安思危，大力培育爱国勇武精神。应将爱国尚武纳入文化建设的重点内容，纳入公民道德的基本规范，纳入学校教育的思想体系，坚持传统方法与现代传媒相结合、宣传教育与实践活动相结合，引导广大人民特别是青少年坚持尚勇尚武的民族优良品质。青年是国家的未来和希望，肩负着保卫祖国、振兴中华的历史责任。培育"勇"德事关国家的安全稳定，事关民族的兴衰存亡，它有助于继承民族尚勇尚武的优良传统，有助于培养青少年勇敢顽强的精神、敢于担当的品格、坚韧不拔的毅力，使其增强自身的使命感与责任感。

#### （二）有利于造就现代优秀国民素质

一个人的素质由多种品格要素构成，而"勇"德是重要组成部分，是造就优秀国民素质的内在要求。任何优良品格的形成，都需要历经岁月的洗礼

和环境的磨砺，岁寒方知松柏之坚，高远方知大鹏之志，也正体现了"勇"德的精髓所在。"勇"作为一种优良品格，无论是在中华儒家传统德目中，还是在西方道德中，它都与其他道德品格之间存在着相互联系、相互促进的关系。"勇"德可以优化促进其他优良品格的形成。

当今时代，综合国力的竞争，归根结底是国民素质的竞争。提升国民素质，关乎国家在世界民族之林中的地位，关乎国家民族的未来。中国自古以来就重视培育人们"天下兴亡，匹夫有责"的担当意识，但到了近代，文明遭遇外来冲击，国家遭敌侵凌掠夺，国力日显屡弱，这一切的根本原因就在于在腐朽落后的制度下，国民整体素质低下，面对强敌时体现出无措无力。这也提醒我们，民族要生存延续，国家要独立自主、发展振兴，首先要提升国民素质。国家的发展强大不仅仅指经济实业、枪炮飞机军舰等硬实力，更指国民素质这一软实力。如今，我国正处于实现中华民族伟大复兴的关键时期，需要社会各界群策群力，勇于承担自身使命，特别要使一代代青少年牢固树立为民族、国家的复兴强盛勇于担当的意识，自觉提升自己，自觉担当历史使命。

### （三）有利于克服民族性格发展中的柔弱化倾向

中国人民的尚武意识源远流长，并在神话传说中有所体现。先人们崇尚勇武，勇于探索与冒险，这些精神在夸父逐日、盘古开天辟地等故事中皆有反映。中华民族尚武精神从启蒙、发展到兴盛、衰落再到回归，具有独特的历史特征。中华民族尚武精神诞生于古老的部落兼并战争，在春秋战争中为霸权而建立，在战国统一战争中繁荣起来，在秦汉以来的封建社会中，尚武精神几度衰落又复兴，呈现出一种波浪式的发展历程。

尚武精神在先秦时期萌芽，在秦汉时期进一步发展，在盛唐达到高峰。汉唐是尚武精神的繁荣时期。唐代流行"尚侠崇勇"的尚武风气，尚武精神迎来发展的又一高峰。宋代以来，尚武精神日渐式微，逐渐没落。北宋自建立以来，主张重文轻武，在政治制度设计上，重视经济而非军事准备，重用文官而冷落武将。与此同时，儒家的"文治"理论进一步得到巩固，致使尚武精神失去了原有的理论基础。另外，也是在这一时期形成了士大夫的社会风气。在文化上，文人不再佩刀剑，男性不再以战场立功为荣。南宋的人力、物力、兵力、财力和火炮技术都具有绝对优势，但由于内忧外患，他们竟如此不堪一击，先输给了辽，然后输给了晋，最后输给了元。明清之际，尚武精神普遍萎靡。

　　鸦片战争前，中国经济占世界经济总量的三分之一。中国物质实力远高于其他国家，但面对侵略，统治者委曲求全、遭受凌辱却毫无斗志。鸦片战争期间，中国数十万军队竟不敌数千英军。清政府战败，被迫迁地补偿，中国沦落为半殖民地半封建社会。

　　鸦片战争后，中国备受西方列强的欺凌。梁启超在《论尚武》中指出，中国尚武精神之所以流失，文弱怯懦之根源于四端："国势之一统""儒教之流失""霸者之摧荡""习俗之濡染"。①一些有志之士认为，改变羸弱的民风、重塑强大的民族精神才是保持民族尊严的根本，由此人们才又重新重视尚武精神。孙中山先生积极倡导尚武精神，号召"使四万万同胞均有尚武之精神，使中华民国富武力之保障"②。他将"尚武精神"视为"救国"的重要手段，强调体育事关国家的强盛和衰落。孙中山先生批判了中国"重文轻武"的风气，主张以"武"救国，把传统武术推崇为"国术"。他认为近代中国被列强欺负的原因是缺乏军事装备和文化薄弱，认为革命是拯救我们生命的唯一途径。"中国今日何以必需乎革命？因中国今日已为满洲人所据，而满清之政治腐败已极，遂至中国之国势亦危险已极，瓜分之祸已岌岌不可终日，非革命无以救重亡，非革命无以图光复也。"③尚武精神是立国之本。梁启超曾在日本考察武士道精神，在这期间他深受启发，感受到正是因为中国人丧失了尚勇精神，才会被列强欺负。梁启超撰写了《中国之武士道》，号召中国人民崇尚勇武。书中介绍了中国从春秋到汉代七十余位武士的英勇事迹，宣扬自古以来中国人民不但尚武，而且讲求武德。陈独秀也推崇尚武精神，在那时局动荡的年代，以图警醒国人，促进国民主义思潮的兴起。蔡元培主张"强兵富国"。那一时期，武术在"振兴武术，国术救国"的尚武精神指导下，维护了民族尊严，捍卫了国家主权，唤醒了人们的信任。而且在强大的外敌面前，广大人民自愿进行反侵略武装斗争，有志之士为拯救民族而牺牲，历史的经验教训值得记取。今天随着国家经济的发展，人们的生活水平不断提高，物质财富日益丰裕，但这也使一些人容易满足于现状，在志趣个性发展取向上，尚文少勇，失去对勇武精神应有的推崇与实践，特别是青少年男性，如不再以勇武阳刚为人格发展取向，而以阴柔为时髦，则必成民族国家未来的不幸。

---

①　邵先军.近代中国海防爱国主义研究[M].济南：山东大学出版社，2013：88.

②　中山大学历史系孙中山研究室.孙中山全集（第二卷）[M].北京：中华书局，1982：536.

③　孟庆鹏.孙中山文集（上）[M].北京：团结出版社，2016：10.

### （四）有利于促进青少年全面素质培育

"勇"德对于青少年的全面素质发展有着独特的价值。一个人的素质能够全面发展，品格能够全面优化，才能更好地实现个人价值与社会价值的统一。"勇"德是个体素质得到全面发展的有效保障，也是促进青少年全面素质培育的题中之义。全面素质教育指的是德、智、体、美、劳等全面发展的教育，这也是学校实现素质教育目标的独特要求。本质上，学校教育的根本目的是教会青少年在掌握文化知识的同时，学会做人做事。教育学家雅斯贝尔斯曾经说过："对于一个人而言，值得我们一辈子努力去做的一件事就是成为一个更好的人。"对于"成人"的理解，受不同文化、价值观念的影响，东西方有着不同的释义：西方对成人的经典论述是"成为你自己"，认为"创造"是人的本性；而在中国的传统儒家思想中，认为"成人"是具有人生价值的人。

对于今天的青少年的全面发展而言，无论是"自我实现"的观点，还是"大我价值"的观点，都需要"勇"德的培育，无论做人、做事都需要这一素质的储备。首先，素质教育的最终目的是"成人"，而不是成为"获取知识的机器"。"智、仁、勇"是儒家"三达德"的重要德目，对于人的素质发展具有指导意义。其次，"知耻之勇"是"勇"德的内涵之一，能够使青少年不断自我反思、自我超越。最后，"勇"德的另一个显著特点是不惧，能够让青少年遇到困难挫折时不害怕不退缩，勇往直前，在解决问题的过程中不断创新，实现创造性转化、创新性发展。因此，"勇"德的培育对于青少年全面素质发展具有重要的作用。

### （五）有利于弘扬真善美，抑制假恶丑

近年来，"反腐败"一词频频被提及，在以习近平同志为核心的党中央的坚决领导下，一大批违纪违法干部被依法查处。在这些腐败案件的背后，从内因上看，是因为在面对诱惑时无法坚守原则与初心，归根结底是为了追求个人的私欲。从个人的角度来看，是因为个人修养不足、立场不坚定。无论是面对饥寒交迫的生活，还是面对利益的诱惑，都应该坚守正义，保持正直独立，要有对诱惑说"不"、与恶劣行为作斗争的勇气，这就是中国传统"勇"德思想所提倡的"持节不恐"，这才叫勇敢。中国传统中"勇"德的完美体现之一，就是能够做到"富贵不能淫，贫贱不能移，威武不能屈"，核心精神其实依然是"持节不恐"，这种美好的道德品质也是我们的道德原则，

把这种"节"付诸实践需要很大的勇气。荀子认为，"义之所在，不倾于权，不顾其利，举国而与之不为改视，重死持义而不桡，是士君子之勇也"①。如果想保持正直，道德主体必须在遇到困难和危险时顶住压力和诱惑，即便是在面对死亡时也始终保持正直和不畏惧。中国传统"勇"德思想在历史上被赋予了强大的精神力量，如"包拯断案""海瑞罢官"等。唯有依靠内心的"勇"，依靠传统勇"德"的丰富内涵，勇于自律、正义善良，才能维护社会公平正义，形成良好社会风气。

追求真善美是中国优秀传统文化精髓，这也符合素质教育的价值追求。人们需要重新树立儒家"三达德"思想，知善恶、知荣辱，抵制假恶丑，净化社会环境。第一，"勇"德的发展促进了正确荣辱观的树立，要以学习相关道德知识为主，加强自身修养，提升明辨是非的能力。先秦儒家提倡通过知行合一的方法来提升个人的道德修养。践行"勇"德有利于我们树立正确的世界观、人生观和价值观，提高明辨是非、辨别善恶的能力。第二，践行"勇"德，有利于树立正确的义利观。孔子曰："见利思义，见危授命，久要不忘平生之言，亦可以为成人矣。"② 在孔子看来，人不能去占有不属于自己的东西，遇到危险要挺身而出，无论贫穷富有都要遵守诺言。人们应在正确义利观的指导下，践行"勇"德，谋求正当财富。第三，践行"勇"德，能够鼓励人们在大是大非面前勇于与邪恶势力作斗争，在面对世俗假丑恶现象时，能够鼓起斗争的勇气，哪怕前有狼后有虎也绝不退缩。因此，我们要不断继承和弘扬儒家的"勇"德思想，弘扬社会真善美，抑制世俗假恶丑。

## 四、"勇"德实践现状及原因分析

中华传统"勇"德作为个人道德品质和社会价值观的要求，对社会成员的品德素质的养成和国家政治、经济、文化建设的诸多方面息息相关。在当代，在建设中国特色社会主义、实现中华民族伟大复兴的征程上，我们仍然需要坚定不移地继承和发扬"勇"德。当然，随着历史条件的改变，"勇"德建设在实践中也面临着许多新情况和新挑战，需要我们积极面对。

---

① 张晓林．荀子 [M]．长沙：岳麓书社，2019：59．
② 杨伯峻．论语译注 [M]．北京：中华书局，2015：46．

### （一）"勇"德的实践现状

#### 1."勇"德现代弘扬的积极表现

**（1）阳刚英武仍是民族主流审美价值观**

《周易》中有记载："天行健，君子以自强不息；地势坤，君子以厚德载物。"[①] 古人奉行阳刚之气、阴阳和谐、刚柔相济的价值观，认为天地正气是中华民族的精神境界。孟子提倡"养吾浩然之气"的阳刚精神："富贵不能淫，贫贱不能移，威武不能屈"。墨家"尚力"（崇尚自身力量）、"非命"（否认外在命运），主张依靠自身去奋斗等，这些都体现了"阳刚文化"。千百年来，这种"阳刚文化"深深植根于中国大地，在各种艰难险阻中保持了生存的基础，让中国不断强大和发展，同时也孕育了无数优秀的中华儿女。他们意志坚定、不屈不挠、思想开放、敢于行动。他们是中华民族的脊梁和骄傲。他们以宽广的胸怀、深邃的眼光、崇高的品质、英雄的气概，通过艰苦的拼搏，努力去实现中华民族的伟大目标，为人类留下了壮丽史诗。

社会需要包容不同的群体，尊重群体的各自特点。有人长相柔弱，有人外表魁梧；有人性格大大咧咧，有人谨小慎微……但是，社会主流价值观更倾向于展示健康、阳光的审美，让具有承担社会责任的担当精神的人成为真正的偶像。培养国家建设和振兴时代的新人，要抵制不良文化的侵蚀，更要积极主动地弘扬"阳刚文化"。涵养现代社会所需要的男子气概，关键是塑造勇敢、负责任的内在品质，形成包容开放的社会态度。

一代人有一代人的流行风尚，一代人有一代人的审美偏好，但无论如何，在当今社会，积极正面、阳光健康的审美仍然是社会的主流。习近平总书记强调，要着重培养有灵魂、有本领、有品德、有血性的新一代革命军人。一个没有血性的人不值得成为一名军人，一支没有血性的军队肯定不可能充满战斗力。这些对军人的要求同样能够启发教育新时代的青年人。人的一生，要想建功立业、有所作为，就必须要有血性、有担当。社会推崇什么样的主流文化，对青少年的成长成才至关重要。因此，我们要坚决抵制不良文化，弘扬"阳刚文化"，为国家社会培育能够勇担重任的时代新人。

**（2）国民普遍拥有崇尚英雄的情结**

中国是一个歌颂英雄、造就英雄的国家。英雄气概是中国人民的宝贵财

---

① 　肖潇.周易详解[M].北京：中国书籍出版社，2016：59.

富。今天，中国正在经历巨大变革，中国正走向伟大的民族复兴，我们比历史上任何一个时期都需要英雄精神。在历史经典中，在英雄人物中，集聚着中华民族伟大复兴的磅礴力量。时代呼唤英雄，英雄光耀时代。在实现中华民族伟大复兴的历史进程中，国家大力发展和弘扬英雄模范精神，认为这是引领社会潮流的价值标杆。习近平总书记在全国宣传思想工作会议上强调：要广泛开展先进模范学习宣传活动，营造崇尚英雄、学习英雄、捍卫英雄、关爱英雄的浓厚氛围。英雄是时代的骄傲，歌颂新时代英雄，养育新时代英雄儿女，传播正能量，铸就中华民族伟大复兴精神。当今时代，英雄情结早已深深融入我们的血液中。位于天安门广场中心的宏伟的人民英雄纪念碑，是我们党对为民族独立和人民解放而流血牺牲的英雄们的崇高敬意。那些为祖国和人民抛头颅、洒热血的英雄事迹，在历史的长河中熠熠生辉。今天，中华民族迎来了从站起来、富起来到强起来的伟大飞跃，我们在享受英雄带给我们的荣耀与幸福的同时，也要缅怀他们为伟大成就而做出的牺牲。

家庭是孩子的第一所学校，家庭的耳濡目染在培养孩子崇尚英雄意识中发挥着至关重要的作用。岳母刺字"精忠报国"等事例都体现着先国后家的崇高理想。目前很多家庭在子女的教育上，从小抓起，让孩子了解英雄故事，不知不觉在他们幼小的心灵中种下英雄情怀的种子。学校建立健全崇尚英雄的教育体系，在学校体系中培养青年英雄情结。青年时期是塑造世界观、人生观和价值观的重要时期，学校是发展青年爱国主义和英雄教育的主阵地。学校教育遵循青少年成长和教育的规律，通过深入持久的系统活动，将英雄精神教育融入课本编写、选书、课堂教育、课外活动。我们逐渐认识到灌输英雄精神的必要性，社会也在积极营造崇尚英雄的良好氛围。近年来，人们通过举办英雄故事、英雄歌曲、英雄传记、英雄影视、英雄画像等形式多样的活动，大力传播和弘扬英雄主义价值观。

（3）在大义原则问题上有基本判断抉择能力

"勇"德是一种伦理道德，对现阶段个人价值的选择有着重要的指导作用。人生是一个无穷无尽的价值选择的过程，个人只有基于正确的导向，才能够做出准确的判断，使个人得以不断发展。而"勇"德正是人生价值的向导，可以指导个人的人生选择。在很多时候，"勇"与"义"是分不开的。在道义论的指导下，个人会铁肩担道义，自觉地承担起重大的责任；在正义论的倡导下，个人会勇于匡扶正义；在义利论的支配下，个人会更好地衡量个人利益与社会整体利益，做出最优选择。同时"勇"德具有很强的整体定向作用，在"勇"德和"义"德的指导下，个人的行为活动往往会被引导到一个总的方向上来，遵义而行，促进自身更好地发展。现阶段，随着社会主义市场经济的快速发展和西方多元文化思潮的不断涌入，被很多人当成人生的重大目标，这无可厚非，因为人生而有欲。但一部分人却因此陷入价值两难的窘境中，为了自身的利益不顾他人、社会的利益，甚至干出违法犯罪的事情来，这样的行为是不可取的。个人是社会的一部分，社会道德正义的畅行弘扬离不开个人的添砖加瓦，因此个人应以"勇"为指引，以"义"为导向，树立正确的价值观，实现人生的最大价值。

爱国、敬业是社会主义核心价值观的内在要求，是中华民族的传统美德，是中国人民的精神支撑，更是推动社会进步的伟大力量。爱国与敬业伴随着人们的一世一生，体现在人们的一言一行中。"感动中国"人物中，程开甲——我国"两弹一星"功勋，自愿放弃国外诱人的条件，投身于中国核武器的研究；植物学家钟扬把一生献给高原，在16年援藏生涯中，他带领团队扎根在青藏高原，为国家种质库收集了数千万颗优质植物种子，并且为西部地区的人才培养和科研做出了巨大贡献。

关键时刻冲得上去、危急关头豁得出来，是一种担当，也是一种责任，体现出一种为国为民、不畏艰险的勇敢境界。排雷战士杜富国为保他人安全不畏牺牲；退伍军人吕保民为救他人勇斗歹徒；英雄机长刘传健在危急时刻凭借过硬的专业素养与胆魄将飞机安全降落。当国家利益或群众生命财产受到损害的时候，他们都能够将个人安危抛之脑后，冲锋在前、英勇无畏，毫不犹豫地将国家和人民的利益放在首位，誓死捍卫国家荣誉和人民利益。奋进新时代，需要涌现更多像"感动中国"人物那样的英雄，面对大事难事能够勇于担当，面对艰难险阻能够敢于斗争，在大义原则问题上有基本判断抉择能力，时刻以国家和人民为重。

2020年初，新冠肺炎疫情席卷全国，一场突如其来的疫情打乱了原本平静的生活。在疫情防控期间，无数英雄挺身而出，奋不顾身地投入这场没有硝烟的战争中去。"没有人天生就是英雄，总有人用平凡成就伟大"，这些英雄以及英雄的事迹，国家和人民不会忘记，他们身上所体现出的中华民族的民族精神也将代代流传。在他们身上，我们不仅仅看到了疫情防控的胜利，更看到了中华民族伟大复兴的希望。

（4）不同时代条件不断造就时代英雄楷模

一个有希望的民族不能没有英雄，一个有前途的国家不能没有先锋。①建党百年来，**涌现出无数振奋人心、鼓舞人心的英雄模范**，他们用自己的智慧和汗水，用自己的鲜血和生命，为党和人民辛勤耕耘，无私奉献，为国家富强、民族振兴、人民福祉书写了名垂千秋、闪耀光芒的壮丽史诗，他们是民族的脊梁、时代的楷模、青年的榜样。习近平总书记指出，崇尚英雄才会产生英雄，争做英雄才能英雄辈出。②伟大源于平凡，英雄源于人民。新时代是一个充满希望的时代，我们要像英雄一样坚守阵地，在平凡中铸就伟大，成就自我，积极为社会贡献自己的力量。

中华人民共和国成立70多年以来，涌现出无数的模范人物，他们成为中华民族的典型代表，是我国在这70多年里取得伟大成就的重要基础。在这些模范人物里，一些是耳熟能详的，如战斗英雄邱少云、黄继光，党的好干部焦裕禄、谷文昌；比如人民科学家袁隆平、屠呦呦等；再比如因公殉职的年轻的扶贫干部黄文秀，比如老女排等等。同时在这些模范人物代表里，还有一些是不太为人知的，像上海交大那一批集体迁移到西安创办西安交通大学的"西迁人"，新中国第一位女拖拉机手梁军等等，这些都不太为人熟知，但是这些人代表更多平凡努力的奋斗者。这些代表是我国英雄辈出的典型，他们在不同时代，不断为国奋斗，为国争光，这是属于每个人的激情岁月。

英雄模范来自普通群众，但其精神和奋斗价值成为一个时代的象征。每一时代都有每一时代的英雄楷模，比如建国初期，比如改革开放初期，比如现在，这些不同时代的英雄模范也都不同，但无论如何，他们都代表着我国艰苦奋斗的具体内涵，不同时代的英雄模范以不同的奋斗来爱国，以不同的奋斗来大力推进社会主义建设，他们为中国社会主义建设做出巨大贡献，但是更加不能忽视的是这些模范代表们的奋斗精神，他们能够激励一代代人去努力奋斗。一代有一代的时代使命，一代有一代的奋斗目标，对这些奋斗者而言，人都会老去，但精神不会老去，后代人需要不断传承和发扬这种奋斗精神，国家的社会主义建设事业才能长青。对现在的中国，同样需要崇尚奋斗，同样需要有多如繁星的奋斗者奋斗在激情荡漾的岁月。随着改革开放进

---

① 2014年9月3日，习近平在纪念中国人民抗日战争暨世界反法西斯战争胜利69周年座谈会上的讲话.

② 习近平在中华人民共和国国家勋章和国家荣誉称号颁授仪式上的讲话[EB/OL].央视网.http://news.cctv.com/2019/09/29/ARTIpTKdmLLiveuliEGSGtJk190929.shtml.

入新时代，我国在前行道路上必然会面临新的困难，也会有新的机遇。在全球化时代，中国需要大踏步地走出去，去推动更多国家加入打造命运共同体行列，需要更多国家加入中国倡导的"一带一路"建设行列中来，需要不断扩大对外开放，扩大中国影响力。同时，中国也需要继续深化改革，去激发改革产生更多红利，哪怕面临更多困难与阻挠，都要风雨无阻、日夜兼程，这就是新时代的新使命。当代中国人需要见贤思齐，不懈努力奋斗，努力不负时代使命。英雄模范构成时代精神的璀璨星空，在为他们点赞的同时，更重要的是每一个人都需要从这些英雄模范身上吸取更多奋斗动能，去创造新的奋斗奇迹。

### 2. 国民"勇"德素质培育需正视的问题

在充分看到"勇"德培塑弘扬的主流社会价值倾向和行为取向的同时，也应看到，其作为一种国民精神素质，目前在现实中存在诸多不良倾向和问题，特别是青少年的素质培养中，如何培养勇武阳刚之气，克服目前男孩成长过程中存在的阳刚不足、阴柔有余的问题值得思考。近年来，此类问题不断为舆论所涉及，因此国民精神素质的培养问题必须得到认真的审视和重视，特别是青少年的乐观、勇敢、积极等性格特点是青少年社会性发展的核心动力。如何培养好他们的这些良好素质，正视目前已存在的问题和不良倾向，不仅对青少年的未来成长至关重要，对国家民族同样至关重要。

（1）国民素质培育中存在"尚文少勇"倾向

"少年强则国家强。"有不少有志之士提出，学生是祖国的未来，要培养其阳刚之气。2021年1月，教育部在答复《关于防止男性青少年女性化的提案》中提到，要"适度改进体育教师教学方法、形式，更多注重学生'阳刚之气'培养"。阳刚是一种充满阳光朝气蓬勃的状态，是一种由内而外刚毅强劲的气质，是一种正义勇敢、自强不息的个性品格，更是一种血性。对于青少年而言，展现阳刚之气首要的就是展现青春的朝气。

没有血性是一个民族沦为谁都可以欺负的民族的重要因素，曾经"东亚病夫"的耻辱一直是国人埋在心底的痛。从清政府的软弱无能到新中国成立后的抗美援朝战争、"两弹一星"工程、改革开放举措，都证明中华民族重新找回了血性，逐渐变得强大。但是，近年来，随着生活日渐安逸，国民素质培育中出现了"尚文少勇"倾向。这无疑是一种必须预防和阻断的趋势。

（2）维护社会正义存在责任意识模糊淡漠现象

作为社会的一员，责任意识应当是一种发自内心强烈的自觉意识和崇高的意志态度，是个体对权力与义务的自觉认识与履行。当前，部分青少年存在过分推崇自我价值，追求自我发展，注重个人利益，有意或无意地忽视了集体利益与他人利益等现象。当遇到集体利益与个人利益相冲突时，一些青少年以自我为中心，缺乏大局意识和奉献精神。

青少年存在责任意识模糊淡漠的现象，体现在家庭、学校、社会以及虚拟网络等各个方面。在家庭生活中，由于很多青少年是独生子女，且家庭生活水平普遍提高，父母传统的观念认为自己在成长中吃了很多苦，所以不想让自己的孩子步自己的后尘，不想让孩子吃一点苦，尽全力给孩子最好的生活。父母无微不至地给孩子所有的爱，以致于部分青少年认为现在安逸的生活是理所应当的。在社会上，青少年责任意识模糊淡漠的现象同样存在，如在商店买东西时插队、在公共场所大声喧哗、乱丢垃圾等。在虚拟网络中，青少年责任意识的淡漠较为严重，如有些青少年用父母的血汗钱充值游戏、打赏主播等。

（3）青少年普遍缺乏坚毅意志力的磨炼

意志力是一种能量，是个体为达到某种目标而产生的一种心理力量。意志力主要有两方面的表现：一是有意识地努力去克服恐惧、懒惰等不良习惯，使自己在学习、生活、工作中达到某种理想状态；二是在具体实际行动中通过意志力控制并减少冲动的行为。

现在的部分家长过分溺爱孩子，使部分孩子在温室中渐渐丧失了勇敢面对困难的能力与勇气，变得懒惰、娇气、任性、懦弱。学习本就是一个不断攀登、克服困难的过程，缺乏坚毅意志力的青少年在日常生活学习中不愿吃苦、不愿奋斗。第二，缺乏恒心和毅力，在完成设定的学习计划或目标时，容易受主客体因素的干扰。有的青少年注意力不集中，容易受外界因素的影响，缺乏定力和毅力；有的青少年在开学时一腔热血地制订好学习计划，结果三天打渔两天晒网，短时间看不见效果，很快就不坚持了。第三，缺乏承受挫折的能力。部分青少年内心脆弱，当家长或教师对其犯的错误进行批评教育时，其会觉得自尊心受到了伤害，轻则情绪崩溃，重则离家出走，甚至做出更危险的行为。如此下去，当青少年走出校园、踏上社会，将会有更多的困难需要他们独立去面对、去解决，如果缺乏坚毅意志力的磨炼，缺乏正确价值观的引导，青少年很容易走错路、走歪路。

（4）知耻、自我批评的勇气缺失

知耻在一定程度上能体现人性。知耻教育能够引导帮助青少年树立正确荣辱价值观，增强明辨是非的能力，提高道德水平，自觉做到有所为、有所不为。在当今时代，面对社会万千现象，我们经常会对身边人、身边事做出评价或批评，但是对于自身，我们缺乏自我批评精神，在该批评自己的时候，往往会不自觉地给自己找理由、找台阶，缺乏自我批评的勇气，缺乏正确认识自己的良好境界。

青少年由于思维还不够成熟，对于自我价值和人生意义的认识不够深刻。他们从小到大生活在优越安稳的家庭环境中，从未经历过生活的苦难，因此缺乏知耻、自我批评的勇气。知耻教育可以让青少年建立积极的思维方式，让他们能够主动反思自己的行为，有则改之、无则加勉。知耻、自我批评是自我反思与完善的过程，是积极践行道德规范的内生动力，而这也正是当代青少年所缺少的优良品质。

### （二）"勇"德实践当代缺失的原因分析

上述有关国民精神素质培育中，特别是青少年品德素质培育中"勇"德缺失现象的形成，不纯粹是家长，抑或是学校的原因，应是多元因素的结合。

#### 1. "勇"德价值观倡导有待提升

培育"勇"德并不意味着倡导好狠斗勇，反而是以维护社会和谐稳定为目的，获得生活的自由以及道德的自由。脱离道德的"勇"会导致人们在遇到事情时为达目的不择手段、不计后果。这样的"勇"并不是我们所要推崇的"勇"德。我们真正想要倡导传播的"勇"德价值观是那些充满正义、符合道义的精神。

当前家庭、社会与学校的教育存在功利化、世俗化的倾向，也从一定程度上影响了青少年的"勇"德价值观。传统的道德观倡导"正其义不谋其利"，现在的道德观强调利义共存。这种变化也对青少年的价值观形成一定的影响。在传统的价值体系中，人们不会过多地考虑利益报酬等，会自觉遵纪守法、爱国敬业、尊老爱幼、见义勇为等。但现在，一些青少年过度注重自我价值的实现，贪图享受，将价值追求与金钱财富联系起来，形成利益至上、以自我为主的价值观。

此外，"勇"德在当代的缺失还表现在社会上一些人缺乏正义感，一些人过于追求功利价值，而忽视精神追求。随着社会利益的分配越来越复杂，人与人之间的关系也变得复杂，一些人受错误价值观的引导和受利益的驱使，逐渐形成一种精致的利己主义价值观。

### 2. 缺乏良好"勇"德风气的引领

当前，"勇"德的实践中，良好风气引领不足。"勇"德包含了惩恶扬善、维护社会稳定的内在要求，但在实践中，尚"勇"的社会氛围显得有些淡然。在《新时代公民道德建设实施纲要》中，明确规范了公民的基本道德。但近年来发生的热心送受伤者去医院反被告、好心扶摔倒老人反被讹等事件的发生，也使那些践行"勇"德的人的内心受到了伤害，社会缺乏一种浓烈的尚"勇"风气的引领。

良好尚"勇"风气的引领离不开榜样的作用。但是社会对于"勇"德行为的报道宣传存在不平衡现状，媒体对基层和身边一些日常的"勇"德行为和人宣传不足，缺少基层榜样的示范，给人一种榜样离我们很遥远的感觉，削弱了榜样作用的全面发挥。此外，榜样的示范缺乏对青少年学生的有效针对性。青少年学生行为具有较强的模仿性特点，但是目前的榜样示范活动对青少年群体的关注度不够，对于青少年学生的注意力仍集中在成绩、学业等方面，在各类榜样人物评选活动中，青少年的参与程度不高，缺少青少年身边同龄人的榜样示范案例，也会在一定程度上影响青少年的"勇"德践行。

### 3. 社会保障机制有待完善

经过长期努力，我国的经济、政治、文化等各方面的社会制度不断完善，民主法治建设取得了重大成就，但由于我国正处在社会转型期，各种矛盾也随之而来，层出不穷的问题需要对制度进行相应的调整来适应时代发展的需求。然而，与我国经济社会发展水平相适应的法律配套设施不完善以及道德规范的制度化水平不够。在"勇"德实践中，特别是在见义勇为方面，关于见义勇为的法律制度和社会保障体系不健全。

在"勇"德实践中，引起人们"为与不为"乃至"见义不为"的担忧主要有两个原因：一是行为者本人出于善意好心施救反被冤枉，造成行为者本人经济上、精神上或名誉上的损失；二是行为者本人在施救过程中只能自己承担受伤风险，甚至生命的代价，导致英雄既流血又流泪的无奈境况。上述两个原因可以概括为法律和社会保障制度不完善，导致"勇"德实践缺失严重。

我国法治建设的时间较短，在制度建设上存在的缺漏，成为社会公平正义问题形成的重要原因。社会的公平正义需要靠社会制度去维护，社会制度建构程度决定了我国社会公平正义的水平。因此必须解决社会道德建设所需要的相关法律法规和制度保障等一系列问题，才能化解此类社会不公平、不正义的尴尬难题，为"勇"德践行保驾护航。

### 4.学校教育目标缺乏对"勇"德的要求

现如今，虽然都在提倡素质教育，但是受传统应试教育根深蒂固的影响，学校在教育目标上对于"勇"德的要求并没有做到应有的重视，即便在素质教育的背景下，也经常忽视对学生"勇"德、劳动、体育等非智力、非艺术因素的培养。

在体育、劳动等"勇"德实践中，会存在一定的危险，而且现在青少年以独生子女居多，家长护子心切，担心潜在的风险，不愿让孩子参与过多的实践，这也削弱了人们对青少年"勇"德培育的重视程度。另外，从学校层面来看，虽然体育课、劳动课从小学一年级就有开设，但是学校出于安全考虑，不允许学生进行一些难度大或者技巧性强的活动，怕出现意外，如单双杠的训练。久而久之，学生能释放压力的途径也减少了，这不利于学生压力的释放和抗压能力的提高，不利于"勇"德的培育。

价值观中存在对"勇"的误读。"勇"德实践是最能培养青少年团结协作、坚韧不拔等优秀品格的途径。但是在学校的品德教学上，更多强调尊老爱幼、尊师重道等道德品质，很少会提及"勇"德的培育。另外，部分青少年由于从小缺少对"勇"德的正确认识，很多人会将"勇"与暴力等同起来，认为蛮力、挑衅才能体现勇敢。面对困难时，他们认为用极端方式来解决才能称得上"勇"。正因为如此，学校教育更应注重对"勇"德的培育，提高对"勇"德培育的要求，让青少年学生对"勇"形成正确的认识，进而能够让"勇"德指导和约束自身的行为举止。

### 5.家庭教育对"勇"德培育意识不强

近年来，我国一些家庭，特别是独生子女的家庭在生活上对孩子过分溺爱，舍不得孩子吃苦，受挫折，而在学习上，又对孩子的学习成绩期望过高，因此在一定程度上导致了部分孩子意志力薄弱、"勇"德意识不强的现象。

重智轻德、重知轻能的家庭教育观念是青少年"勇"德意识不强的重要原因。很多父母对孩子的智力发展特别关注，对于孩子的兴趣爱好培养、学习用品购买等都尽可能地满足，然而，父母们却不太重视学生道德品质的锻炼，怕委屈了孩子，不希望孩子受苦，为孩子选择玩耍的朋友与伙伴，这样极易使孩子丧失团结互助的美好品质。父母的过分溺爱、过分保护，反而会阻碍孩子形成勇敢善良的品质，使孩子丧失独立自主的能力，更难拥有健康向上的人格，甚至养成自私自利的性格，缺乏社会责任感，甚至是基本的独立生活的能力。帮助孩子解决生活学习上遇到的一切困难，加之现在重文轻武的社会价值观使更多的家长将对孩子的培养重心放在文化文艺方面，这样在一定程度上会削弱孩子面对困难的勇气。这些问题亟待引起父母、家庭乃至全社会的关注。

### 五、"勇"德的现代弘扬原则和实现路径

道德是一定经济社会发展的产物，经济基础对道德起着决定性的作用。"勇"德是中华传统道德的重要德目之一，对于现代社会发展仍具有重要的价值意义，但在现实社会实践中，在"勇"德的培育践行上确实出现了一些问题。因此，必须在研究和正视现实问题的同时，积极探索传统"勇"德现代弘扬的有效实现路径，使其为我国经济社会更好发展、为青少年更好成长成才发挥应有的作用和价值。

#### （一）"勇"德现代弘扬的基本原则

##### 1. 坚持全面品德发展要求

习近平总书记在党的十九大报告中明确指出，要加强思想道德建设，要提高人民思想觉悟，道德水准、文明素养，提高全社会文明程度。[①]《中小学德育工作指南实施手册》中明确指出，要积极培养中小学生自信向上、诚实勇敢等良好品质。时代赋予了"勇"德思想新的内涵，青少年学生优良素质的培育必须坚持品德全面发展的要求，促进学生德、智、体、美、劳全面发展，其中也必须包含"勇"德素质的培育，并将"勇"德素质的培育结合渗透在德育、体育、劳动教育等具体实践中。

马克思说，对于一定年龄的孩子来说，未来的教育是生产劳动与智力教育和体育的结合。它不仅是提高社会生产力的一种方式，而且也是培养人全面发展的唯一途径。德育与体育相互促进、相辅相成，体育承载德育，德育赋予体育更高的要求和人生追求。中小学体育教育的特点具有基础性和实践性。在体育教育中将体育与道德教育相结合，是培养青少年自信、勇敢等良

---

① 中共中央文献研究室.十九大以来重要文献选编（上）[M].北京：中央文献出版社，2019：30.

好道德品质的有效方式。充分利用体育教育，能够培养学生强壮的体魄、顽强的意志力和吃苦耐劳的精神。

劳动教育在一个时期以来也在学校、家庭、社会中普遍存在被弱化的现象，劳动教育长期不被重视。除了社会变革和人们生活水平提高这两个原因之外，另外的原因还有两个：一是在思想上对劳动教育的性质与功能等的认识存在偏差；二是劳动教育课程缺乏系统性，缺乏与时俱进的内容以及科学有效的教育方式。从培养全面发展的人的要求出发，劳动教育不仅要培养青少年掌握基本的生产生活劳动技能，还要培育他们勤劳勇敢、艰苦奋斗、创造奉献的精神品质。

### 2. 坚持融合性培育要求

"勇"在传统道德范畴中，与孝、忠、恕、俭、敬、慎、恭、逊、克己、爱人、正直、惠、宽、信等一样，仅属于诸多美德的一种，在作为道德规则的"仁"的统辖下。而且，"勇"在人们内心观念中并不作为一种抽象的道德规范而存在，而是仁、义、礼、智等道德规范的具体实践。它是道德理论与具体实践之间的一座桥梁，是仁、义、礼、智、信等道德在现实中得以实践和彰显的前提。"勇"德与意志不同，跟仁德、义德等其他德性也有区别，但"勇"德与它们之间并不是相互排斥的关系，相反，它们之间是相辅相成、相互联系、相互促进、互促互利的关系。孔子的君子德性要求"三达德"本身就具有统一性。孔子曰："知、仁、勇三者，天下之达德也。"[1] 三者并列，没有轻重之分，更无主次之别，都是"达德"。同时，三者互相包含，互为补充。"智、仁、勇"三者相互联系，缺一不可。

其中，"勇"与"仁"的融合性表现在"仁"之所以得以成仁，"勇"的作用意义重大。相反，"仁"能够使"勇"摆脱鲁莽和残忍，成为向善的道路。子曰："仁者必有勇，勇者不必有仁。"[2] 仁者一定是勇者，勇者不必有仁，但仁者要想实现"仁"，"勇"既是根本手段、必要条件，又是"仁"的表现，是"仁"的一部分，二者之间是思想理论与实践的关系。"勇"如果缺乏"仁"的指导，就会失去基本的理性和方向，变成个人私欲的执行者，甚至连向善的倾向都会丢失，还有可能会伤害别人，导致他们遭受疼痛和伤害。"勇"与"智"的融合性表现在，"勇"的实践使"智"得以实现，"智"

---

① 于述胜.《中庸》通解[M].北京：社会科学文献出版社，2020：227.
② 于述胜.《中庸》通解[M].北京：社会科学文献出版社，2020：105.

的辨别与判断使"勇"得以充分发挥。自古以来，人们不欣赏有勇无谋之人，也不承认愚蠢的勇敢。"勇"与"谋"，二者必须要相结合，才会达到相得益彰的效果。如果只有"勇"但无"谋"，则"勇"也发挥不出独特的作用；如果只有"谋"却无"勇"，则"谋"也不能独立取得成功。古代儒家之勇，知心而行，遇事从容，能者为之。

由是看来，人的思想品德的形成发展是一个综合的产物，是各种品德素质相互结合、相互融合、互促互进的动态发展。因此，"勇"德的培养，需与其他品德素养的培养进行有机结合，注重系统化的培育养成，注重在具体道德实践中的有机融合，从而促进"勇"德培育与其他各方面品德培育的共同发展，切忌单向的"头痛医头"式的教育方式。没有正确价值观的引导，没有必要的科学知识的智慧基础，没有仁爱向善的道德之心，"勇"德培育就难免走向歧路。

### 3. 坚持重在实践锻炼强化

"勇"德培育要坚持重在实践锻炼强化。品德的形成需要不断学习和实践，经过长期发展和积累，与各种实践活动密切相关。因此，培育青少年的"勇"德，需要在学校各项活动中去内化、去践行，让学生在实践活动中体验"勇"，在实践活动中进一步了解"勇"，通过实践活动获得亲身体会并逐渐树立正确的"勇"德思想。

培养"勇"德的一个重要环节，就是让学生把"勇"德的精神付诸行动，也就是让学生完成将知识转化为行动的过程。在当今学校，道德教育与学科教育往往相脱节，德育课通常是学校独立设置的一门课，并且由班主任或德育教师来负责，通常也只是课堂上进行理论教学，很少让学生参与实践。而学科教师大多只负责各学科知识的教学，很少涉及对学生的道德教育，这样就容易导致学生的道德教育与道德实践很难做到知行统一。学校的体育教学是培育青少年学生"勇"德的良好途径，所以体育教学也与道德教育一样，应该尽量避免上述现象的发生。青少年时期大部分学生或多或少有些叛逆倾向，排斥父母、教师对他们的批评与教育。使用传统的说教方法试图向学生灌输知识或道理，这样的方式很难让学生欣然接受，最后往往会以失败告终。相反，在体育教育、体育比赛和业余体育活动的氛围中，学生身心得到有效放松，再对其进行相应"勇"德的培育，往往能够达到事半功倍的效果。在许多情况下，"勇"德的培育并不是靠说教就能够完成的，是需要在耳濡目染的氛围中逐渐进行的。因此，在进行"勇"德培育的过程中，仅仅通过理论的教学是远远不够的，重要的是要使学生通过实践去身临其境，去感同身受。因此，要让学生在学习与实践活动中潜移默化地进行"勇"德锻炼，让学生在内心深处拥抱"勇"的道德品质。

### （二）"勇"德现代弘扬的实现路径

#### 1.将"勇"德融入社会主义核心价值体系建设中

传统"勇"德充满着丰富的民族精神和哲学智慧，是培育社会主义核心价值观的重要资源养料。深入挖掘传统"勇"德的文化资源，借助传统文化活动，能够进一步推进"勇"德培育与社会主义核心价值观的融合、内化与践行。

第一，挖掘利用"勇"德文化资源，丰富尚勇价值观教育基础。对传统"勇"德文化资源进行充分挖掘，实现文化资源的再利用，不仅能够传承"勇"德精髓，而且能够抵御不良的价值取向。"要系统梳理传统文化资源，让收藏在禁宫里的文物、陈列在广阔大地上的遗产、书写在古籍里的文字都活起来。"[①] 挖掘利用"勇"德传统文化资源，不仅包括建筑、服饰等物质资源，也包括儒家经典古籍、历史上英雄名人事迹等精神资源。可以举办"勇"德文化读书会、"勇"德文化演讲比赛等活动，使青少年感悟儒学的博大精深，加深对"勇"德的认识。另外，对于服饰等有形的文化资源，举办创意大赛等活动让青少年设计印有传统"勇"德代表人物的特色服饰或其他创意产品，激发青少年想象力的同时，培育其"勇"德精神。

第二，组织青少年参观以"勇"德思想为中心的主题公园、博物馆或红色教育基地，可以以角色扮演的形式重现各地的传统"勇"德经典人物，通过讲故事的方式再现"勇"德传奇，使青少年在浓郁的文化氛围中接受"勇"德的熏陶。

第三，依托文化活动，搭建"勇"德教育平台。"一种价值观要真正发挥作用，必须融入社会生活，让人们在实践中感知它、领悟它。"[②] 将"勇"德思想融入青少年价值观教育中，渗透到日常生活学习中。可以举办以弘扬"勇"德为主题的知识问答活动，并设计"勇"德文化纪念品作为参与奖品，通过新闻媒体进行宣传报道，提高活动关注度，也提高青少年对于"勇"德

---

① 习近平.习近平谈治国理政（第一卷）[M].北京：外文出版社，2014：161.

② 习近平.把培育和弘扬社会主义核心价值观作为凝魂聚气强基固本的基础工程[N].人民日报，2014-02-26（01）.

知识学习的热情，激发践行"勇"德的意识。此外，针对青少年群里熟悉互联网、追求创新的特点，可以借鉴抖音、哔哩哔哩网站的做法，发起传播"勇"德思想的挑战赛。挑战内容可以还原经典人物、结合实际诠释传统"勇"德为主，使"静"态文化转化为有声有色的"动"态画面。开展弘扬"勇"德思想的线上活动，通过活动，在轻松愉快的氛围下进行"勇"德培育，使青少年潜移默化地自觉践行"勇"德。

### 2. 制定完善有利于促进"勇"德培育的法律制度

法律是成文的道德，是道德的底线，遵守法律就是对最基本的道德的遵守，实施法治就是在为道德建设保驾护航、提供法律保障。目前，随着社会的发展而产生的利益主体多元化与主体美好生活需要的多样化，使当代社会的道德价值取向发生了深刻变革，原有的社会基本道德准则无法完全适应社会发展新形势，新的社会道德规范体系则处于建立完善的过程中，还未完全建立起来，新旧道德体系之间的冲突、不相协调严重削弱了道德对引导社会良性运行的调控作用。因此，在推动新时代"勇"德建设的过程中，要加强法治建设，完善道德立法，用法律的形式将新的社会道德要求与耻感伦理要求确定下来，通过法律的权威与约束力来强化个体的耻感意识，以法治和德治的有效结合来保证"勇"德建设的实效性。

"勇"德的形成是道德主体将外在的社会道德规范内化为自身的行为准则、将道德他律转化为道德自律的过程，是追求并满足于由正确言行带来的肯定与光荣、远离并耻于由非道德行为带来的否定和惩治的过程，其是在主体崇德向善、祛恶避耻的道德认知和道德行为中形成与发展的。这就意味着"勇"德的培育不仅需要依靠道德准则对个体的软约束，更需要依靠法律惩治对个体的硬约束，以完善道德立法来倒逼公民德性提升，并通过培育公民的守法精神来强化其理性意识和责任意识，加快公民耻感的形成与稳定。

加强法治建设应当坚持立法先行，在全面推进社会主义核心价值观与社会主义荣辱观融入中国特色社会主义法律体系的基础上，不断加强顶层设计，将当代社会道德领域的突出问题与新要求及时转化为法律规范，以良法的形成来倡导文明行为，重点整治非道德行为甚至是违法行为，强制公民明确有所为而有所不为，实现良法与善治的有机结合。同时，要着力健全体制机制，使彰显中华传统美德、弘扬社会正能量的善行良举，诸如见义勇为，从单纯的道德概念、道德倡导转向法律概念，使具备高度道德自觉、主动履行道德义务的道德主体受到法律的保护，避免造成道德践履与道德回报间的巨大落差，以及陷入进行善举却反受其害的不良局面，最大限度地来激发社会公众保持善心并积极实施善行的道德热情，在全社会范围内形成良好的道德氛围。此外，要针对不同地区、不同行业、不同人群，将社会主义荣辱观融入社会公德、职业道德、家庭美德等领域，制定更为细化的具体行为准则，以规章制度的形式使人们的言行时刻受到正确引导，在日常生活、工作中也充分展现良好的"勇"德素养。

### 3. 将"勇"德培育融入青少年德育的教学过程中

学校应当整合教育资源，在青少年的德育过程中，注重融入"勇"德的培育。

第一，在日常教育中渗透"勇"德。在"五四"青年节、"七一"建党节、"八一"建军节等重要节日，利用学校教育平台，对青少年进行"勇"德培育。

第二，在实践中锻炼"勇"德。"勇"德是一种道德品质，但是具有很强的实践性。正因如此，学校除了加强"勇"德教育之外，还要注重"勇"德实践。例如，在军训时进行"勇"德培育，组织军营体验活动、参观红色教育基地等实践活动，让青少年在实践活动中感受"勇"德、体验"勇"德、磨炼"勇"德。

第三，创设良好的"勇"德培育校园环境。学校教育是对青少年学生进行"勇"德培育的基础和保障。校园环境不仅仅指外在的景观环境，更在于学校体现出的积极向上、惩恶扬善的风貌。学校可以在文化长廊刊登名人名言、英雄事迹等，在潜移默化中感染熏陶学生，以此激发青少年见义勇为、积极进取的"勇"德精神。

第四，在维护正义中促进"勇"德培育。改革开放以来，我国经济得到持续健康快速发展，人民的生活水平得到显著提高，但是也带来了一些弊端，人性、思想方面受到冲击。市场经济激烈的竞争以及两极分化与多元化，也导致了人的两极分化，让部分人感到不公平、心理不平衡，形成了金钱名利至上的价值观。所以，在社会经济大环境下，人的德性显得尤为重要，具备崇高德性，才能做到不同流合污、不趋炎附势。对于青少年而言，要发挥德育作用，培养青少年坚守正义、勇于斗争、关爱弱者的勇气与魄力，发扬中华民族传统美德。

第五，在挫折教育中强化"勇"德意志。人的一生不可能一直都是一帆风顺的，青少年在成长的过程中肯定会遇到失败与挫折，如果没有坚强不惧的品格，便会陷入失败的深渊无法自拔。因此，在青少年德育过程中，要加强青少年坚强不惧、"勇"德意志品质的培养，培育他们顽强的"勇"德意志、不怕困难的勇敢品质，锤炼他们的"勇"德精神，使他们勇于直面困难与失败，坚定信念，勇往直前。

4. 为弘扬"勇"德创造多元化载体和良好的社会环境

"勇"德的弘扬不能仅仅依靠单一的思想灌输，而应立足于社会发展实际，立足于人们日常生活的需要，挖掘创新、多元、适合的载体，为弘扬"勇"德创设良好的社会环境。

当前，弘扬"勇"德传统的方式一般有"勇"德价值观的教育、阅读"勇"德相关文献、设置"勇"德宣传栏等，传播载体相对比较单一。但不可否认的是，传统方式在"勇"德弘扬上依然发挥着重要的作用。因此，在加强传统方式作用的基础上，应当扩大创新传播载体，为"勇"德的弘扬提供多元的途径。对于青少年而言，可以有针对性地选择和调整"勇"德的书籍和教学内容等。值建党 100 周年之际，可以大力挖掘红色革命文化资源，宣传党的历史与精神，带领青少年参观革命纪念馆、博物馆等文化场所，让青少年在革命文化中感悟"勇"德的魅力。可以使"勇"德故事、知识结合当地发展实际，编写成通俗有趣的读本，如将红船精神与浙江的发展历程相结合，形成系列研究成果，让人们更全面地了解红船精神的内涵与意义，坚定理想，勇于拼搏，践行"勇"德精神。

此外，还可以借助互联网平台，创建便捷的"勇"德培育平台。互联网已经融入人们的日常生活。因此，占据互联网阵地宣传"勇"德，是社会尊"勇"循"勇"的一个重要途径。发挥互联网优势，创设"勇"德教育专栏，制作"勇"德相关的影视剧，创新"勇"德的传播形式与内容，并利用学习强国 App 等宣传教育软件，为"勇"德的传播提供便捷的平台。2021 年正值建党百年华诞，一批高水准主旋律影视剧作品被青少年广为称赞，如《革命者》《觉醒年代》等影视作品，深深影响了中国青年对英雄、革命战士的印象，真正从内心树立起对英雄模范的崇高敬意。

5. 批判继承传统"勇"德以实现"勇"德精神现代弘扬

随着时代的不断发展，中国传统"勇"德的内涵也随之不断丰富。古代由于生产力水平低下和战乱频繁，跟"勇"的行为相关的一些内容已经不适用于现代社会。因此，我们不能简单沿用古人对于"勇"德的标准来要求现代人，而应当根据现代社会发展实际，重新审视定义现代"勇"德内涵，确立适应时代发展要求的价值标准，体现社会主义核心价值体系要求，用社会主义道德规范来确定"勇"德的基本内容要求。

我们必须充分汲取中华传统"勇"德中的血气之"勇"、义礼之"勇"、仁德之"勇"、知耻之"勇"中蕴含的积极因素，促进现代"勇"德精神的培育，丰富中华民族精神宝库的内容。同时，必须要秉持批判性继承的态度，用社会主义价值观的标准衡量，自觉剔除传统"勇"德中所蕴含的冲动莽撞、恃强凌弱、见利忘义等消极的因素。

同时，要激发培育人们在当代中国社会主义改革发展实践中勇于开拓进取、敢于冒险、敢闯敢试、敢于负责、积极参与公平竞争的良好品质，培育人们在社会道德实践中勇于见义勇为、积极承担社会责任的精神。

### 6. 积极汲取国外"勇"德培育经验

关于青少年"勇"德培育，国外一些国家也重视其所具有的价值与功能，例如，日本、俄罗斯、德国等国家对青少年"勇"德的培育举措值得我们评判性地吸收与借鉴。

一是政府重视"勇"德文化培育。日本注重忠孝、忠贞等传统道德，重视宣传在国家发展历程中涌现的英雄事迹，弘扬国家发展的历史，专门制定《中学校学习指导要领》，强调对学生全面素质的培养。在德育中，培养青少年忠诚团结、积极进取、无私奉献的精神，并通过实践教学，提升青少年的民族责任感与自信心。

二是营造"勇"德文化氛围。俄罗斯是一个崇尚勇武的国家，"勇"德培育文化氛围浓厚，非常重视对国民精神与身体素质的培育。俄罗斯战争文学作品丰富，有《战争与和平》《毁灭》等，深刻地影响了俄罗斯人的精神世界。德国战后迅速重建的奋斗精神、足球不服输不放弃的精神，都体现了对"勇"德的传承。

三是丰富"勇"德培育载体。俄罗斯以崇尚武力而著称，被称为"战斗民族"。俄罗斯在全国多地建立了纪念碑、历史博物馆等，街头也有随处可见的英雄雕塑以及纪念碑，这些都是"勇"德培育肉眼可见的载体。俄罗斯还斥巨资修建了规模宏大的莫斯科卫国战争中央博物馆，通过栩栩如生的文字、绘声绘色的图片影视以及大量的实物生动再现当年的战争场面，展示先辈们不屈不挠、英勇善战的精神，激发国民的爱国主义情感和英雄主义情怀。

四是加强学校体育教育。德国在青少年儿童阶段就注重"勇"德的培养，设置少年军校，实行军事化管理。孩子们上课除了学习基本文化知识外，还参加射击、战术训练、队列作业、武装越野等正规部队训练项目。少年军校还要求学生，即使在寒冷的冬天，也必须用冷水洗脚洗澡。少年军校是锻炼青少年坚强意志的场所，从小培养孩子独立坚强勇敢的品格。在日本，学校会给每位学生建立跳远记录表，记录学生每一次跳远的成绩，希望学生每一次都能有所进步，超越自己。冬天，学校会组织全体学生参加冬季持久走活动，增强学生的意志力与忍耐力。在体育课的内容方面，不仅仅只有跑步、跳操、跳远等简单的活动，日本所有中学，体育课会设置"武道"必修课，包括少林拳法、空手道、剑道、柔道、相扑等。

## 结语

青少年的成长道路必定会充满荆棘与坎坷，经历困难与挫折是人生成长的必修课。李大钊同志在《艰难的国运与雄健的国民》中曾说："历史的道路，不全是坦平的，有时走到艰难险阻的境界，这是全靠雄健的精神才能够冲过去的。"[1] 遭受挫折与磨难时，只有靠顽强的意志和勇气才能挺过去。"勇"德正是这样的一种道德品格，它包含的见义勇为、坚韧不拔、知耻改过、自强不息等精神能够给予人们精神上的慰藉与鼓舞，激励青少年勇于直面挫折、勇于克服困难、抑制内心的欲望、释放内心的压力，促进青少年全面素质的提高，使其努力在新时代建功立业，更好地为祖国、为人民做出卓越贡献。

---

① 李大钊.艰难的国运与雄健的国民 [J].新湘评论，2016（20）：8.

# 参考文献

[1] 马克思恩格斯文集（第一卷）[M]. 北京：人民出版社，2009.

[2] 马克思恩格斯文集（第一卷）[M]. 北京：人民出版社，2009.

[3] 马克思恩格斯全集（第 46 卷上）[M]. 北京：人民出版社，1979.

[4] 马克思恩格斯选集（第一卷）[M]. 北京：人民出版社，2012.

[5] 毛泽东 . 毛泽东选集（第一卷）[M]. 北京：人民出版社，1992.

[6] 毛泽东 . 毛泽东选集（第二卷）[M]. 北京：人民出版社，1992.

[7] 毛泽东 . 毛泽东著作选读 [M]. 北京：人民出版社，1986.

[8] 中共中央文献研究室、中共湖南省委《毛泽东早期文稿》编辑组 . 毛泽东早期思想文稿 [M]. 长沙：湖南文库编辑出版委员会、湖南人民出版社，2008.

[9] 毛泽东 . 毛泽东书信选集 [M]. 北京：人民出版社，1984.

[10] 邓小平 . 邓小平文选（第三卷）[M]. 北京：人民出版社，1993.

[11] 习近平 . 之江新语 [M]. 杭州：浙江出版联合集团浙江人民出版社，2007.

[12] 习近平 . 在第十三届全国人民代表大会第一次会议上的讲话 [M]. 北京：人民出版社，2018.

[13] 习近平 . 习近平谈治国理政 [M]. 北京：外文出版社，2014.

[14] 习近平谈治国理政：第二卷 [M]. 北京：外文出版社，2017.

[15] 习近平谈治国理政：第三卷 [M]. 北京：外文出版社，2020.

[16] 习近平 . 决胜全面建成小康社会　夺取新时代中国特色社会主义伟大胜利——在中国共产党第十九次全国代表大会上的报告 [M]. 北京：人民出版社，2017.

[17] 中共中央文献研究室 . 十八大以来重要文献选编（上）[M]. 北京：中央文献出版社，2014.

[18] 中共中央文献研究室 . 习近平关于全面深化改革论述摘编 [M]. 北京：中央文

献出版社，2014.

[19] 中共中央文献研究室.习近平关于社会主义文化建设论述摘编 [M].北京：中央文献出版社，2017.

[20] 中共中央宣传部.习近平总书记系列重要讲话读本 [M].北京：学习出版社、人民出版社，2014.

[21] 中共中央宣传部.习近平新时代中国特色社会主义思想学习纲要 [M].北京：学习出版社、人民出版社，2019.

[22] 习近平.习近平关于全面深化改革论述摘编 [M].北京：中央文献出版社，2014.

[23] 中共中央文献研究室.在哲学社会科学工作座谈会上的讲话 [M].北京：人民出版社，2016.

[24] 人民日报评论部.习近平用典 [M].北京：人民日报出版社，2015.

[25] 新时代爱国主义教育实施纲要 [M].北京：人民出版社，2019.

[26] 新时代公民道德建设实施纲要 [M].北京：人民出版社，2019.

[27] 本书编写组.《中共中央关于构建社会主义和谐社会若干重大问题的决定》辅导读本 [M].北京：人民出版社，2006.

[28] 王弼注，楼宇烈校释.老子道德经注 [M].北京：中华书局，2011.

[29] 李零.郭店楚简校读记 [M].北京：北京大学出版社，2002.

[30] 辞海编辑委员会.辞海（上）[M].上海：上海辞书出版社，1979.

[31] 章太炎.检论 [M].上海：上海人民出版社，1986.

[32] 袁行霈.《尚书》钱宗武 解读 [M].北京：国家图书馆出版社，2017.

[33] 方勇.《吕氏春秋》刘生良评注 [M].北京：商务印书馆，2015.

[34] 方勇评注.孟子 [M].北京：商务印书馆，2017.

[35] 杨伯峻译注.论语译注 [M].北京：中华书局，2015.

[36] 段颖龙.左传精编 [M].北京：中国言实出版社，2016.

[37] 楼宇烈.荀子新注 [M].北京：中华书局，2018.

[38] 墨子 [M].方勇，评注.北京：商务印书馆，2018.

[39] 何建章注释：战国策注释 [M].北京：中华书局，2019.

[40] 三字经·百家姓·弟子规 [M].李逸安，译注.北京：中华书局，2009.

[41] 孔子，等.四书全解 [M].北京：中国华侨出版社，2013.

[42] 童书业.春秋左传研究 [M].上海：上海人民出版社，1980.

[43] 荀况.荀子简释 [M].北京：中华书局，1983.

[44] 沈约 . 宋书 · 卷六十四（列传第二十四）[M]. 中华书局编辑部，点校 . 北京：中华书局，1974.

[45] 司马迁 . 史记（卷 9）[M]. 北京：中华书局，2014.

[46] 董仲舒 . 春秋繁露义证（卷第十二）[M]. 苏舆，钟哲，点校 . 北京：中华书局，1992.

[47] 许慎 . 说文解字今释（上册）[M]. 长沙：岳麓书社，1997.

[48] 汉书 [M]. 施丁选注 . 北京：中国少年儿童出版社，2004.

[49] 于首奎 . 两汉哲学新探 [M]. 成都：四川人民出版社 .1988.

[50] 韦昭 . 国语集解 [M]. 王树民，沈长云，点校 . 北京：中华书局，2019.

[51] 干宝，等 . 搜神记 [M]. 北京：华夏出版社，2013.

[52] 刘昫，等 . 旧唐书 · 卷三六　卷七七 [M]. 长春：吉林人民出版社，1995.

[53] 刘昫，等 . 旧唐书 · 卷七八　卷一五〇 [M]. 长春：吉林人民出版社，1995.

[54] 刘昫，等 . 旧唐书 · 卷一　卷三五 [M]. 长春：吉林人民出版社，1995.

[55] 匡亚明 . 孔子评传 [M]. 济南：齐鲁书社，1985.

[56] 霍彦儒，辛怡华 . 商周金文编 [M]. 西安：三秦出版社，2009.

[57] 马其昶 . 韩昌黎文集校注 [M]. 上海：上海古籍出版社，1979.

[58] 刘肃 . 大唐新语译注 [M]. 桂林：广西师范大学出版社，1998.

[59] 晁说之，等撰 . 晁氏客语 [M]. 长沙：岳麓书社，2005.

[60] 柳宗元 . 柳宗元集 [M]. 北京：中华书局，1979.

[61] 新语 [M]. 李振宏，注说 . 郑州：河南大学出版社，2016.

[62] 新书 [M]. 方向东，译注 . 北京：中华书局，2012.

[63] 二程集（上）[M]. 王孝鱼，点校 . 北京：中华书局，1981.

[64] 黎靖德编：朱子语类卷六，王星贤点校，北京：中华书局，1994.

[65] 陆九渊 . 陆九渊集 [M]. 钟哲，点校 . 北京：中华书局，1980.

[66] 程颢，程颐 . 二程集 [M]. 北京：中华书局，1981.

[67] 朱熹 . 四书章句集注 [M]. 合肥：安徽教育出版社，2001.

[68] 沈善洪 . 黄宗羲全集（三）[M]. 杭州：浙江古籍出版社，2005.

[69] 顾炎武 . 日知录集释 [M]. 黄汝成，释 . 石家庄：花山文艺出版社，1990.

[70] 王夫之 . 船山思问录 [M]. 上海：上海古籍出版社，2000.

[71] 董诰，等 . 全唐文（卷三百七十四）[M]. 北京：中华书局，1983.

[72] 王夫之 . 读四书大全说（卷九）[M]. 王孝鱼，点校 . 北京：中华书局，1975.

[73] 释德清 . 老子道德经解（下篇）[M]. 尚之煜，校释 . 北京：中华书局，2019.

[74] 阮元校刻.十三经注疏清嘉庆刊本·十论语注疏（卷第一）[M].北京：中华书局，
2009.

[75] 阮元校刻.十三经注疏清嘉庆刊本·十论语注疏（卷第二）[M].北京：中华书局，
2009.

[76] 阮元校刻.十三经注疏清嘉庆刊本·十论语注疏（卷第十二）[M].北京：中
华书局，2009.

[77] 阮元校刻.十三经注疏清嘉庆刊本·六礼记正义（卷第三十四）[M].北京：
中华书局，2009.

[78] 阮元校刻.十三经注疏清嘉庆刊本·六礼记正义（第四十九）[M].北京：中
华书局，2009.

[79] 阮元校刻.十三经注疏清嘉庆刊本·十一孝经注疏（卷第一）[M].北京：中
华书局，2009.

[80] 阮元校刻.十三经注疏清嘉庆刊本·十一孝经注疏（卷第七）[M].北京：中
华书局，2009.

[81] 阮元校刻.十三经注疏清嘉庆刊本·十三孟子注疏（卷第一下）[M].北京：
中华书局，2009.

[82] 王聘珍.大戴礼记解诂（卷四）[M].王文锦，点校.北京：中华书局，1983.

[83] 王聘珍.大戴礼记解诂（卷五）[M].王文锦，点校.北京：中华书局，1983.

[84] 康有为.孟子微（卷一）[M].楼宇烈，整理.北京：中华书局，1987.

[85] 康有为.孟子微（卷三）[M].楼宇烈，整理.北京：中华书局，1987.

[86] 郝懿行.荀子补注（卷下）[M].管谨切，点校.济南：齐鲁书社，2010.

[87] 刘源渌.近思续録（卷一）[M].黄珅，校点.上海：华东师范大学出版社，
2015.

[88] 何晏.论语集解校释[M].高华平，校释.沈阳：辽海出版社，2007.

[89] 季庆阳.孝文化的传承与创新——基于大唐盛世的考察[M].西安：西安电子
科技大学出版社，2015.

[90] 王云五.丛书集成初编本忠经[M].北京：中华书局，1985.

[91] 忠经·证应第十六，百子全书（第1册）[M].长沙：岳麓书社，1993.

[92] 梁启超.管子评传[A].诸子集成：第5卷[M].上海：上海书店，1986.

[93] 李敖.谭嗣同全集[M].天津：天津古籍出版社，2016.

[94] 蔡元培.中国人的修养[M].北京：中国长安出版社，2014.

[95] 孙中山.孙中山全集：第九卷[M].北京：中华书局，1986.

[96] 孙中山. 孙中山选集 [M]. 北京：人民出版社，1981.

[97] 胡适. 胡适文集 5[M]. 北京：北京大学出版社，1998.

[98] 胡适. 中国哲学史大纲 [M]. 上海：上海古籍出版社，1997.

[99] 梁漱溟. 中国民族自救运动之最后觉悟 [M]. 北京：中华书局，1935.

[100] 梁漱溟. 梁漱溟先生讲孔孟 [M]. 李渊庭，阎秉华整理. 桂林：广西师范大学出版社，2003.

[101] 熊十力. 熊十力论著集之一·新唯识论 [M]. 北京：中华书局，1985.

[102] 冯友兰. 中国哲学史新编 [M]. 北京：人民出版社，2001.

[103] 冯友兰. 三松堂全集：第 4 卷 [M]. 郑州：河南人民出版社，2000.

[104] 郭沫若. 郭沫若全集 历史编：第三卷 [M]. 北京：人民出版社.1982.

[105] 郭沫若. 郭沫若全集：第一册 [M]. 北京：科学出版社，1982.

[106] 郭沫若. 十批判书 [M]. 北京：东方出版社，1996.

[107] 李泽厚. 中国思想史论 [M]. 合肥：安徽文艺出版社，1999.

[108] 陈来. 古代宗教与伦理：儒家思想的根源 [M]. 北京：三联书店，1996.

[109] 黄怀信. 逸周书汇校集注 [M]. 上海：上海古籍出版社，1995.

[110] 张世亮，钟肇鹏，周桂钿. 春秋繁露 [M]. 北京：中华书局，2012.

[111] 吴礼权. 品德修养 [M]. 广州：广州暨南大学出版社，2014.

[112] 李玄伯. 中国古代社会新研 [M]. 上海：开明书店，1949.

[113] 罗国杰. 伦理学 [M]. 北京：人民出版社，1989.

[114] 阮元. 论语论仁论 [M]// 阮元. 研手经室集. 北京：中华书局，1993.

[115] 张岱年. 中国哲学大纲（第 1 版）[M]. 北京：中国社会科学出版社，1982.

[116] 王宇信. 中国甲骨学 [M]. 上海：上海人民出版社，2009.

[117] 李仁君. 中华孝文化初论 [M]. 北京：中国社会科学出版社，2018.

[118] 孝经注译 [M]. 宫晓卫，注译. 济南：齐鲁书社，2009.

[119] 刘俊文. 唐律疏议笺解（卷第四）[M]. 北京：中华书局，1996.

[120] 潘剑锋. 传统孝道与中国农村养老的价值研究 [M]. 长沙：湖南大学出版社，2007.

[121] 朱红林. 张家山汉简二年律令集释 [M]. 北京：社会科学文献出版社，2005.

[122] 鲁迅. 而已集 [M]. 北京：人民文学出版社，1980.

[123] 陆学艺，王处辉. 中国社会思想史资料选辑（宋元明清卷）[M]. 南宁：广西人民出版社，2007.

[124] 李桂宗. 中国文化导论 [M]. 广州：广东人民出版社，2002.

[125] 李友益. 论语思想系统性概论 [M]. 武汉：华中师范大学出版社，2017.

[126] 左玉河. 五四那批人 [M]. 沈阳：万卷出版公司，2019.

[127] 张宝明. 新青年百年典藏 4（社会教育卷）[M]. 郑州：河南文艺出版社，
2019.

[128] 罗丽榕. 中国传统孝道的嬗变与当代价值 [M]. 福州：福建省地图出版社，
2011.

[129] 肖群忠. 孝与中国文化 [M]. 北京：人民出版社，2001.

[130] 荆三隆，邵之茜. 杂宝藏经注译与辨析 [M]. 北京：中国社会科学出版社，
2014.

[131] 瞿同祖. 中国法律与中国社会 [M]. 北京：中华书局，1981.

[132] 吴维玲. 中国大舞台纪念改革开放 40 周年歌曲集 [M]. 合肥：安徽文艺出版社，
2018.

[133] 李钟林，等. 新现代汉语双语词典 [M]. 延吉：延边大学出版社，2005.

[134] 李银安，李明，等. 中华孝文化传承与创新研究 [M]. 北京：人民出版社，
2019.

[135] 陈功. 社会变迁中的养老和孝观念研究 [M]. 北京：中国社会出版社，2009.

[136] 黄建华. 孝对人生——孝文化教育研究与实践 [M]. 北京：中国农业出版社，
2016.

[137] 骆明，王淑臣. 历代孝亲敬老诏令律例（先秦至隋唐卷）[M]. 北京：光明日
报出版社，2013.

[138] 卢明霞. 养老视阈下中国孝德教育传统研究 [M]. 北京：中国社会科学出版社，
2016.

[139] 张培峰. 人之子 [M]. 天津：南开大学出版社，2000.

[140] 允生，包伟民，等. 中国传统家教宝典 [M]. 北京：中国广播电视出版社，
1992.

[141] 高德胜. 生活德育论 [M]. 北京：人民出版社，2005.

[142] 王同亿. 高级汉语词典兼作汉英词典 [M]. 海口：海南出版社，1996.

[143] 谢宝耿. 中国孝道精华 [M]. 上海：上海社会科学出版社，2000.

[144] 李桂梅. 冲突与融合——中国传统家庭伦理的现代转向及现代价值 [M]. 长沙：
中南大学出版社，2002.

[145] 冯友兰. 新事论·原忠孝 [M]// 冯友兰. 三松堂全集. 郑州：河南人民出版社，
1986.

[146] 欧阳辉纯.传统儒家忠德思想研究 [M].北京：人民出版社，2017.

[147] 许启贤.中国共产党思想政治教育史 [M].北京：中国人民大学出版社，2004.

[148] 黄凤琳.两极世界理论 [M].北京：中央编译出版社，2014.

[149] 倪邦文.马克思主义在青年中的传播：历史视野与哲学思考 [M].北京：中国社会科学出版社，2014.

[150] 朱汉民.忠孝道德与臣民精神——中国传统臣民文化分析 [M].郑州：河南人民出版社，1994.

[151] 柳诒徵.中国文化史：上册 [M].北京：中国大百科全书出版社，1988.

[152] 张尚宇，王新刚.社会主义核心价值体系引领社会诚信建设 [M].北京：人民出版社，2014.

[153] 费孝通.乡土中国 [M].北京：人民出版社，2008.

[154] 李建华，等.中华道德文化的传统理念与现代践行研究 [M].北京：经济科学出版社，2016.

[155] 刘忠孝，孙相娜，程晓光.传统儒家人文化的当代价值研究 [M].北京：人民出版社，2016.

[156] 熊春锦.道德行天下 [M].北京：中央编译出版社，2014.

[157] 徐矛.中华民国政治制度 [M].上海：上海人民出版社，1993.

[158] 张勇，童哲.新时代政德课 [M].北京：东方出版社，2018.

[159] 周永源，高诚，王颖.中华美德现代转化与传承研究 [M].北京：北京理工大学出版社，2017.

[160] 朱贻庭等.当代中国道德价值导向 [M].上海：华东师范大学出版社，1994.

[161] [ 美 ] 麦金太尔.德性之后 [M].北京：中国社会科学出版社，1995.

[162] 亚里士多德.尼各马科伦理学 [M].苗力田，译.北京：中国社会科学出版社，1990.

[163] 哈耶克著.致命的自负：社会主义的谬误 [M].冯克利，胡晋华，译.北京：中国社会科学出版社，2000.

[164] 约翰·罗尔斯.正义论 [M].何怀宏，译.北京：中国社会科学出版社，1998.

[165] [ 法 ] 葛兰言.古代中国的节庆与歌谣 [M].赵丙祥，张宏明.译.桂林：广西师范大学出版社，2005.

[166] [ 德 ] 黑格尔.法哲学原理 [M].范扬，张企泰，译.北京：商务印书馆，1982.

[167] [ 美 ] 罗思文，安乐哲 . 生民之本 [M]. 何金俐，译 . 北京：北京大学出版社，
      2010.

[168] [ 英 ] 洛克 . 教育漫话 [M]. 杨汉麟，译 . 北京：人民教育出版社，2005.

[169] [ 美 ] 赫伯特·芬格莱特 . 孔子：即凡而圣 [M]. 南京：江苏人民出版社，
      2011.

[170] [ 美 ] 郝大维 . 孔子哲学思微 [M]. 南京：江苏人民出版社，2011.

[171] [ 美 ] 本杰明·史华兹 . 古代中国的思想世界 [M]. 南京：江苏人民出版社，
      2004.

[172] [ 美 ] 玛格丽特·米德 . 萨摩亚人的成年 [M]. 周晓虹，李姚军，译 . 商务印书馆，
      2010.

[173] [ 日 ] 吉川幸次郎 . 吉川幸次郎全集：第五卷——关于《论语》[M]. 东京：筑
      摩书房，1999.

[174] 习近平 . 在纪念五四运动 100 周年大会上的讲话 [J]. 社会主义论坛，2019（5）：
      6-9.

[175] 武树臣 . "仁"的起源、本质特征及其对中华法系的影响 [J]. 山东大学学报（哲
      学社会科学版），2014（3）：1-13.

[176] 晁福林 . 先秦时期"德"观念的起源及发展 [J]. 中国社会科学，2005（4）：
      192-204.

[177] 斯维至 . 说德 [J]. 人文杂志，1982（6）：74-83.

[178] 张佩荣，袁永浩 . "德"之生命意蕴——孔老"德"之分殊与内在联系 [J]. 广
      西社会科学，2020（11）：84-90.

[179] 余治平 . "仁"字之起源与初义 [J]. 河北学刊，2010，30（1）：44-48.

[180] 张立文 . 弘扬儒家仁爱精神——汶川大地震一周年祭 [J]. 探索与争鸣，2009
      （5）：12-16.

[181] 李光福 . 论老子的仁爱观 [J]. 中华文化论坛，1999（4）：87-91.

[182] 韩星 . 儒家核心价值体系——"仁"的构建 [J]. 哲学研究，2016（10）：31-
      38.

[183] 刘欣尚 . 汉代儒学的演变 [J]. 孔子研究，1989（4）：72-78.

[184] 童春红，王鹤岩 . 以优秀传统文化提升公民道德素质：作用机理与路径选择 [J].
      大连干部学刊，2021，37（1）：47-53.

[185] 孟志芬 . "和"——孔子"礼"、"仁"思想的最终旨归 [J]. 华北电力大学学
      报（社会科学版），2013（6）：103-107.

[186] 张青 . 高校传统节日文化育人功能及其实现路径——以齐鲁工业大学为例 [J].
文化创新比较研究，2019（25）：65-77.

[187] 吴根友 . 试论当代儒学复兴的三个面向及其可能性 [J]. 江南大学学报（人文
社会科学版），2012，11（3）：18-23.

[188] 谢阳举 . "仁"的起源探本 [J]. 管子学刊，2001（1）：44-49.

[189] 白奚 . "仁"字古文考辨 [J]. 中国哲学史，2000（3）：96-98.

[190] 白奚 . 从孟子到程、朱——儒家仁学的诠释与历史发展 [J]. 首都师范大学学
报（社会科学版），2003（6）：43-48.

[191] 庞朴 . "仁"字臆断 [J]. 寻根，2001（1）：4-8.

[192] 吴光 . 从孔孟仁学到民主仁学——儒学的回顾与展望 [J]. 杭州师范学院学报
（人文社会科学版），2001（6）：18-25.

[193] 李士金 . 论朱熹的"仁"学思想 [J]. 山东师范大学学报（人文社会科学版），
2006，51（6）：141-144.

[194] 王文东 . 董仲舒公羊学对儒家仁义论的创造性阐释 [J]. 吉林师范大学学报（人
文社会科学版），2015，43（1）：62-68.

[195] 彭亚琳 . 论"仁"的历史演变及其当代内涵 [J]. 淮南职业技术学院报，
2009，9（4）：118-121.

[196] 付选刚 . 论孔子"仁德"道德规范的理论依据及主要内涵 [J]. 管子学刊，
2013（1）：24-27.

[197] 刘峻杉 . 老子的仁德观及其伦理价值 [J]. 道德与文明，2013（3）：62-69.

[198] 郭齐勇 . 中国传统文化中的"仁爱"思想 [J]. 旗帜，2020（10）：92-93.

[199] 李军靠，杨薪 . 孔子仁德思想观对高校德育工作的启示研究 [J]. 高教与成才
研究，2019，5（15）：2-3.

[200] 单亦祯 .《论语》和《圣经》中的仁德 [J]. 河北理工学院学报（社会科学版），
2002，2（1）：5-7.

[201] 卢兴，吴倩 . 儒家"仁德"内在理路和逻辑层次 [J]. 伦理学研究，2012（2）：
17-22，34.

[202] 魏世梅 . 早期儒家的仁爱观与现代和谐社会的以人为本 [J]. 理论导刊，2007
（4）：38-40.

[203] 孙国珍 . 孔子"仁学"的历史地位和作用 [J]. 内蒙古师范大学学报（哲学社
会科学版），1986（3）：22-27.

[204] 李锦全 . 正确对待传统文化道德遗产和建设社会主义精神文明的关系 [J]. 中

山大学学报（哲学社会科学版），1990（1）：31-36.

[205] 龚杰.仁德的现代意义 [J].华夏文化，1994（4）：8-10.

[206] 李霞.儒家仁道精神的内涵及其现代价值 [J].江淮论坛，1997（5）：78-82.

[207] 王幸平."仁"学的终极价值及现实意义 [J].社科纵横，2007（12）：128-129.

[208] 阎钢.儒家仁学思想对构建和谐社会的当代价值 [J].西南民族大学学报（人文社科版），2007（5）：55-59.

[209] 孙董霞.先秦"德"义新解 [J].甘肃社会科学，2015（1）：95-99.

[210] 田文军.德性之"仁"与规范之"仁"——简论早期儒家的"仁"说及其现代价值 [J].道德与文明，2010（5）：62-68.

[211] 关惠单.孔子"仁"思想对现代德育的启示 [J].中学政治教学参考，2020（4）：83-84.

[212] 李纪岩，李笔婷.孔子"为政以德"思想及其启示 [J].中学政治教学参考，2019（18）：90-92.

[213] 范大章.谈反传统的道德虚无主义思潮 [J].道德与文明，1992（2）：30-31，12.

[214] 罗国杰.关于弘扬中华民族优良道德传统的思考 [J].人民教育，1993（11）：4-7.

[215] 罗国杰.继承和发扬中华民族优良道德传统，创造出人类先进的精神文明 [J].道德与文明，1993（4）：14-17.

[216] 张松.尼采思想的基本形而上学问题与鲁迅对中国道德传统的批判 [J].东岳论丛，2020（11）：73-86.

[217] 万俊人.试析现代西方伦理思潮对我国青年道德观念的冲击 [J].中国社会科学，1989（2）：13-26.

[218] 黄怀信.《论语》中的"仁"与孔子仁学的内涵 [J].齐鲁学刊，2007（1）：5-8.

[219] 应航.批判与困惑：当代中国的道德意识 [J].探索，1988（4）：21-25.

[220] 赵祥禄."仁"与"绝对命令"——孔子与康德的道德人生观比较研究 [J].孔子研究，2012（3）:117-124.

[221] 王翠华.儒家仁学与古希腊友爱论：比较及启示 [J].现代哲学，2014（2）：103-108.

[222] 吴德义.孔子"仁"德浅识 [J].道德与文明，2000（5）:43-44.

[223] 肖群忠.谈仁德 [J].中国德育，2014（14）:33-37.

[224] 史野 . 知・仁・勇 [J]. 社会科学战线，1997（4）:189.

[225] 杜维明 . 儒家的"仁"是普世价值 [J]. 西安交通大学学报（社会科学版），2016，36（3）：1-8.

[226] 卜春梅，朱周斌 . 孔子仁学思想的现代教育价值论 [J]. 人民论坛，2012（35）：220-221.

[227] 陈开先 . 孔子仁学思想及其现代意义 [J]. 孔子研究，2001（2）：47-55.

[228] 陈梦熊 . 孔子之"仁"探源 [J]. 孔子研究，2019（2）：28-39.

[229] 蒙培元 . 孔子"仁"的重要意义 [J]. 北京行政学院学报，2006（1）：65-69.

[230] 付选刚 . 论孔子培养"仁德"的教育措施 [J]. 教育评论，2013（3）：138-140.

[231] 赵静 . 韩国的儒学教育及其社会作用 [J]. 浙江学刊，2018（5）：184-189.

[232] 陈来 . 仁学本体论 [J]. 文史哲，2014（4）：41-63.

[233] 李奇 . 关于道德建设的思考 [J]. 道德与文明，1993（5）：2-5.

[234] 张念书 . 论功利主义价值观对中国传统道德的冲击 [J]. 东岳论丛，1994（2）：52-54.

[235] 茹胜挥 . 中华民族优良道德传统教育必须强化 [J]. 江西教育，1994（6）：19-20.

[236] 李萍，杨少曼 . 罗国杰关于中国传统文化与伦理道德的立场、方法与原则 [J]. 齐鲁学刊，2018（5）：69-74.

[237] 吴云，朱宗友 . 优秀传统文化视域下公民道德建设的思考 [J]. 阜阳师范学院学报（社会科学版），2018（4）：105-112.

[238] 闫慧，张志伟 . 中国传统道德的现代困境及其转换路径 [J]. 湖北理工学院学报（人文社会科学版），2018，35（2）：73-78.

[239] 陈先达 . 市场经济条件下有效地调适传统文化和道德规范与当代的关系 [J]. 红旗文稿，16（24）：37-38.

[240] 吴敏燕 . 习近平关于文化建设重要论述的逻辑理路 [J]. 中共中央党校（国家行政学院）学报，2019，23（2）：23-28.

[241] 宋金兰 . 孝的文化内涵及其嬗变 [J]. 青海社会科学，1994（3）：70-76.

[242] 谭洁 . 魏晋时期的孝道观 [J]. 武汉大学学报，2003（4）：408-413.

[243] 叶舒宪 . 孝与中国文化的精神分析 [J]. 文艺研究，1996，1（1）：103-114.

[244] 杨青哲 . 解决农村养老问题的文化视角——以孝文化破解农村养老困境 [J]. 科学社会主义，2013（1）：105-107.

[245] 赵利.道德与法律关系的理性审视 [J].齐鲁学刊，2004（4）：67-70.

[246] 余玉花，张秀红.论孝文化的现代价值 [J].伦理学研究，2007，3（2）：68-73.

[247] 郑晨.论当代社会变迁中的"孝文化"——寻找传统文化与现代社会的契合点 [J].开放时代，1996，12（6）：79-82.

[248] 骆风，鲁迎春.走在"孝道"的十字路口——当代青少年的孝德表现及其培养措施 [J].探索，2016（6）：45-53.

[249] 彭小兰.大学生孝道认知状态的调查与对策分析——以某理工大学为例 [J].广东青年职业学院学报，2018，12（4）：43-48.

[250] 陈红，易立新.大学生孝道观调查——以宁波高校大学生为例 [J].宁波工程学院学报，2011，23（1）：60-63.

[251] 李春玲.80后和90后的尼特与啃老现象 [J].黑龙江社会科学，2015（1）：93-99.

[252] 王文娟，马国栋.孝道在农村养老保障中的功能变迁 [J].天府新论，2010（6）：105-109.

[253] 张松德.激发道德情感与投身道德实践辩证统一——道德教育途径的新探析 [J].道德与文明，2008（4）：106-109.

[254] 詹万生，张国建.整体构建德育途径体系 全面提高德育工作实效 [J].中小学管理，2004（2）：36-38.

[255] 苏寄宛.日本道德教育探究 [J].首都师范大学学报，1995（1）：15-22.

[256] 谭明冉.孝的普适性与宗教性 [J].文史哲，2017（2）：116-122.

[257] 裴传永.忠观念的起源与早期映像研究 [J].文史哲，2009（3）：104-116.

[258] 张锡勤，桑东辉.中国传统忠德研究的几个热点问题 [J].伦理学研究，2015（1）：45-49.

[259] 曲德来."忠"观念先秦演变考 [J].社会科学辑刊，2005（3）：109-115.

[260] 路育松.从对冯道的评价看宋代气节观念的嬗变 [J].中国史研究，2004（1）：119-128.

[261] 赵炎才.中国传统忠德基本特征历史透视 [J].山东大学学报（哲学社会科学版），2013（4）：110-118.

[262] 王子今."忠"的观念的历史轨迹与社会价值 [J].南都学坛，1998（4）：14-20.

[263] 刘厚琴.德育视域下的孔子"忠"德 [J].湖北工程学院学报，2014，34（4）：

23-27.

[264] 谢新清，王成．中国传统道德文化之"忠"德解读 [J].武陵学刊，2020，45（4）：
　　　 1-6+146.

[265] 桑东辉．传统忠德及其当代价值辨析 [J].井冈山大学学报（社会科学版），
　　　 2017，38（4）：41-47.

[266] 陈雪．论习近平对"忠"文化的时代新阐释 [J].西部学刊，2020（5）：19-
　　　 21.

[267] 桑东辉．忠于职守与新时代职业道德建设——基于对传统忠德的创造性转化
　　　 与创新性发展 [J].武陵学刊，2020，45（4）：20-30.

[268] 杨义芹．十八大以来关于社会主义核心价值观的研究述要 [J].理论与现代化，
　　　 2013（4）：5-11.

[269] 金民卿．西方文化渗透的程式与路径 [J].马克思主义研究，2008（8）：105.

[270] 杨学智．关于高校青年大学生诚信道德问题及原因调查分析 [J].科学咨询（科
　　　 技·管理），2020（12）：106-107.

[271] 吴争春，吕锡琛．论古代忠孝道德困境 [J].求索，2010（4）：66-68.

[272] 王明志，况志华．中国传统诚信思想的演变及其当代启示 [J].思想政治教育
　　　 研究，2019，35（5）：145-148.

[273] 李艳．政务诚信建设的本质、价值取向及其实现路径 [J].求索，2014（5）：
　　　 22-25.

[274] 谢耘耕，万旋傲，刘璐，等．中国居民社会信任度调查报告 [J].新媒体与社会，
　　　 2017（1）：7-21.

[275] 董艳艳．先秦"勇"观念的历史生成 [J].苏州大学学报（哲学社会科学版），
　　　 2016（6）：183-188.

[276] 李吉奎．孙中山晚年文化思想中对传统的因袭 [J].广东社会科学，2013（5）：
　　　 101-108.

[277] 张立文．构建新的国家思想形态——孙中山的知行观与革命精神论 [J].人民
　　　 论坛·学术前沿，2014（10）：74-83，95.

[278] 陈正良，舒英，王珂．中国共产党对国民精神素质的百年重塑 [J].宁波大学
　　　 学报（教育科学版），2021（7）：1-9.

[279] 乌晓东，爱华，李英．梁启超之尚武精神 [J].体育文化导刊，2014（4）：
　　　 70-71.

[280] 李大钊．艰难的国运与雄健的国民 [J].新湘评论，2016（20）：8.

[281] 王成.传统勇毅思想与当代道德建设论要 [J].山东大学学报（哲学社会科学版），2001（1）：63-66.

[282] 许亚非.论传统勇毅及其当代价值 [J].西南民族大学学报（人文社科版），2004（8）：456-460.

[283] 陈立胜《论语》中的勇：历史建构与现代启示 [J].中山大学学报（社会科学版），2008（4）：112-123，205.

[284] 吕耀怀."勇"德的中西异同及其扬弃 [J].上海师范大学学报（哲学社会科学版），2010，39（2）：31-38，89.

[285] 陈雯.《论语》"勇"德思想新探 [J].社科纵横，2011，26（10）：116-118.

[286] 曹圆杰.《论语》中"勇"字的用法考察 [J].海峡教育研究，2018，21（2）：35-40.

[287] 王怡，王成.传统智勇思想及其当代价值论 [J].山东师范大学学报（人文社会科学版），2000（5）：108-109.

[288] 王怀华.大学体育教育的勇德培育初探 [J].科教文汇，2011（9）：157，182.

[289] 左高山，唐俊.当代英美学界"勇敢"美德研究进展及问题 [J].道德与文明，2015（4）：33-38.

[290] 王群立.普通高校大学生勇德的培育研究 [J].产业与科技论坛，2017（6）：134-136.

[291] 蔡峰，张建华，张健.回眸与镜鉴：孔子武德思想溯源与当代价值演进 [J].浙江体育科学，2017（4）：99-104，111.

[292] 赵平.见义勇为的现实制约与理性选择——传承"见义勇为"传统美德的若干思考 [J].伦理学研究，2014（4）：6-9.

[293] 丁雪枫.孔子勇德思想评介 [J].军事历史研究，1999（4）：128-132.

[294] 刘峰.领导力的"三德"修炼 [J].紫光阁，2016（10）：87-88.

[295] 陈娟.论"勇"——基于中西方传统德性教育的比较视角 [J].今日中国论坛，2013（15）：479-480.

[296] 陈阵.论军人勇德养成的基本向度——以解读儒家勇德文化为视角 [J].南昌航空大学学报（社会科学版），2013，15（4）：84-90.

[297] 刘玉琴，黄晓俊，陈有忠.论体育唤醒与培育当代社会"勇德"精神——基于儒家伦理文化的研究视角 [J].安徽农业大学学报（社会科学版），2017（26）：92-96.

[298] 丁素文,冯蕾,巨砚萍.论体育运动中的勇德[J].北京体育大学学报,2009(7):43-45.

[299] 贾新奇.论先秦儒家的勇德重塑及其社会哲学基础[J].当代中国价值观研究,2016(6):60-67.

[300] 祝传佳.论先秦儒家勇德的基本内容[J].佳木斯大学社会科学学报,2017,35(1):17-19.

[301] 祝传佳.论勇德教育对大学生道德行为的促进作用[J].佳木斯大学社会科学学报,2014,32(5):88-90.

[302] 潘积中.略论孙中山的军人"尚义"勇德观[J].才智,2011(28):214-215.

[303] 尤志一.宁德:闽东追击战[J].政协天地,2005(9):8-9.

[304] 祝传佳.仁、义、礼、知、中庸的内在要求——论先秦儒家勇德的基本内容[J].东华理工大学学报(社会科学版),2018,37(1):43-47.

[305] 涂可国.儒家勇论与血性人格[J].理论学刊,2017(4):90-101.

[306] 赵春苗,曹鹏.试论孔子的"勇"德[J].社会科学家,2005(S1):28-31.

[307] 胡娇娇.试论攀岩运动在青少年中的勇德培育[J].当代体育科技,2015,5(12):97,99.

[308] 赵雅杰.孙子择将"五德"与现代领导素质[J].行政与法(吉林省行政学院学报),1994(4):50-52.

[309] 丁素文,冯蕾.学校体育中勇德培育的思考[J].北京体育大学学报,2011(1):105-108.

[310] 萧仕平.勇:从形式之德到内容之德——孔子论"勇"及其现代启示[J].道德与文明,2009(6):50-53.

[311] 丁雪峰.孔子勇德思想评介[J].军事历史研究,1999(11):128-132.

[312] 葛荣晋.儒家"三达德"思想与现代儒商人格塑造[J].学术界,2007(6):128-137.

[313] 晁乐红.论作为美德的勇敢先秦儒家与亚里士多德之比较[J].伦理学研究,2010(2):74-77.

[314] 姜红.荀子与亚里士多德"勇敢"观之比较[J].古代文明,2008(7):91-96,113-114.

[315] 张大勇.我国"见义勇为"行为匮乏原因的社会学思考[J].探索,1999(6):34-37.

[316] 徐山惠 . 孔子的"仁爱"思想对我国构建和谐社会的启示 [D]. 临汾：山西师范大学，2014.

[317] 吴兵兵 . 先秦儒家"三达德"研究 [D]. 重庆：重庆师范大学，2016.

[318] 贺健 . 孔子仁论的德性辨正 [D]. 哈尔滨：黑龙江大学，2018.

[319] 潘欢欢 . 孔子"仁"的思想对公民道德意识培养的当代价值 [D]. 西安：西北大学，2014.

[320] 付琳 . 新时代中学生孝道文化教育的现状及对策思考 [D]. 重庆：西南大学，2020.

[321] 宋五好 . 道德教育中人伦价值的重构 [D]. 西安：陕西师范大学，2010.

[322] 桑东辉 . 论中国传统忠德的历史演变 [D]. 哈尔滨：黑龙江大学，2015.

[323] 赵文铎 . 新形势下中国青年政治忠诚教育研究 [D]. 西安：西北工业大学，2017.

[324] 冯斯羽 . 当前中国见义勇为困境的伦理和法律探究 [D]. 武汉：华中科技大学，2019.

[325] 杨青才 . 先秦儒家"勇"德思想研究 [D]. 济南：山东师范大学，2013.

[326] 邵继慧 . 习近平总书记勇立潮头的"弄潮儿"精神研究 [D]. 杭州：浙江财经大学，2019.

[327] 李萌 . 勇的三重意蕴 [D]. 吉首：吉首大学，2015.

[328] 习近平 . 在庆祝中国共产党成立一百周年大会上的讲话 [N]. 人民日报，2021-07-02（02）.

[329] 习近平 . 建设社会主义文化强国着力提高国家文化软实力 [N]. 人民日报，2014-01-01.

[330] 习近平 . 在庆祝改革开放 40 周年大会上的讲话 [N]. 人民日报，2018-12-19（02）.

[331] 习近平 . 在纪念全民族抗战爆发七十七周年仪式上的讲话 [N]. 人民日报，2014-07-08（01）.

[332] 习近平在中共中央政治局第七次集体学习时强调：在对历史的深入思考中更好走向未来　交出发展中国特色社会主义合格答卷 [N]. 人民日报，2013-06-27（01）.

[333] 习近平在会见第四届全国道德模范及提名获奖者时强调 . 深入开展学习道德模范活动为实现中国梦凝聚有力道德支撑 [N]. 人民日报，2013-9-27（01）.

[334] 习近平 . 在纪念孔子诞辰 2565 周年国际学术研讨会暨国际儒学联合会第五

届会员大会开幕会上的讲话 [N]. 人民日报，2014-09-25（01）.

[335] 习近平. 习近平在北京大学师生座谈会上的讲话 [N]. 人民日报，2018-05-03.

[336] 习近平. 在第十八届中央纪委第二次全体会议上的讲话 [N]. 人民日报，2013-01-22（01）.

[337] 习近平. 在"不忘初心、牢记使命"主题教育总结大会上的讲话 [N]. 求是，2020-07-01（13）.

[338] 本报评论员. 充分发挥全面从严治党引领保障作用 [N]. 人民日报，2021-01-26（01）.

[339] 习近平. 在中央党校建校 80 周年庆祝大会暨 2013 年春季学期开学典礼上的讲话 [N]. 人民日报，2013-03-03（02）.

[340] 习近平. 决胜全面建成小康社会　夺取新时代中国特色社会主义伟大胜利 [N]. 人民日报，2017-10-28（05）.

[341] 习近平. 把培育和弘扬社会主义核心价值观作为凝魂聚气强基固本的基础工程 [N]. 人民日报，2014-2-26（01）.

[342] 中共中央关于全面推进依法治国若干重大问题的决定 [N]. 人民日报，2014-10-29（01）.

[343] 陈来. 中日韩的儒学气质与国民精神 [N]. 北京日报，2018-04-16（16）.

[344] 杜晓燕，李卓谦. 以核心价值观为引领全面加强公民道德建设 [N]. 西安日报，2020-09-28.

[345] 国务院新闻办公室. 中国的对外援助（2014）白皮书 [EB/OL].（2014-07-10）[2016-02-05].http：//www.scio.gov.cn/zfb-ps/ndhf/2014/Document/1375013_4.htm.

[346] 习近平在纪念孔子诞辰 2565 周年国际学术研讨会讲话 [DB/OL].http：//www.gov.cn/xinwen/2014-09/24/content_2755666.htm.

[347] 习近平在巴黎联合国教科文组织总部发表的演讲 [EB/OL].2014-3-27.http：//politics.people.com.cn/n/2014/0328/c1024-24758504.html.

[348] "抗疫精神必当继续传承！"[EB/OL].新华网，2020-04-22.http：//www.xinhuanet.com/local/2020-04/22/c_1125887766.htm.

[349] 习近平在文艺工作座谈会上的讲话 [EB/OL].2014-10-15.http：//news.cntv.cn/2015/10/14/ARTI1444835994134910.shtml.

[350] 习近平在哲学社会科学工作座谈会上的讲话 [EB/OL].2016-5-17.http：//

www.xinhuanet.com//politics/2016-05/18/c_1118891128.htm.

[351] 习近平在博鳌亚洲论坛 2015 年年会上的主旨演讲 [EB/OL].2015-3-28.http：//www.tibet.cn/cn/zt2018/forum/news/201804/t20180404_5614304.html.

[352] 最高人民法院工作报告（摘要）[EBOL].2021.3.9.http：//www.gov.cn/xinwen/2021-03/09/content_5591608.htm.

[353] 习近平.把培育和弘扬社会主义核心价值观作为凝魂聚气强基固本的基础工程 [EB/OL].中国共产党新闻网，http：//cpc.people.com.cn/n/2014/0226/c64094-24464564.html，2014-02-26.

[354] 调查显示：近七成人坦言与父母有矛盾 [EB/OL].（2010-07-22）[2010-07-24].http：//www.chinahaoren.cn/Home-Articlebody-detail-id-8831.html.

[355] 仅 15.49% 的大学生常给父母电话最常内容是要钱 [EB/OL].[2014-02-25].http：//edu.sina.com.cn/l/2012-11-16/0803222072.shtml?from=wap.

[356] 超 65% 家庭存在老养小现象约 30% 成年人成啃老族 [EB/OL].（2005-07-22）[2009-05-20].http：//news.sohu.com/20090520/n264061601.shtml.

[357] 图表：2018 年农村留守儿童数据 [EB/OL].（2018-09-01）[2018-09-12].http：//mzt.hunan.gov.cn/xxgk/mt/201809/t20180912_5092408.html.

[358] 我国网民规模达 9.89 亿你享受过哪些网络红利 [EB/OL].（2021-02-03）[2021-02-07].https：//www.thepaper.cn/newsDetail_forward_11259859.

[359] 习近平系列重要讲话数据库 [EB/OL].（2013-09-02）[2021-07-24]http：//jhsjk.people.cn/article/22768522.html.

[360] 国家数据 [EB/OL].[（2020-07-06）2021-08-3]https：//data.stats.gov.cn/easyquery.htm?cn=C01&zb=A0P0C&sj=2020.html.

[361] 习近平.在首都各界纪念现行宪法公布施行 30 周年大会上的讲话 [EB/OL].新华网，http：//politics.people.com.cn/n/2012/1205/c1024-19793282.html，2012-12-5.

# 后 记

本书为浙江省中国特色社会主义理论体系研究中心宁波大学基地、宁波市新时代思想政治理论与实践研究基地、宁波大学软实力与中国精神研究中心、"推进宁波市高校思政理论课教学体系改革创新"项目（812103050）成果。全书共分五篇，一个前言。其中，前言由陈正良执笔，"仁德"篇由郝慧玲执笔，"孝德"篇由朱书艳执笔，"忠德"篇由杨钰执笔，"信德"篇由张婷妮执笔，"勇德"篇由舒英执笔，陈正良教授负责提纲的拟定与全书统稿工作，宁波大学马克思主义学院部分研究生参与了书稿的撰写与校对工作。

中华传统道德体系博大精深，对其精神底蕴进行挖掘阐释，并试图结合当代道德实践对如何实现现代弘扬进行探索思考，以对现实道德实践有所启悟助益，这是本书的写作初心。限于学力所限，仅作此浅尝努力，其中粗陋与不足处，还请阅者原宥并不吝指教。

在本书的写作过程中，参考借鉴了许多专家、学者有关的研究成果和媒体公开报道的有关资料，在此一并予以感谢。

本书的出版得到了浙江省中国特色社会主义理论体系研究中心宁波大学基地、宁波市新时代思想政治理论与实践研究基地和宁波市马克思主义理论重点学科的资助，在此表示真诚感谢。

作者

2022 年 9 月 6 日